高等职业教育“十二五”规划教材（计算机类）

软件测试基础教程

牛　红　刘卫宏　唐国平　编

机械工业出版社

本书由多年从事“软件测试”课程教学工作的教师和从事软件测试与管理工作的工程师合作编写，期望既能把丰富的软件测试教学经验和实践成果融入书中，又能将一线公司测试专家多年积累的经验和操作技巧奉献给读者。

本书共 8 章，内容包括软件测试概述、软件测试基础、软件质量与测试、软件测试技术和方法、软件测试类型、软件测试管理、软件测试自动化和工具以及单机版五子棋游戏测试实例。

本书在内容上既介绍了软件测试的基本理论和知识，又给出了很多具有实用价值的具体操作方法，做到了理论与实践深度融合。本书适合作为高职高专计算机专业相关课程的教材，也可以作为软件测试人员的参考书或培训用书。

为方便教学，本书配备电子课件等教学资源。凡选用本书作为教材的教师均可登录机械工业出版社教育服务网 www.cmpedu.com 免费下载。如有问题请致信 cmpgaozhi@sina.com，或致电 010-88379375 联系营销人员。

图书在版编目（CIP）数据

软件测试基础教程 / 牛红，刘卫宏，唐国平编. —北京：机械工业出版社，2014.10（2019.1重印）
高等职业教育“十二五”规划教材. 计算机类
ISBN 978-7-111-48081-5

Ⅰ. ①软… Ⅱ. ①牛… ②刘… ③唐… Ⅲ. ①软件—测试—高等职业教育—教材 Ⅳ. ①TP311.5

中国版本图书馆 CIP 数据核字（2014）第 222505 号

机械工业出版社（北京市百万庄大街 22 号 邮政编码 100037）

策划编辑：刘子峰 责任编辑：刘子峰 陈瑞文
版式设计：霍永明 责任校对：路清双
封面设计：陈 沛 责任印制：李 洋
河北宝昌佳彩印刷有限公司印刷
2019 年 1 月第 1 版第 4 次印刷
184mm×260mm · 12.75印张 · 309千字
标准书号：ISBN 978-7-111-48081-5
定价：32.00 元

凡购本书，如有缺页、倒页、脱页，由本社发行部调换

电话服务	网络服务
服务咨询热线：010-88379833	机 工 官 网：www.cmpbook.com
读者购书热线：010-88379649	机 工 官 博：weibo.com/cmp1952
	教育服务网：www.cmpedu.com
封面无防伪标均为盗版	金 书 网：www.golden-book.com

前　言

当今社会不断在向信息化方向转型，同时也推动着软件产业的蓬勃发展。软件测试作为保证软件质量的重要手段，日益受到行业的关注。未来，软件产业对专业化的软件测试队伍的需求会越来越大，将会有更多的年轻人从事与软件测试相关的工作。因此，高校计算机专业的学生学好软件测试这门课程就显得愈加重要。

本书根据市场对软件测试专业人才的需要，结合高职高专院校计算机专业教学大纲“软件测试”课程的教学特点编写而成，旨在使读者可以较全面地学习软件测试的基础知识和应用技能。在内容上，既介绍了软件测试的基本理论和知识，又给出了很多具有实用价值的具体操作方法，做到了理论与实践的深度融合。在内容安排上，力争做到由浅入深、循序渐进，同时还提供了例题、案例和习题，便于教师组织教学及学生自学。

本书共 8 章，建议学时数为 64 课时，具体内容如下：

第 1 章主要介绍软件测试基础知识、软件测试职业和职位以及测试人员的素质要求。

第 2 章主要介绍软件测试过程模型，从不同的角度介绍软件测试的分类，最后介绍软件测试流程。

第 3 章主要介绍软件的质量特性及子特性、软件质量的度量、基于软件质量特性的测试、ISO 9000 质量体系标准以及软件能力成熟度模型（CMM）。

第 4 章主要介绍黑盒测试和白盒测试等一些通用的测试技术以及测试技巧。

第 5 章主要介绍单元测试、集成测试、确认测试、系统测试等软件测试类型和测试实例。

第 6 章主要介绍测试流程管理、测试资源管理、测试技术管理以及测试风险管理。

第 7 章主要介绍软件测试自动化以及常用的自动化测试工具。

第 8 章将通过一个五子棋游戏介绍软件测试实例。

本书由多年从事软件测试课程教学工作的北京培黎职业学院的牛红副教授、刘卫宏副教授和北京联想利泰软件有限公司的唐国平高级工程师合作编写而成。其中，第 1～4 章由牛红、唐国平编写，第 5～8 章由刘卫宏、唐国平编写，全书由牛红统稿。在本书的编写过程中，北京培黎职业学院的关仲和副院长给予了大力支持和帮助，计算机系主任尤克教授提出了宝贵意见，付强、闫树涛、何建成为编写团队提供了帮助，常敏慧、王辉、何元娇为本书的编写提出了很好的建议。在此，向所有关心和支持本书出版的同志表示衷心的感谢！

由于作者水平有限，书中难免存在不足之处，恳请广大读者批评指正。

编　者

目 录

第 1 章　软件测试概述

本章主要介绍软件测试方面的基础知识。通过对本章的学习，可以了解软件测试的含义以及测试人员的职责和素质要求，能够对软件测试工作有初步的理解和认识。

本章要点：

1）软件测试的目的。

2）对软件测试的理解。

3）软件测试的原则。

4）测试人员的职责。

5）测试人员的素质要求。

6）软件测试职业岗位分析。

1.1　什么是软件测试

目前，业界对软件测试的看法不尽相同，甚至对软件测试的定义也不完全一致。其中，比较公认的定义有以下 3 个。

广义的软件测试定义：贯穿于软件开发各阶段的复查、评估与检验活动，这远远超出了程序测试的范围，可以统称为确认、验证与测试活动（Validation, Verification and Testing）。

狭义的软件测试定义：软件测试是为了发现错误而执行程序的过程。软件测试是根据软件开发各阶段的规格说明和程序的内部结构而精心设计一批测试用例，并利用这些测试用例去运行程序，以发现程序错误的过程。

IEEE 在 1983 年对软件测试的定义：使用人工或自动手段来进行或测定某个系统的过程，其目的在于检验它是否满足规定的需求，或是弄清预期结果与实际结果之间的差别。软件测试以检验是否满足需求为目标。

不必追究到底哪个定义更正确、更科学，但至少可以得出以下结论：

1）软件测试要发现软件的错误。

2）软件测试最终要以软件满足用户需求为目标。

1.2　软件测试的目的

最初的软件测试是为了证明程序的正确性，但这只能在有限的情况下证明程序的正确性，对于今天的软件规模和开发环境来讲，证明程序的正确性实际上是不可能的。所以，测试人员不可能在测试报告中描述："经过测试，该程序是没有问题的！"其他人员也不要寄希望于测试人员来担保程序或软件产品是完全正确的。

软件测试最直接的目的是发现软件中的缺陷，包括需求、设计方面的缺陷和程序中包含的缺陷（BUG）。这里所说的缺陷是一种泛指，它可以指软件功能的错误，也可以指性能低下、易用性差以及其他软件产品中的缺陷等。

测试人员总是先假设程序中存在缺陷，再通过执行测试活动来发现并最终改正缺陷。理解测试的目的是个很重要的意识问题。如果说测试的目的是为了说明程序中没有缺陷，那么测试人员就会向这个目标靠拢，因而会下意识地选用一些不易暴露错误的测试示例，这样的测试是虚假的、没有意义的。

软件测试最终的目的是检查软件是否满足用户的需求，其中包括用户的隐含需求和潜在需求。只有满足用户需求的软件才能成为“好”的软件产品，才能得到用户的认可和好评。

Glen Myers 曾提出关于测试目标的规则：

1）测试是一个为了寻找错误而运行程序的过程。

2）一个好的测试用例是指很可能找到迄今为止尚未发现的错误的用例。

3）一个成功的测试是指揭示了迄今为止尚未发现的错误的测试。

以上 3 条规则表明了两种涵义：一是软件测试的直接目的，即发现软件中的错误；二是测试工作的职责就是要发现软件中的错误。

发现软件中的错误和检查软件是否满足用户的需求，这两点都是软件测试工作的目的，但是否就局限于此呢？当然不是。

测试工作要讲究工作效率，需要尽早地、不断地进行测试。越早发现缺陷，越能降低软件的质量风险，减少修复缺陷的花费；测试工作越充分，软件中的 BUG 会越少，软件的质量会越高，软件的维护费用就会越少。所以，测试一定要尽早和充分。

1.3 对软件测试的理解

很多人对软件测试的认识存有误区，而且对软件测试的看法也不尽相同，不同的角色、不同的文化环境使很多人对软件测试存有争议。在此探讨以下几个问题。

问题 1：需求→设计→编码→测试，软件测试工作在编码完成后才开始？

实际上，软件测试工作要贯穿于整个软件产品的生命周期。一方面，软件测试实施前有测试计划、测试用例的设计和实现等，而且其效果会直接影响后期测试实施的效率和进度。因此，早在项目立项和策划阶段，软件测试工作就应该开始了。另一方面，软件测试越早进行越好，因为越早发现 BUG，其造成的影响和修改的代价就越小。而且，软件测试工作不仅是针对程序，还包括对软件的需求、设计等进行同行评审（这些属于广义上的测试范畴）。

问题 2：软件测试能否确保软件质量？

这一点至今仍存在争议，因为很多人把测试人员和质量保证人员（QA）等同起来，但是从软件测试的目的来讲，的确没有说明软件测试能确保软件质量。目前的理解是，软件测试本身不能确保软件质量，但它却是保证软件质量的重要而关键的技术手段，因为软件经过测试后，质量一般都有提升。

问题 3：软件发布后出现了质量问题，这是测试人员的责任？

软件发布后出现了问题，尤其是遭到用户的抱怨或投诉，测试人员一般要负有一定的责任，但是软件测试并不能 100%地发现软件中存在的所有缺陷，即使测试已投入了充分的资源。高质量的软件是开发出来的，并不是测试出来的。

问题 4：软件测试工作到底难不难？

绝大多数公司的测试人员都比开发人员技术水平差，有些测试人员甚至只有简单的计算机基础，有些编码人员技术水平较低，所以可能会转为测试人员。其实，这些事实既是无可奈何的，又是无可厚非的。一方面，很多具体的测试实施工作并不需要具有很高的技术知识，只需严格执行测试计划和测试用例，然后认真记录测试结果就可以了；另一方面，测试用例的设计与开发、测试工作的管理都需要测试人员具有深厚的技术功底和丰富的测试经验，从这一点上讲，测试效果和软件质量是与测试人员的技术经验水平成正比的。另外，测试人员在测试工作中要及时、有效地进行缺陷分析，这一点对项目的益处是不言而喻的，而缺陷分析工作来源于测试人员的缺陷分析技术。所以说，高质量的软件测试工作是很难的。

问题 5：软件测试工作是否也像设计工作那样具有开拓性和创新性？

软件测试工作并不是简单地运行程序和执行测试用例或发现程序中的 BUG 即可，很多测试工作都需要测试人员的技术能力，需要测试人员具有开拓性和创新性。例如：

1）设计和开发大量优秀的测试用例。

2）分析和把握用户的需求，制订出高“性价比”的测试策略。

3）拥有切实可行的测试计划和 BUG 跟踪。

4）不断学习和发明测试的新技术和方法。

由此可见，软件测试工作具有很高的开拓性和创新性。

问题 6：软件测试对于软件开发是建设性的，还是摧毁性的？

测试相对于设计和编码阶段的审查和评审工作来说，是一种“事后诸葛”，不断提交大量且较为严重的缺陷会令开发人员讨厌或心烦，甚至会使项目进度处于尴尬的局面。一遍又一遍的回归测试和新的 BUG 列表，会摧毁开发人员和管理者对软件质量的信心。

软件测试虽然导致项目成本大量的增加，但暴露出的是项目开发阶段中工作的不足，这样有利于及时认识到哪些工作需要改进和调整，测试工作毕竟可使软件质量逐渐提高，缺陷越来越少。所以，软件测试对软件开发是有建设性意义的。

问题 7：软件测试是测试人员的事，与开发人员无关？

为了减少相互影响，一般要求开发和测试相对独立，但这只是分工上的不同。开发和测试是软件项目相辅相成的两个过程，人员之间的交流、协作和配合是提高整体效率的重要因素，而且在实际操作中，开发人员也会有一些测试工作。

问题 8：软件测试与调试工作类似？

很多开发人员会把自己的调试工作认为就是测试，认为是自己在测试自己的程序，而且觉得测试与调试本身也没什么差别。其实，软件测试与调试是完全不同的工作，具体区别如下：

1）目的。软件测试的目的是尽可能多地发现程序中的错误，而调试的目的是确定错误的原因和位置，并改正错误，调试也被称为纠错。

2）工作性质。测试是测试人员针对被测软件产品执行的检查和确认，属于测试范畴；而调试是开发人员在发现程序中的 BUG 后开始的发现和改正 BUG 的工作，属于开发范畴。

3）内容与方法。测试是按照计划执行的，需要测试计划、设计开发、测试执行和测试评估等阶段；而调试只是针对程序中出现 BUG 的开发工作，是“BUG 驱动”类型的工作。

1.4 软件测试的原则

任何工作都是讲究原则的，软件测试工作更是如此。由于软件测试工作的特殊性（目的是为了发现错误），其原则很多，下面从两方面进行讲解。

1. 测试技术和策略方面

1）测试工作要尽可能地找出关键性的错误，因为这些错误很可能会限制用户使用此软件产品完成工作的能力，从而直接影响客户对质量的评价。

2）把 Pareto 原则应用于软件测试。因为测试有群集现象，所以适用于 Pareto 原则。事实证明，一段程序中存在的错误数与其中已发现的错误数是成正比的。一般情况下，在分析、设计、实现阶段的复审和测试工作能够发现和避免 80%的 BUG，而系统测试又能找出其余 BUG 中的 80%，最后的 4%的 BUG 可能只有在用户大范围、长时间的使用后才会曝露出来。因此测试只能保证尽可能多地发现错误，无法保证能够发现所有错误。

3）100%测试覆盖率。只有达到 100%测试覆盖率才能最大限度地降低软件的质量风险，这就要求在实际测试过程中，要 100%地执行设计的测试用例。

4）所有的测试都应追溯到用户需求。软件测试的最终目的就是验证软件是否满足用户的需求，所以测试工作要以用户需求为根本出发点，以用户的实际应用环境为判断依据。

5）应当尽早地、不断地进行软件测试。尽早测试可以保证项目的开发进度，减少项目开销；不断进行测试可以使测试更充分，可以更多、更有效地发现软件中的缺陷。

6）总假定程序是有错误的。这一原则非常有效，它涉及人的心理问题。因为只有抱着“程序有错”的心理，才能更精心地设计出测试用例，才能发现更多的缺陷；否则，测试人员想当然地认为程序没有问题，那么主观心理必然会使测试不充分。

7）彻底检查和仔细分析每一个测试结果。在软件测试过程中，测试人员有时会忽略对测试结果的检查和分析。不彻底检查会使某些“隐藏”的 BUG 没有被发现，不仔细分析会使开发人员很难对 BUG 进行定位和修复。

8）不断提高测试策略和技巧。测试的策略和技巧包含很多方面。例如，测试一般讲究从“小规模”开始，逐步转向“大规模”；穷举测试是不可能的，所以要采用科学的方法，同时根据用户的实际使用情况综合分析测试内容和步骤；测试用例的设计与选择既要尽可能地发现程序中的错误，又要满足测试策略。

2. 测试管理方面

1）测试必须是有计划、有组织、有准备的，其中包括：确定测试任务、时间、人员职责及分工、资源设备、方法与工具、输入和输出准则等。

2）严格执行测试计划并及时进行修订。严格执行测试计划，意味着要严格遵守测试的工作时间表及具体安排，排除测试的随意性，如果实际情况发生了变化，则要及时对测试计划进行修订。这样测试计划才能更好地达到测试和管理的目的。

3）有效的 BUG 跟踪和管理。建立 BUG 管理流程，使软件中的 BUG 能够按统一的标准和流程得到解决。另外，测试人员要对 BUG 进行坚决跟踪和监控，使软件质量能够得到保证和控制，为项目管理人员提供量化的软件质量状态。

4）由独立的第三方来完成测试工作。尤其是确认测试和系统测试，要由独立的测试机构完成，以达到更好的测试效果。对于单元测试经常是由开发人员自己完成，但是开发人员要避免测试自己开发的程序。另外，为了保证测试工作能够高效执行，需要有很好的团队交流机制，以及快速的反应和反馈能力。

那么，到底什么样的测试才算是好的测试呢？一般公认至少具有以下 5 个属性：

① 发现错误的可能性很高。

② 不冗余。

③ 是“最佳品种”。

④ 不会太简单，也不会太复杂。

⑤ 揭示了迄今为止尚未发现的错误。

总体来说，就是保证测试的有效性和测试的恰到好处。

1.5　测试人员的职责

测试人员的职责从本质上讲就是做好项目的测试工作，达到软件测试的目的。

测试经理和测试主管是测试小组对外（主要是项目组）的接口，对内负责组员的工作安排、工作检查和进度管理，同时也要承担重要项目的测试工作。

1. 测试经理和测试主管的职责

一般来说，测试经理和测试主管都重视测试技术工作，并经常与测试人员共同完成测试任务。对于测试经理和测试主管来讲，最重要的工作是提供和协调测试资源，帮助测试人员提高测试工作的质量，其中主要体现在以下几个方面：

1）招聘合适的测试人员。这是首要的，但往往事与愿违。一方面是由于很多人对软件测试有偏见，觉得水平和能力较差的人才做测试工作，所以很难招聘到高水平的测试工程师；另一方面，测试经理和测试主管在面试时，往往忽略了其他的重要因素，如是否有较强的工作责任心，是否乐于做测试工作等。

当然，招聘测试人员还要结合现有的实际情况，考虑需要何种类型的员工，是活力四射的，还是稳重诚实的。

2）建立测试技术模型和培训机制。软件测试本身就是一种技术，但很可惜，目前国内软件测试水平还很有限，测试技术和管理书籍很少。那么，在测试组织内部建立有效的测试技术模型，可以弥补这方面的不足。测试技术模型是根据组织实际情况建立起来的一套测试技术体系，包括测试技术和测试流程两大方面，还有就是测试方法和经验的共享。

当然，测试技术模型需要不断地改进，需要测试人员具有学习和创新能力。在测试技术模型建立并改进后，需要进行推广和实施，最主要的方法是组织各种培训，包括正式培训、技术交流研讨会和文档共享等形式。因为软件测试涉及的技术很广，所以需要进行技术分工，使测试人员各攻所长，然后通过培训提高整个测试组织的水平。因此，建立有效、实用的培训机制非常重要，培训机制可以根据测试组织的实际情况建立，如定期或不定期，指定培训人选或大家毛遂自荐等。

3）定期与测试人员进行正式交谈。与员工进行沟通的好处很多，如可以了解员工的工作情况和工作心态，也可以为员工提供意见和建议，还可以增进与员工之间的感情等。

但是，仍然有很多测试经理和测试主管因为工作繁忙而忽略了这件重要的工作。所以，建议测试经理和测试主管们给自己制订一个定期计划，每周或几周内与所有员工进行单独而正式的交谈，一旦形成了这个习惯，就会发现受益匪浅。

4）对员工工作的充分信任。在做了几年的测试管理工作后，测试经理和测试主管会发现，很多骨干员工的测试技术和水平要强于自己，这是很正常的现象。基于此原因，测试经理和测试主管在把工作分配给员工后，就要充分信任测试人员的能力，尤其是测试负责人，而自己主要应做好宏观的管理和测试支持工作。同时，还要鼓励员工试用更科学的测试技术、方法或工具，并进行知识共享。

5）以员工期待的方式善待员工。测试工作量大，又容易被人误解。如果测试经理和测试主管能以恰到好处的方式对待员工，那么就会对测试人员的心理起到良好的调和作用。另外，测试人员的工作风格也会有所差异，所以布置和指导工作方式也要因人而异。对员工的奖励和批评也是如此，物质奖励或惩罚并不是万能的，而“一分钟夸奖”往往能取得事半功倍的效果。

6）评价实事求是、以事论事。无论是测试工作，还是测试人员本身，都需要不断地进行评价和总结，以便后续改进，并且使所有员工都能共享经验和教训。评价的原则有两点，即实事求是和以事论事。实事求是需要测试人员有勇气揭示自己的不足，以事论事则需要测试经理和测试主管不能把工作的缺陷与员工自身联系在一起，否则会影响评价工作的正常开展。

评价也包括测试经理和测试主管要勇于承认自己的错误。“金无足赤，人无完人”，否认和忽略自己的错误属不明智之举。若想改进不足，需要多倾听员工的意见和建议。

7）规划和开展测试管理工作。作为软件公司或测试组织的经理，都希望通过软件测试来不断提高软件产品的质量，所以测试组织必须要不断提高技术水平、不断发展，作为测试经理和测试主管，需要每年或每季度规划测试组织工作，为测试组织定制发展目标和愿景。

当前的项目规模越来越大，产品交付市场的时间点越提前越好。所以，软件测试工作作为软件交付的最后一个环节，其质量风险是不容忽视的。因此在测试实施前，就要做好充分的计划，采取高效的测试策略并进行评估，使项目中严重的缺陷尽早发现，以降低整个项目的开发风险。

测试经理和测试主管可能每天都会有很多的时间花在开各种会议、参加培训、接打电话或收发邮件上，但是作为测试负责人，应该把更多的精力放在提高测试工作效果和避免测试风险的发生上，而不能只完成属于自己的部分工作。

2．测试工程师的职责

作为软件测试工程师，要能够完成所有的测试工作，如从测试计划到测试总结，从软件测试活动到与测试相关的其他活动等，具体说来主要包括以下工作：

1）制订测试计划。在项目做项目策划时，测试的计划工作即开始，这个时期测试工程师的职责不仅是完成一篇《测试计划》，而是与项目经理一起规划好测试活动所涉及的资源、花费和关键时间点，以及制订测试风险管理计划等。另外，每一个测试阶段的测试计划还要包括具体的测试内容、输入和输出准则以及具体测试活动的安排等。简而言之，测试工程师要制订测试计划，为以后的测试实施活动做好充分的准备。

2）设计与编写测试用例。制订测试计划是对测试活动的资源、花费等的准备，而具体测试执行的内容和方法则需要测试工程师编写测试用例文档（即《测试说明》）。测试用例的设计与编写是测试工程师技术与经验的综合体现，是测试实施前最重要、最关键的活动。

3）实施测试。测试工作的实施是测试工程师最重要的测试活动，也是软件开发过程中一个很重要的步骤。实施测试需要测试工程师既要保证测试的充分，又要讲究工作效率和测试策略与方法。因为测试工作具有风险性，所以对测试负责人来说，实施测试非常具有挑战意义。

4）BUG 跟踪。有效的 BUG 跟踪是提高测试效率、改进产品质量和保证项目进度的重要策略之一。测试工程师在测试过程中，不仅是发现和验证软件的 BUG，而且要对其进行跟踪，使其得到尽快修改和控制。

5）测试报告与总结。软件测试的结束并不表示整个测试工作的结束，测试工程师需要把软件测试的结果经过统计和分析汇报出来，一方面使项目管理者能够清晰地了解软件当前的质量，另一方面也能为项目以后的改进和测试工作的改进提供重要的参考资料。

6）其他软件工程活动，包括需求、概要设计的同行评审、项目会议以及相关产品的确认和验证活动。

1.6　测试人员的素质要求

人是测试工作中最有价值也是最重要的资源，没有一个合格的、积极的测试小组，测试就不可能很好地实现。然而，在软件企业中有一种非常普遍的习惯，那就是让经验较少的新手、没有效率的开发者或不适合干其他工作的人去做测试工作。这绝对是一种目光短浅的行为，因为对一个系统进行有效地测试所需要的技能绝对不比进行软件开发需要的少。事实上，测试人员的技术与经验与软件质量和测试工作的效率有非常大的关系。

1. 测试人员的技术素质要求

测试人员的技术要求与开发人员相比要更全面，因为测试人员要有软件开发技术与经验，还要具有软件测试技术以及软件工程方面的能力，当然也包括软件应用领域的行业知识。

1）软件开发技术。做软件测试工作当然要掌握一定程度的测试软件应用的开发技术。一方面，对开发技术比较了解能使测试人员更有效地发现程序中的 BUG，并进行有效地分析，以帮助开发人员更快地进行定位和修改；另一方面，很多测试工作本身需要编码技术。例如，单元测试和集成测试经常需要构造驱动和桩程序，如果测试人员的开发技术水平很低，就根本无法胜任这些测试工作。

另外，软件测试经常需要自主开发测试工具，一些测试中心的实用工具都是测试人员开发出来的。

2）软件测试技术。软件测试本身就是一门学问，它是软件测试人员的“独门专业”。只有掌握了软件测试技术，测试工作才能更有效地进行；只有掌握了软件测试技术，才能更早、更快、更有效地找出软件中的缺陷；只有掌握了软件测试技术，才能用更科学的方法验证软件是否满足用户的需求。

从目前的软件测试技术来说，包括业界公认的测试技术（如等价类划分、因果图分析等黑盒测试方法），也包括软件测试中心自己总结出的一些通用的测试方法，还包括不同类型项目的技术总结。

所以，测试人员除了要掌握和了解测试行业本身需要的测试技术外，还要针对不同项目的需求掌握一些通用的测试方法和技巧，而且要不断地总结经验，共享技术与经验，以使测试中心的整体技术水平得到迅速提升。

3）软件工程方面的能力。软件测试活动几乎贯穿于软件开发的全过程，那么就要求测试人员，尤其测试负责人，要对软件工程有较深的认识。例如，某软件设计中心对软件研发管理非常重视，软件工程活动采用能力成熟度模型（CMM），这就要求测试人员要对软件研发和测试流程以及规范非常重视，而且还要灵活地运用，使软件测试工作既严格遵从项目计划，又符合软件开发和测试的流程规范。

4）行业知识。既然非常重视用户需求，并把软件质量的重点放在了用户的满意程度上，那么，了解用户需求就显得尤为重要。目前，软件越来越多地应用在了企业管理和教育等行业上，因此一定要了解软件应用领域的行业知识，如 ERP、CRM 等业务流程以及教育理论与实现方式等。

2. 测试人员的非技术素质要求

1）沟通能力。一名优秀的测试人员必须具有与技术（开发人员）和非技术人员（客户、管理人员）交流的能力，既要和用户谈得来，又能同开发人员说得上话。不幸的是，这两类人没有共同语言。和用户谈话的重点必须放在系统可以正确地处理什么和不可以处理什么上；而和开发人员谈相同的话题时，就必须将这些话重新组织，以另一种方式表达出来。测试小组的成员必须能够同用户和开发者进行沟通。

2）移情能力。和系统开发有关的所有人员都处在一种既关心又担心的状态中。用户担心将来使用一个不符合自己要求的系统，开发者则担心由于系统不正确而导致不得不重新开发整个系统，管理部门则担心这个系统突然崩溃而导致声誉受损。测试者必须和每一类人打交道，因此需要测试小组的成员对他们每个人都具有足够的理解和同情，具备了这种能力可以将测试人员与相关人员之间的冲突和对抗降到最低程度。

3）自信心。开发者指责测试者出了错是常有的事，测试者必须对自己的观点有足够的自信心。

4）幽默感。与开发人员意见相左、僵持不下时，一句幽默的点评可以有效缓和气氛。

5）外交能力。机智、老练的外交手法有助于维护与开发人员的协作关系。

6）超强的记忆力。一个优秀的测试人员应该有能力将以前曾经遇到过的类似的错误从记忆深处挖掘出来，这一能力在测试过程中的价值是无法衡量的，因为许多新出现的问题和已经发现的问题相差无几。

7）足够的耐心。很多软件测试工作都需要有足够多的耐心。有时需要花费惊人的时间去分离、识别和分析一个错误。

8）怀疑精神。可以预料，开发人员会尽他们最大的努力将所有的错误“绕”过去，测试人员必须听每个人的说明，但必须保持怀疑直到看过以后。

9）自我督促。做测试工作的人很容易变得懒散。只有那些具有自我督促能力的人，才能做到每天都能正常地工作。

10）洞察力。一个好的测试工程师要具有“测试是为了破坏”的观点，同时还要有捕获用户观点的能力，以及强烈的质量追求和对细节的关注能力。拥有高风险区的判断能力可以将有限的测试针对到重点环节。

1.7 软件测试职业岗位分析

随着软件业的迅猛发展，软件产品的质量控制与管理正逐渐成为软件企业生存与发展的关键。为保证软件出厂时的“健康状态”，几乎所有的IT企业在软件产品发布前，都要进行大量的软件测试，以对软件质量进行严格控制。这也引发了软件测试人才的走俏。目前软件测试职业的岗位基本具有以下特点：

1）工作起点高。小公司对软件质量的重视程度没有大公司高，一般较大规模的软件企业需要大量的测试工程师。

2）发展空间大。进入企业后，随着业务越来越熟练，有可能晋升为软件测试主管、项目主管、行业专家、自动化测试专家、QA、需求分析师、客户服务与支持等。

3）职业寿命长。这个岗位是针对程序员来讲的，软件测试工程师经常使用专业测试工具，经验价值会逐步上升，对公司的业务也会越来越精、越来越“资深”。另外，这个岗位对年龄没有限制，工作更稳定。

4）薪水待遇好。真正资深的测试工程师凤毛麟角，所以薪酬空间很大，甚至超出相同服务年限的软件开发人员的薪资水平。

习　　题

一、选择题

1. 软件测试的目的是（　　）。
   A. 表明软件的正确性　　B. 评价软件质量
   C. 尽可能发现软件中的错误　　D. 判定软件是否合格
2. 下面关于软件测试的说法，错误的是（　　）。
   A. 软件测试是程序测试
   B. 软件测试贯穿于软件定义和开发的整个期间
   C. 需求规格说明和设计规格说明都是软件测试的对象
   D. 程序是软件测试的对象
3. 某软件公司在招聘软件评测师时，应聘者甲向公司作如下保证：
   ① 经过自己测试的软件今后不会再出现问题；
   ② 在工作中对所有程序员一视同仁，不会因为某个程序员编写的程序问题多，就重点审查该程序，以免不利于团结；
   ③ 承诺不需要其他人员，自己就可以独立进行测试工作；
   ④ 发扬咬定青山不放松的精神，不把所有问题都找出来，决不罢休。
   你认为应聘者甲的保证（　　）。
   A. ①、④是正确的　　B. ②是正确的
   C. 都是正确的　　D. 都不正确

二、简答题

1. 简述软件测试的定义。
2. 简述软件测试的目的。
3. 简述软件测试的原则。
4. 谈谈你对今后从事软件测试职业的打算。
5. 简述软件测试工程师应具备的素质。

第 2 章　软件测试基础

通过第 1 章的学习，可以对软件测试有一个大致的认识，但对一些基本概念，如软件测试的模型、分类等并不十分清楚。本章将讨论几个重要的软件测试过程模型，从不同的角度介绍软件测试的分类，最后介绍软件测试的流程。在测试分类中介绍的一些主要的测试方法和技术，如白盒测试、黑盒测试、单元测试等是本书的重点内容，将在后续章节详细介绍。

本章要点：

1）软件测试模型。
2）确认和验证的关系。
3）软件测试的分类。
4）软件测试的流程。

2.1　软件测试模型

随着测试过程管理的不断发展，测试人员通过大量的实践，总结出了很多很好的测试过程模型。这些模型将测试活动进行了抽象，并与开发活动进行了有机的结合，是测试过程管理的重要依据。

2.1.1　V 模型

V 模型主要应用于项目的测试工作中，它强调了测试阶段与开发阶段的对应关系以及测试工作的及早准备和进行。V 模型的示意图如图 2-1 所示。

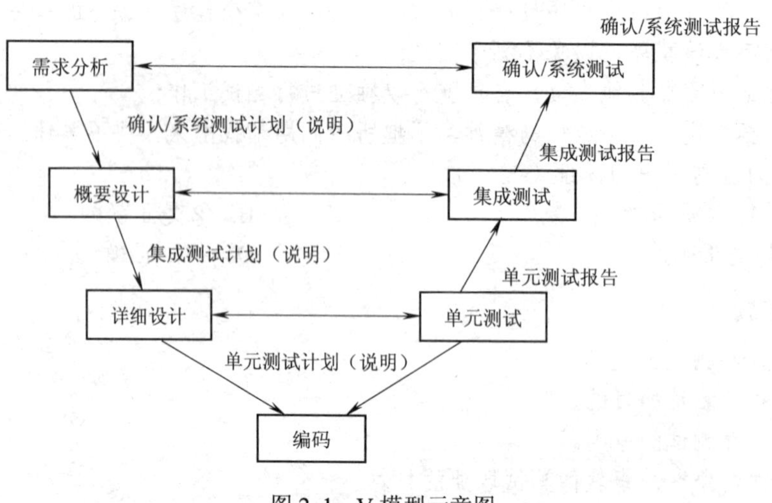

图 2-1　V 模型示意图

V 模型揭示了软件测试活动分层和分阶段的本质特性。例如，集成测试对应概要设计，那么，集成测试计划和集成测试说明文档的编写就可以在概要设计阶段开始编写，只要在集成测试实施前完成即可。

V 模型还有一点意义：在需求分析阶段编写测试用例，可以发现需求文档本身的缺陷，这样就能尽早把需求的缺陷消除，避免使缺陷遗留到下一个阶段中。同时，在概要设计阶段编写集成测试用例也会间接地提高软件设计的质量。

2.1.2 h 模型

V 模型从某种意义上讲，把软件的开发视为需求、设计、编码等一系列的串行活动。而事实上，虽然这些活动之间存在着相互牵制的关系，但在大部分时间里，它们是相互独立的，是可以并发进行的。虽然软件开发期望有清晰的需求、设计和编码等阶段，但实践告诉我们，严格的阶段之分只是一种理想情况。很多测试工作并没有严格的先后顺序，只要测试条件满足，就可以进行测试。各个不同层次之间的测试除了简单的时间上的先后关系外，还存在着触发、反复、迭代和增量关系。另外，V 模型并没有表示出测试流程的完整性。测试流程大致分为两类活动，一类是测试准备活动，包括测试需求分析、测试计划、测试用例设计与实现、测试环境准备、培训学习等；另一类是测试执行活动，包括测试实施、BUG 提交与验证等。h 模型作为一个新的理念，包含了以上不足。

h 模型的示意图如图 2-2 所示。

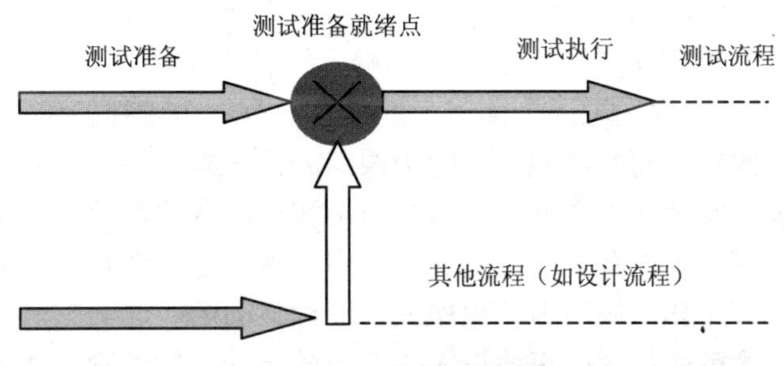

图 2-2 h 模型示意图

这个示意图仅仅演示了在整个生产周期中，某个测试层次上的一次测试“微循环”。图中的“其他流程”可以是任意的开发流程，如设计流程和编码流程，也可以是其他的非开发流程，甚至是测试流程本身。向上的空心箭头表示，在某个时间点，由于“其他流程”的进展而（由于先后关系）引发或者（由于因果关系）触发了测试就绪点，此时只要测试准备活动完成，测试执行活动就可以（或者说是需要）进行。概括来说，h 模型揭示了以下几点内容：

1）软件测试不仅指测试的执行，还包括很多其他的活动。

2）软件测试是一个独立的过程，贯穿产品的整个周期，与其他流程并发进行。

3）软件测试要尽早准备，尽早执行。

4）软件测试根据被测物的不同是分层次的。不同层次的测试活动可以按照某个次序先后进行，也可以反复进行。

由上可以看出，软件测试是一个独立的流程，贯穿于整个产品周期，与其他流程并发进行。当某个测试时间点就绪时，软件测试即从测试准备阶段进入测试执行阶段。h 模型兼顾效率和灵活性，可以被应用于各种规模、各种类型的软件项目。

那么，为什么要采用 h 模型呢？

首先，h 模型强调软件测试准备和测试执行分离。准备阶段和执行阶段有不同的测试活动。例如，测试准备活动，包括测试需求分析、测试计划、测试用例设计与编写等。准备阶段和执行阶段有不同的工作侧重点，不同的测试活动也需要不同的知识和技能。这样的分离有利于进一步的分工。显而易见，软件测试工作对其设计人员比执行人员有更高的能力要求，不同的岗位可以聘用不同的人员。如果一个测试设计人员同时被指派去执行测试，那不仅是人力资源的浪费，而且可能挫伤设计人员的创造性和积极性。所以，软件测试分工所带来的第一个直接好处是降低人力成本，第二个直接好处是提高效率。分工所带来的间接的长期好处是，软件测试可以成为一个有职业前景的职位，这有利于吸引人才，从而形成软件测试领域的人力积累和良性循环。

其次，h 模型可以促使人们充分认识到软件测试的复杂性。这里的复杂并不是指技术上的复杂（尽管软件测试在技术上也的确是复杂的），而是指过程上的复杂。正如传统的软件开发被简化为编程一样，软件测试也常常被简化为运行一下被测的软件，观察是否有异样的运行结果。软件测试也有不同的阶段、不同的活动，而且这些阶段和活动要被组成一个系统才能有效地运作。没有组织的、非结构化的软件测试除了浪费时间和金钱外，几乎不可能有实质性的产出。认识到复杂性才可能得到足够的重视和必要的尊重。重视主要来自于管理层，而尊重则主要来自于平行的其他流程人员，如编码人员。尽管测试流程是一个独立的流程，但它必须被置于整个软件生产的流程系统中，作为一个有机的组成部分，并与其他流程有效地交互，才可能发挥作用。

最后，测试经理总是抱怨测试上的投入不够，测试人员要么被看作“无所事事”，要么被看作“忙而无功”；而管理层则因为测试上的投入没有一个可视的结果而拒绝加大投入。h 模型并不能扭转这种糟糕的局面，但它有助于跟踪测试投入的流向。例如，在各个测试活动上的投入分别是多少，比例是否合理，哪些是用于测试准备的，而如果由于其他流程的差错导致重做准备，那浪费的投入有多少。在 h 模型中，测试是一个有组织的、结构化的独立流程，既保证了自身的有序和结构清晰，也保证了流程之间的“界面”清晰。这样，软件测试就不是一笔糊涂账，才可能得到公正的投入与产出的评判，软件测试才可能避免成为“出气筒”和“替罪羊”。

总结一下，软件测试采用 h 模型的理由有以下 3 个：

1）有利于测试的分工，从而降低成本，提高效率。

2）有利于认识测试的复杂性，从而赢得重视和尊重。

3）有利于了解测试投入的去处，从而得到测试利益的公正评判。

2.1.3 模型小结

h 模型为测试工作增加了灵活性和高效性，简化了对测试工作流程的理解。应用到项目中的测试工作，则需要利用 h 模型的理念，合理地做测试工作分工和测试工作准备，这对软件测试的度量和评估大有裨益。

2.2　确认和验证

软件确认（Validation）和验证（Verification），简称为 V&V 或 V2。从软件测试的定义来看，确认和验证是广义软件测试的一部分。下面简单介绍确认和验证以及它们之间的关系。

确认是指在软件开发过程结束时对软件进行评价，以确定它是否和软件需求一致的过程。在软件产品开发完成以后，为了对它在功能、性能、接口以及限制条件等方面是否满足需求做出切实的评价，需要在开发的初期，在软件需求规格说明书中明确地规定确认的标准。

验证是指确定软件开发周期中的一个给定阶段的产品是否满足了在上一阶段确立的需求的过程。也就是说，验证是要决定软件开发的每个阶段、每个步骤的产品是否正确无误，并与前面的开发阶段和开发步骤的产品相一致。验证工作意味着在软件开发过程中开展一系列活动，旨在确保能够正确无误地实现软件的需求。

确认和验证有很多相似之处，所以很多人难以区别它们。下面介绍它们之间的关系。

确认和验证既有联系，也有区别。确认要回答的是：正在开发一个正确、无误的软件产品吗？而验证要回答的是：正开发的软件产品是正确、无误的吗？

也就是说，验证和确认的区别在于：确认表明要与规定的需求进行比较，判断是否满足要求，所关心的是该软件产品的价值；而验证关心的是确保软件模块或功能内在的正确性和一致性。

软件验证与确认是贯穿于软件开发过程中十分细致的软件检验活动。每个开发阶段的结果可认为是下一开发阶段的规格文件，进入下一阶段前必须对该结果进行确认。验证和确认的主要方法有代码走查、审查、测试和正确性证明等。代码走查就是对软件文档进行书面检查。它通过人工模拟执行源程序的过程，检查设计的正确性。人工模拟也像计算机执行那样，可以仔细推敲、校验和核实每一步的执行结果，进而确定其执行逻辑、控制模型、算法和使用参数与数据的正确性。

验证和确认都属于测试活动。可以这样认为：验证+确认=测试。

注意：验证和确认是不同级别的测试活动。

2.3　软件测试分类

测试是一项复杂的系统工程，同样从不同的角度考虑可以有不同的划分方法。对测试进行分类是为了更好地明确测试的过程，了解测试究竟要完成哪些工作，尽量做到全面测试。

1．按是否需要执行被测软件的角度分类

按是否需要执行被测软件的角度来分类，可分为静态测试和动态测试。前者不利用计算机运行待测程序而应用其他手段实现测试目的，如代码审核，而后者则通过运行被测试软件来达到目的。

2．按开发阶段分类

1）单元测试。单元测试又称为模块测试，是对软件中的基本组成单位进行的测试，如

一个模块、一个过程等。它是软件动态测试的最基本的部分之一，也是最重要的部分之一，其目的是检验软件基本组成单位的正确性。因为单元测试需要知道内部程序设计和编码的细节知识，一般应由程序员来完成，往往需要开发测试驱动模块和桩模块来辅助完成单元测试。因此，应用系统有一个设计良好的体系结构就显得尤为重要。

一个软件单元的正确性是相对于该单元的规约而言的。因此，单元测试以被测试单位的规约为基准。单元测试的主要方法有控制流测试、数据流测试、排错测试、分域测试等。

2）集成测试。集成测试也称为组装测试，是在软件系统集成过程中所进行的测试，其主要目的是检查软件单位之间的接口是否正确。它根据集成测试计划，一边将模块或其他软件单位组合成越来越大的系统，一边运行该系统，以分析所组成的系统是否正确，各组成部分是否合拍。集成测试的策略主要有自顶向下和自底向上两种。

3）确认测试。确认测试又称为有效性测试。确认测试的目的是检查已实现的软件系统是否满足需求规格说明书中规定的各种需求，以及软件配置是否完全、正确。

4）系统测试。系统测试是对已经集成好的软件系统进行彻底的测试，以验证软件系统的正确性和性能等是否满足其规约所指定的要求。检查软件的行为和输出是否正确并非一项简单的任务，它被称为测试的“先知者问题”。因此，系统测试应该按照测试计划进行，其输入、输出和其他动态运行行为应该与软件规约进行对比。软件系统的测试方法很多，主要有功能测试、性能测试、随机测试等。

5）验收测试。验收测试旨在向软件的购买者展示该软件系统能满足其用户的需求，它的测试数据通常是系统测试的测试数据的子集。不同的是，验收测试常常有软件系统的购买者代表在现场，甚至是在软件安装使用的现场。这是软件在投入使用之前的最后测试。

3. 按测试实施组织分类

1）Alpha 测试。在系统开发接近完成时对应用系统的测试称为 Alpha 测试。测试后，仍然会有少量的设计变更。这种测试一般由最终用户或其他人员完成，不能由程序员或测试员完成。

2）Beta 测试。当开发和测试完全完成时所做的测试称为 Beta 测试。最终的错误和问题需要在最终发行前找到。这种测试一般由最终用户或其他人员完成，不能由程序员或测试员完成。

3）第三方测试。第三方测试是指不同于开发方和用户方的组织进行的测试。通常模拟用户的真实操作环境，对软件进行确认测试。第三方测试有利于客观、公正地测试和评价软件。

4. 按测试方法分类

1）白盒测试。白盒测试也称为结构测试或逻辑驱动测试，是指基于一个应用代码的内部逻辑知识，即基于覆盖全部代码、分支、路径、条件的测试，它知道产品内部的工作过程，可通过测试来检测产品内部动作是否按照规格说明书的规定正常进行。按照程序内部的结构测试程序，检验程序中的每条通路是否都能按预定的要求正确工作。白盒测试的主要方法有逻辑驱动、基路测试等，主要用于软件验证。

白盒测试全面了解程序内部的逻辑结构，对所有的逻辑路径进行测试，是穷举路径测试。在使用这一方案时，测试者必须检查程序的内部结构，从检查程序的逻辑着手，得出测试数据。贯穿程序的独立路径数是天文数字，即使每条路径都测试了仍然可能存在错误，原因如下：第一，穷举路径测试决不能查出程序违反了设计规范，即程序本身是个错误的程序；第二，穷举路径测试不可能查出程序中因遗漏路径而导致的错误；第三，穷举路径测试可能发现不了一些与数据相关的错误。

白盒测试的工具有 JUnit Framework、Jtest 等。

2）黑盒测试。黑盒测试是指不基于内部设计和代码的任何知识，而基于需求和功能性的测试。黑盒测试也称为功能测试或数据驱动测试，它已知产品所应具有的功能，通过测试来检测每个功能是否都正常使用。在测试时，把程序看作一个不能打开的黑盒子，在完全不考虑程序内部结构和内部特性的情况下，测试者在程序接口进行测试，它只检查程序功能是否按照需求规格说明书的规定正常使用，程序是否能适当地接收输入数据而产生正确的输出信息，并且保持外部信息（如数据库或文件）的完整性。黑盒测试的方法主要有等价类划分、边值分析、因-果图、错误推测等，主要用于软件确认测试。

黑盒测试着眼于程序的外部结构，不考虑内部逻辑结构，针对软件界面和软件功能进行测试。黑盒测试是穷举输入测试，只有把所有可能的输入都作为测试情况使用，才能以这种方法查出程序中所有的错误。实际上测试情况有无穷多个，人们不仅要测试所有合法的输入，而且还要对那些不合法但是可能的输入进行测试。

黑盒测试也可以借助一些工具，如 WinRunner、Quick Test Pro、Rational Robot 等。

3）灰盒测试。灰盒测试是介于白盒测试与黑盒测试之间的测试。它关注输出相对于输入的正确性，同时也关注内部表现，但这种关注不像白盒测试那样详细、完整，只是通过一些表征性的现象、事件、标志来判断内部的运行状态。

灰盒测试结合了白盒测试与黑盒测试的要素。当进行灰盒测试时，要考虑用户端、特定的系统知识和操作环境，要在系统组件的协同环境中评价应用软件的设计。

5. 其他测试方法和技术

在实际应用中，还有许多其他具体的测试类型，它们往往是为实现某个特定目标而进行的测试，如回归测试、迭代测试、功能测试、性能测试、安全性测试、可靠性测试、兼容性测试、可移植性测试、冒烟测试、用户界面测试、随机测试、引导测试、本地化测试等。

2.4 软件测试流程概述

1. 软件开发流程

传统的软件开发流程包括 5 个阶段：需求获取和分析阶段、设计阶段（包括系统设计、概要设计、详细设计、UI 设计）、编码阶段、测试阶段和维护阶段，这几个阶段的不同组合和“配置”就形成了不同的软件开发生命周期。传统的开发生命周期是瀑布型，开发一个软件产品要严格执行需求分析、设计、编码、测试，然后是上市维护，但是现在的软件系统越来越复杂，而市场要求软件的研发周期却越来越短，所以瀑布型已经逐渐被淘汰。

在瀑布型研发生命周期的基础上，又演化出了几种生命周期，如V模型、增量模型、螺旋模型、迭代模型等。另外，现在利用面向对象的分析和设计技术，又产生了基于用例的面向对象软件开发模型。

下面以V模型为例，介绍软件开发生命周期（在V模型的软件开发生命周期中，前4个阶段也是顺序发生的）。

1）需求分析阶段。需求分析人员进行需求获取和分析，这个阶段的输出是需求规格说明书。在这个阶段，测试工程师就可以开始制订系统测试计划，并且根据需求规格说明书着手进行系统测试说明的编写。

2）概要设计阶段。设计人员根据需求规格说明书进行概要设计，这个阶段的输出是概要设计说明书，测试工程师开始制订集成测试计划，并且根据概要设计说明书编写集成测试说明。

3）详细设计阶段。在概要设计的基础上进行详细设计，输出是详细设计说明书，测试人员（目前单元测试由开发人员完成）要制订单元测试计划，并根据详细设计说明书编写单元测试说明。

4）编码阶段。开发人员根据详细设计说明书进行编码。

5）单元测试阶段。测试工程师根据单元测试说明对编码人员编写的代码进行单元测试。

6）集成测试阶段。测试工程师根据集成测试说明对通过单元测试的单元进行集成测试。

7）确认和系统测试阶段。在集成测试完成后，测试工程师根据测试说明对集成的软件进行确认和系统测试。

通常情况下，编码、单元测试、集成测试这几个阶段是可以重叠的，但对于某一个模块而言还是按顺序发生的。例如，对于一个单元，必须是编码完成后才能进行单元测试，必须是通过单元测试后才能和其他模块进行集成测试，但是没必要等到编码阶段结束后才开始单元测试，同样也没有必要等到所有单元都通过单元测试后才开始集成测试。对于小的模块来讲是顺序发生的，但是对于开发阶段而言是可以重叠的。

2．软件测试流程

目前，大多数软件公司对软件测试流程的原则和总体过程都持认同态度，但由于各个软件组织实际开发、测试的情况不同，具体的测试实施过程可谓千变万化。其中，很多测试工作是在测试阶段开始时才有测试人员介入，这样的测试工作缺乏计划、工作依据和准则，测试工作的随机性很大，项目测试的可重复性差，最终软件的质量和用户需求的满足度也就很难保证。

科学的软件测试过程是软件测试人员在项目开发初始就融入到项目中，了解用户需求和设计开发工作。在测试阶段开始前，拟订软件测试计划，编制软件测试大纲，设计和生成测试用例，在测试过程中，有效地进行缺陷和问题跟踪，在测试结束后，生成软件测试报告和测试评估报告。

科学的软件测试流程主要包括：

1）测试阶段的划分。

2）测试周期的制订。

3）测试工作的质量。

测试阶段的划分对各种测试类型进行了详细的划分；测试周期的制订强调了测试里程碑

的划分，加强了测试的规范性；测试工作的质量内容较多，既包括测试计划和测试说明的质量，也包括测试实施的质量，既包括技术方面的质量，也包括测试流程实施的质量。测试流程的 3 个方面紧密结合，相互关联，促使测试工作更加流程化、规范化。

一个好的测试过程的属性包括：

1）整个测试过程被书面化。

2）测试过程是灵活的、可变的。

3）每个人都同意遵循这个测试过程。

4）测试过程包含度量，该度量用于测量测试过程的有效性，也是修改测试过程和测试工作改进的基础。

5）测试过程要被主动管理。

以某软件设计中心为例，测试阶段分为单元测试、集成测试、确认测试、系统测试、部件测试、验收测试和封样测试。测试阶段划分的原则通过测试的侧重点、测试开始和结束时间以及测试技术方法的不同来划分。这 7 个阶段的划分具体见表 2-1。

表 2-1　测试阶段的划分

	侧　重　点	开始和结束时间	技 术 方 法	测 试 人 员
单元测试	针对程序单个模块的测试，目的在于发现各模块内部可能的错误	模块编码工作完成后～包含该模块的集成测试开始前	白盒测试方法；黑盒测试方法；单元测试技术	一般由编码人员完成
集成测试	模块之间集成的测试，目的在于找到导致模块交互的接口错误	被测模块单元测试完成后～确认测试开始前	黑盒测试方法；集成测试技术	由集成测试人员完成
确认测试	验证软件的功能和性能及其他特性是否与用户的要求一致	集成测试完成后～系统测试开始前	黑盒测试方法；确认测试技术	由确认测试人员完成
系统测试	在各种软件应用环境中进行的一系列测试，验证用户的需求是否得到最终满足	确认测试完成后～验收测试开始前	黑盒测试方法；系统测试技术	由系统测试人员完成
部件测试	对捆绑到软件系统中的成熟部件产品进行的测试	根据实际情况决定	黑盒测试方法；确认或系统测试技术	由确认或系统测试人员完成
验收测试	由用户完成的产品验收，验证软件是否满足了用户需求	系统测试结束～产品发布前		内部客户和外部用户参与完成
封样测试	为生产提供母盘的工程化活动	验收测试结束后～产品生产前		测试人员完成

测试阶段是针对组成开发生命周期的不同阶段而定义的。从 V 模型来看，软件测试可以分成几个阶段，包括单元测试、集成测试、确认测试、系统测试，不同的测试阶段对应不同的开发阶段和不同的测试对象。单元测试对应详细设计阶段，在详细设计阶段开始编写单元测试说明，在编码阶段进行单元测试，测试的对象是编码的最小对象，通常都是以函数或方法为单元，属于白盒测试；集成测试对应概要设计阶段，在概要设计阶段开始编写集成测试说明，同时在单元测试以后开始集成测试，测试的对象是单元和单元之间的接口以及调用关系是否正确，属于黑盒测试；确认和系统测试对应需求分析阶段，即在需求分析阶段就要开始编写确认和系统测试说明，在集成测试完成后开始确认测试，测试的对象是已经完成打包的、可以安装运行的软件产品，主要测试的是软件的功能是否和需求一致，是否满足用户的要求。单元、集成、确认和系统的测试步骤如图 2-3 所示。

对于实际测试工作来讲，以上 7 个阶段会经常被裁减或策略合并，所以开始和结束时间会根据实际情况的不同而做相应的改变。

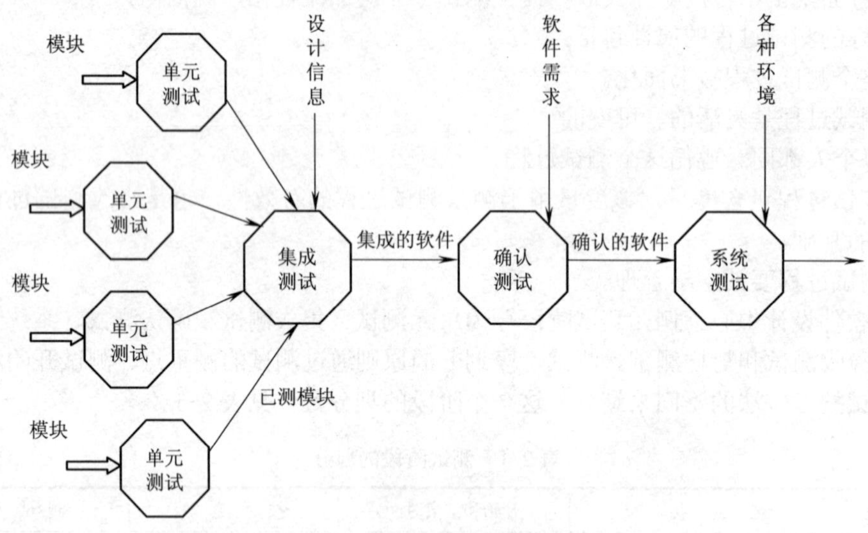

图 2-3　单元、集成、确认和系统测试步骤

软件测试周期主要指完成一项测试工作通常划分的几个周期，以便对测试工作进行检查和确认。图 2-4 列出了测试工作的周期，其中测试准备工作、测试实施工作和测试检查工作已经在目前的项目中被广泛应用，而测试改进工作不属于项目范畴，而且需要长期、不断地积累，所以它不代表一个固定的周期。

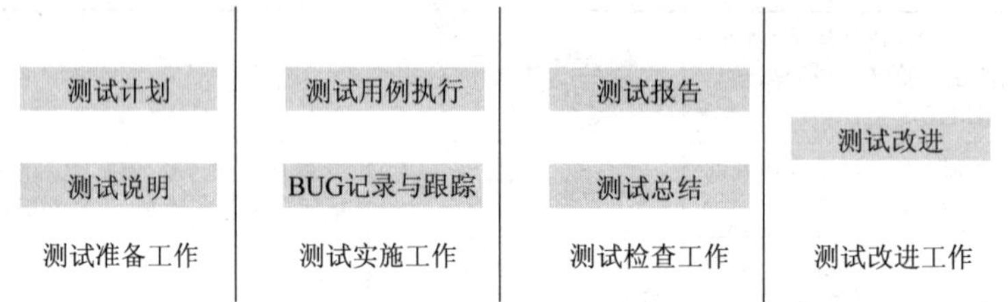

图 2-4　软件测试周期示意图

测试周期具体包括：测试计划、测试说明、测试用例执行、BUG 记录与跟踪、测试报告和测试总结以及后期的改进工作。测试周期是从测试管理的角度定义的，可以参考 PDCA 模型，即做任何事情都应先订计划（Plan），有了计划以后才开始做（Do），在完成以后进行检查（Check）并调整（Adjust）。对应到测试活动，首先应制订测试计划和测试说明，然后再执行测试活动，如果测试分为若干个阶段，那么还应该编写测试阶段报告。最后，测试活动完成后，编写测试报告和测试总结并进行后期改进。所有的测试活动都应按照完整的测试生命周期来执行。

对于上面所说的 7 个测试阶段，可以对测试周期进行进一步地划分，具体如图 2-5 所示。

另外，对于每个阶段的测试实施过程，也有测试周期的划分，一般包括两个阶段：初测期、细测和回归测试期。这两个阶段划分的依据主要是根据测试的需求和对项目的影响，下面以确认测试为例具体说明。

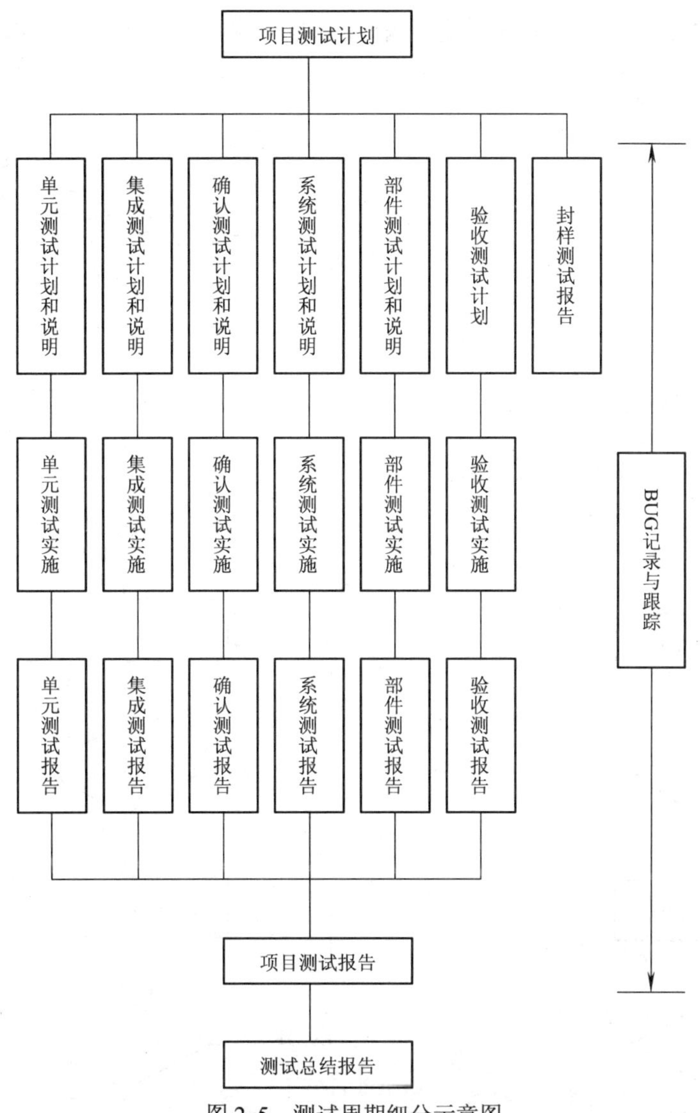

图 2-5　测试周期细分示意图

1）初测期。此时期主要是测试所有功能点的适合性、UI 实现的合理性和主要业务流程的正确性。这些对应于项目的主要需求，测试人员要尽早发现此类缺陷，以降低开发修改的花费和项目质量风险，如图 2-6 所示。

2）细测和回归测试期。此时期要严格按照测试说明，逐一测试各个功能、特性、性能、用户界面、兼容性、可用性等，并对每次开发修改进行回归测试，如图 2-7 所示。

测试阶段对应于开发生命周期的不同阶段，各测试阶段本身相对独立。在软件的实际开发过程中，可以选择全部的测试阶段，也可只选择几个测试阶段。现在国内一些小的软件企业都只进行确认测试。

测试周期是针对测试活动定义的，每一个测试阶段都是一个相对独立的测试活动，所以每一个测试阶段都是一个独立的周期。在 V 模型中，以确认测试为例，在需求分析阶段，测试人员就开始了确认测试活动，首先要制订确认测试计划，其次是根据需求规格说明书制订确认测试说明并设计测试用例。最后，在软件全部开发完成后，根据测试说明进行确认测试，并编写确认测试报告，在项目完成后编写测试总结。同样，单元测试和集成测试也都有相对独立的测试生命周期。

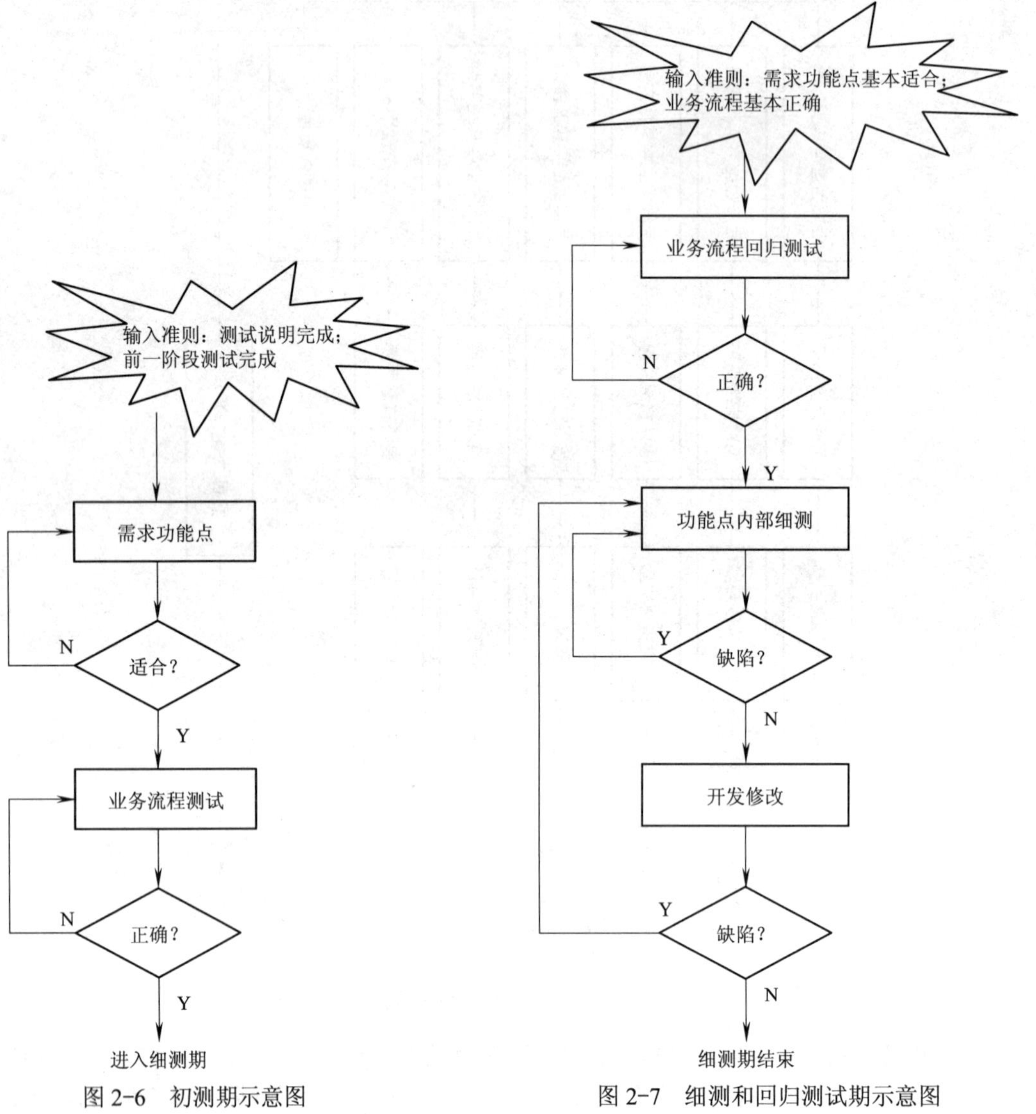

图 2-6　初测期示意图　　　　图 2-7　细测和回归测试期示意图

习　　题

一、选择题

1. 下列关于白盒测试与黑盒测试的最主要区别，说法正确的是（　　）。
   A. 白盒测试侧重于程序结构，黑盒测试侧重于功能
   B. 白盒测试可以使用测试工具，黑盒测试不能使用工具
   C. 白盒测试需要程序员参与，黑盒测试不需要
   D. 黑盒测试比白盒测试应用更广泛

2. 软件测试类型按开发阶段划分成（　　）。
   A. 需求测试、单元测试、集成测试、验证测试
   B. 单元测试、集成测试、确认测试、系统测试、验收测试
   C. 单元测试、集成测试、验证测试、确认测试、验收测试
   D. 调试、单元测试、集成测试、用户测试
3. 下列可以作为软件测试结束标志的是（　　）。
   A. 使用了特定的测试用例
   B. 错误强度曲线下降到预定的水平
   C. 查出了预定数目的错误
   D. 按照测试计划中所规定的时间进行了测试

二、简答题

1. 简述软件测试的模型。
2. 简述软件测试 V 模型有何不足之处。
3. V&V 中两个 V 的含义分别是什么？它们属于测试吗？两者有何区别？
4. 按开发阶段，软件测试可分为哪几类？
5. Alpha 测试和 Beta 测试的含义分别是什么？两者有何区别和联系？
6. 简述软件测试的流程。

第 3 章　软件质量与测试

本章首先介绍软件质量的特性及其子特性，其次再讨论软件质量的度量，结合实际的测试工作，讲述如何做好针对软件质量特性的测试，最后介绍相关的 ISO 9000 质量体系标准和能力成熟度模型（CMM）。虽然软件质量度量还不是目前测试工作的重点，但是在以后的工作改进中肯定需要软件质量度量方面的技术。

本章要点：

1）对软件质量特性的理解。

2）基于软件质量特性的测试。

3）ISO 9000 质量体系标准。

4）软件能力成熟度模型（CMM）。

3.1　软件质量的重要性

近年来，软件质量问题逐渐突出，有些问题已十分严重，引发的事故已直接伤害到生命和社会安全，几个典型案例如下。

案例 1：迪斯尼的狮子王游戏软件。

1994 年秋天，迪斯尼公司发布了第一个面向儿童的多媒体光盘游戏——狮子王动画故事书（The Lion King Animated Storybook）。尽管当时已经有许多其他公司在儿童游戏市场上运作多年，但是这次是迪斯尼公司首次进军儿童游戏市场，所以进行了大量促销宣传。结果，销售额非常可观，该游戏成为孩子们在当年节假日的“必买游戏”。然而在 1994 年 12 月 26 日，即圣诞节过后的第一天，迪斯尼公司的客户支持电话开始响个不停。很快，电话支持技术员们就被淹没在来自于愤怒的家长并伴随着玩不成游戏的孩子们的哭叫的电话之中，报纸和电视新闻对此进行了大量的报道。

后来证实，迪斯尼公司没有对市面上投入使用的众多不同类型的 PC 机型进行广泛的测试，软件只能在极少数系统中正常工作，如在迪斯尼程序员用来开发游戏的系统中，但在大多数公众使用的系统中不能运行。

案例 2：爱国者导弹防御系统。

爱国者导弹防御系统是美国前总统里根提出的战略防御计划（即星球大战计划）的缩略版本，它首次应用在海湾战争中对抗伊拉克“飞毛腿”导弹的防御战中。尽管对系统赞誉的报道不绝于耳，但是它确实在对抗几枚导弹中失利，包括一次某个软件故障打乱了“爱国者”导弹的雷达跟踪系统，使导弹发射后未能迎击对方的“飞毛腿”导弹，反而轰击了自己的军营，造成 28 名美国士兵丧生，98 名士兵受伤。事后分析发现，此次事故的症结在于一个软件缺陷，系统时钟的一个很小的计时错误积累到 14 个小时后，跟踪系统便不再准确。而在这次误袭中，系统已经运行了 100 多个小时。

案例 3：千年虫问题。

20 世纪 70 年代早期，某位程序员正在为本公司设计开发工资系统。他使用的计算机存储空间很小，迫使他尽量节省每一字节。他将自己的程序压缩得比其他任何人都紧凑，使用的其中一个方法是把 4 位数年份，如 1973 年，缩减为 2 位数，即 73。因为工资系统相当依赖对日期的处理，所以需要节省大量的存储空间。他简单地认为只有在到达 2000 年时，当程序开始计算 00 或 01 这样的年份时问题才会产生。虽然他知道会出这样的问题，但是他认定在 25 年内程序肯定会升级或替换，而且眼前的任务比现在计划遥不可及的未来更加重要。然而这一天毕竟到来了，但他已经退休了，谁也不会想到如何深入到程序中检查 2000 年的兼容问题，更不用说去修改了。

估计全球各地更换或升级类似上述程序，以解决潜在的千年虫问题的费用已达数千亿美元。

案例 4：美国航天局火星登陆探测器。

1999 年 12 月 3 日，美国航天局的火星极地登陆者号探测器试图在火星表面着陆时失踪。故障评估委员会经过调查，认定出现故障的原因极可能是一个数据位被意外置位。最令人震惊的是为什么没有在内部测试时发现这个问题呢？

从理论上看，着陆的计划是这样的：当探测器在火星表面降落时，它将打开降落伞以减缓探测器的下降速度。降落伞打开几秒钟后，探测器的 3 条腿将迅速撑开并锁定位置，准备着陆。当探测器离地面 1 800 米时，它将丢弃降落伞，点燃着陆推进器，然后缓缓地降落到火星表面。

美国航天局为了省钱，简化了确定何时关闭着陆推进器的装置。为了替代在其他太空船上使用的贵重雷达，他们在探测器的脚部装了一个廉价的触点开关，在计算机中设置一个数据位来控制触点开关的关闭燃料。很简单，探测器的发动机需要一直点火工作，直到脚“着地”为止。

遗憾的是，故障评估委员会在测试中发现，许多情况下，当探测器的脚迅速撑开准备着陆时，机械震动也会触发着陆触点开关，设置致命的错误的数据位。设想探测器开始着陆时，计算机极有可能关闭着陆推进器，这样火星极地登陆者号探测器飞船在下坠 1 800 米之后会冲向地面，撞成碎片。

结果是灾难性的，但背后的原因却很简单。登陆探测器经过了多个小组的测试，其中一个小组测试飞船的脚折叠过程，另一个小组测试此后的着陆过程。前一个小组不去注意着陆数据是否置位，因为这不是他们负责的范围；后一个小组总是在开始着陆之前复位计算机，清除数据位。双方独立工作都做得很好，但合在一起就不是这样了。

案例 5：微软 64 位服务器软件。

2004 年上半年，微软公司承认，如果客户使用的是 64 位的 Windows Server 2003 企业版，并且硬件配置是英特尔安腾芯片，很可能突然死机。更可怕的情况是，死机后根本不可能重新启动，这将给企业带来巨大的损失。微软公司称，该问题是由硬件管理程序在检测硬件设备时造成的，随后立即推出了升级补丁程序。

还可以举出许多类似的事例，这些事例表明，随着计算机应用的普及和深入，使得整个社会的经济体系以至人们日常生活的各个层面都对计算机，特别是对软件的依赖性越来越大，与此同时，由软件质量问题带来的危害也越来越严重。人们已逐渐认识到，软件产品质量正在牵动着社会的命脉，忽视软件质量必将付出更大的代价，受到更为严厉的惩罚。

软件质量问题不仅是一个经济问题、技术问题，也是一个社会问题。所以，应高度重视软件质量问题，并尽力促进其不断提高和发展。

3.2 软件质量问题的原因

软件质量问题的原因有以下几种：

1）软件本身的特点和目前普遍采用的开发模式使得隐藏在软件产品内部的质量缺陷不可能完全避免。

① 计算机软件是不可见的逻辑实体，不同于任何制造业产品，把握软件质量的一个关键因素是软件需求的正确性和准确性。然而，用户常常说不清自己的需求，或者用户经常改变自己已提出的需求，这就会埋下软件质量的祸根。

② 软件复杂性高。图形用户界面（GUI）、客户机/服务器结构、分布式应用、数据通信、超大型关系数据库以及庞大的系统规模，使得软件及系统的复杂性呈指数增长，没有现代软件开发经验的人很难理解它。

③ 目前大多数软件开发工作仍是智力密集的手工劳动，需要开发人员集中精力、全神贯注、一丝不苟，因为很小的疏忽都会引发质量问题。

④ 软件开发无论采用哪一种模型，在各个开发环节之间，人员的协调和衔接都必须保证完全正确。

⑤ 软件测试方法具有不可克服的弱点，再好的测试技术也只能发现和消除错误，无论如何也不能保证或表明软件内部已不包含错误。

⑥ 软件质量对人员的依赖不能避免，其中包括测试人员的素质、经验、协调与沟通，人员流动，甚至开发人员的情绪等。

2）技术上解决软件质量问题有局限性。

① 人们对软件质量本身的认识仍处于初期阶段，一些定性的认识尚未量化，如可维护性、可测试性等难于度量，因此也就难于控制。

② 目前利用软件组件（Computer）或构件（Build）实现可复用性（Reusability），力图提高软件可靠性的做法尚未普及。

③ 想要采用净室（Clean Room）开发技术防止错误或缺陷混入开发过程，仍然是开发人员的设想，很难绝对净化软件开发环境。

3）对软件工程标准化重视不够。从 20 世纪 80 年代中期开始，我国已制定和公布了 20 多项软件工程国家标准，其中许多标准是从国际标准转化来的，具有很好的指导性，但只有少数部门和行业在参考国家标准的基础上制定和实施了部标和行标（如航空、航天、外贸、石化等）。个别企业制定和实施了自己的企业标准和规范。许多企业缺乏质量意识和标准化管理意识。

4）软件产品的质量问题时有暴露，有的企业提供错误的用户手册，许多企业开发的程序存在可读性极差且产品的用户界面不统一、产品的测试不充分等问题。1995 年，在申报参加全国优秀软件的产品评测中发现，由于系统兼容性差等质量问题，有 30%的产品不具备评测资格。

5）软件开发工具和管理工具的提供与使用不够充分，致使大量的开发工作和管理工作停留在手工劳动阶段，不仅效率低而且通常不能保证质量。例如，许多软件企业没有采用配置管理工具、测试工具、度量工具等。

6）其他方面的原因，如：

① 项目组交流不够、交流上有误解或者根本不进行交流。

② 程序设计错误或需求有变化。

③ 时间压力。

④ 代码文档贫乏或者较差的文档使得代码维护和修改变的异常艰辛，其结果是带来许多错误。事实上，许多机构并不鼓励程序员为代码编写文档，也不鼓励程序员将代码写得清晰和容易理解，相反，他们认为少写文档可以更快地进行编码，无法理解的代码更易于工作的保密。

3.3　对软件质量特性的理解

3.3.1　软件质量特性的定义

软件质量是软件产品满足使用要求的程度。对于软件质量的衡量，就是高质量的软件系统能够准时交付给用户，所耗费的成本不超出预算，且能够正常地运行，即该软件必须尽可能地没有 BUG。

软件质量好坏度量的基础是软件需求，与需求不符的软件就不是高质量的软件。因此，完成的成本和时间都应控制在计划范围内。另外，软件质量的高低也体现在软件产品的可靠性和可维护性上。

质量特性的定义：一个与质量有关的面向管理的软件属性。

软件子特性：质量特性分解出来的技术组件。

对于软件质量特性的分解，不同组织的具体做法是不同的。目前公认的有 3 种质量模型，即 McCall 质量模型（1977 年）、Boehm 模型（1978 年）和 ISO 的软件质量评价模型（1993 年）。某软件设计中心，采用 ISO 的软件质量评价模型进行定义，并参考了 GB/T 16260.1—2006《软件工程　产品质量　第 1 部分：质量模型》，具体如下。

1）功能性：当软件在指定条件下使用时，软件产品提供满足明确和隐含要求的功能的能力。

① 适合性：软件产品为指定的任务和用户目标提供一组合适的功能的能力。

② 准确性：软件产品提供具有所需精度的正确或相符的结果或效果的能力。

③ 互操作性：软件产品与一个或更多的规定系统进行交互的能力。

④ 安全保密性：软件产品保护信息和数据的能力，以使未授权的人员或系统不能阅读或修改这些信息和数据，而不拒绝授权人员或系统对它们的访问。

⑤ 功能性的依从性：软件产品遵循与功能性相关的标准、约定或法规以及类似规定的能力。

2）可靠性：在指定条件下使用时，软件产品维持规定的性能级别的能力。

① 成熟性：软件产品为避免由软件中故障而导致失效的能力。

② 容错性：在软件出现故障或者违反其指定接口的情况下，软件产品维持规定的性能级别的能力。

③ 易恢复性：在失效发生的情况下，软件产品重建规定的性能级别并恢复受直接影响的数据的能力。

④ 可靠性的依从性：软件产品遵循与可靠性相关的标准、约定或法规的能力。

3）易用性：在指定条件下使用时，软件产品被理解、学习、使用和吸引用户的能力。

① 易理解性：软件产品使用户能理解软件是否合适以及如何能将软件用于特定的任务和使用条件的能力。

② 易学性：软件产品使用户能学习其应用的能力。

③ 易操作性：软件产品使用户能操作和控制它的能力。

④ 吸引性：软件产品吸引用户的能力。

⑤ 易用性的依从性：软件产品遵循与易用性相关的标准、约定、风格指南或法规的能力。

4）效率：在规定条件下，相对于所用资源的数量，软件产品可提供适当性能的能力。

① 时间特性：在规定条件下，软件产品执行其功能时，提供适当的响应和处理时间以及吞吐率的能力。

② 资源利用性：在规定条件下，软件产品执行其功能时，使用合适数量和类别的资源的能力。

③ 效率依从性：软件产品遵循与效率相关的标准或约定的能力。

5）维护性：软件产品可被修改的能力。修改可能包括纠正、改进或软件对环境、需求和功能规格说明变化的适应。

① 易分析性：软件产品诊断软件中的缺陷或失效原因或识别待修改部分的能力。

② 易改变性：软件产品使指定的修改可以被实现的能力。

③ 稳定性：软件产品避免由于软件修改而造成意外结果的能力。

④ 易测试性：软件产品使已修改软件能被确认的能力。

⑤ 维护性的依从性：软件产品遵循与维护性相关的标准或约定的能力。

6）可移植性：软件产品从一种环境迁移到另外一种环境的能力。

① 适应性：软件产品无须采用额外的活动或手段就可适应不同指定环境的能力。

② 易安装性：软件产品在指定环境中被安装的能力。

③ 共存性：软件产品在公共环境中同与其分享公共资源的其他独立软件共存的能力。

④ 易替换性：软件产品在同样环境下，替代另一个相同用途的指定软件产品的能力。

⑤ 可移植性的依从性：软件产品遵循与可移植性相关的标准或约定的能力。

说明：以上质量特性，软件组织可以根据自身的情况重新定义，但建议满足如下要求。

1）要包括根据上述质量定义的软件质量的所有方面。

2）要以最小的重叠描述质量的特性。

3）要与既定术语尽可能地靠近。

4）为了清晰和便于使用，要建立不超过 6～8 个特性的一组特性。

5）要确定供进一步细化的软件产品的属性领域。

人们都希望软件质量高，但遗憾的是，软件质量特性之间有着一定的关系，即相互会产生影响，这其中就有不利的影响。软件质量特性间的影响关系见表 3-1。

表 3-1　软件质量特性间的影响关系

	功能性	可靠性	易用性	效率	维护性	可移植性
功能性	—	有利影响	—	—	有利影响	—
可靠性	—	—	—	不利影响	—	有利影响
易用性	—	—	—	不利影响	有利影响	有利影响
效率	—	不利影响	—	—	不利影响	不利影响
维护性	—	有利影响	—	不利影响	—	有利影响
可移植性	—	不利影响	—	不利影响	—	—

由表 3-1 可以看出，提高某些质量特性的指标，可能会造成对其他指标的不利影响，所以测试人员在测试过程中要把握好测试指标的度。

3.3.2　软件质量特性对于测试人员的意义

测试人员在整个测试过程中，包括测试前期参加的同行评审等确认和验证活动，都需要经常使用软件质量特性。对于软件产品来说，首先需要在需求阶段定义软件产品质量需求，然后测试人员通过测试来评价软件是否满足此需求，并描述出已实现和未实现的软件的特性或属性，进而使项目管理者和项目组成员了解当前软件产品的质量状态。

前面讲述的标准中的特性，目前只有少数几种被普遍接受。软件组织可以建立自己的评价过程模型以及建立和确认与这些特性相关的且可以覆盖不同软件应用领域和生命同期阶段的度量方法。当不能确定合适的度量时，有时也可能采用语言描述或“经验准则”。

在项目质量定义时，测试人员要明确哪些质量特性是要测试的，哪些是无关紧要的。例如，对于任务关键型系统软件，可靠性是非常重要的；对于时间关键型的实时系统软件，效率是非常重要的；对于交互式终端软件，易用性是非常重要的。

3.4　基于软件质量特性的测试

“木桶原理”在软件产品生产方面表现为全面质量管理（TQM）的概念。产品质量的关键因素是分析、设计和实现，测试应该是融于其中的补充检查手段，其他管理、支持甚至文化因素也会影响产品的最终质量。应该说，测试是提高产品质量的必要条件，也是提高产品质量最直接、最快捷的手段，但绝不是一种根本手段。反过来说，如果将提高产品质量的砝码全部押在测试上，那将是一场恐怖而漫长的灾难。

下面针对软件质量特性，介绍几种不同的软件测试方法。

3.4.1　功能性测试

功能性测试是软件测试工作的最主要的部分，一般包括以下几方面：

1）安装。如果安装能由用户来完成，则按照安装手册中的信息应能成功安装。产品描述中指出的每种所要求的系统对于程序的安装应是充分的。安装之后，程序能否运行应是可鉴别的。

2）功能表现。需求规格或用户文档中提到的所有功能应是可执行的。程序应按照用户文档中的给定形式，在规定的边界值范围内使用相应的设施、性质和数据执行其功能。

3）正确性。程序和数据应与产品描述及用户文档中的全部说明相对应。为完成工作任务，程序功能应以正确的方式执行，特别是程序和数据应符合产品描述所引用的任一需求文档中的全部需求。

4）一致性。程序和数据本身不能自相矛盾，并且同产品描述和用户文档不能相互矛盾，每个术语应在各处都具有相同的含义。

3.4.2 可靠性测试

软件可靠性测试是一种有效的软件测试和软件可靠性评价技术。尽管软件可靠性测试也不能保证软件中残存的错误数最少，但经过软件可靠性测试可以保证软件的可靠性达到较高的要求，对于研制和开发高可靠性与高安全性软件系统很有帮助。

软件可靠性测试是指运用测试技术和统计技术，对被测软件执行测试和评价，并采集系统运行期间的软件失效数据进行处理，最终评估软件可靠性的过程。当然实施软件可靠性测试也是对软件其他质量特性测试的一种补充和完善，这样有助于软件产品本身的可靠性增长。

软件测试人员可以使用很多方法进行软件测试，如按行为或结构来划分输入域的等价类划分，随机地选择输入的随机（微软称为“冒烟”）测试，基于功能、路径、数据流或控制流的覆盖测试等。对于给定的软件，每种测试方法都局限于暴露一定数量和一些类别的错误。通过这些测试能够查找、定位、改正和消除某些错误，实现一定意义上的软件可靠性的增长。但是，由于它们都是面向错误的测试，所以测试所得到的结果数据不宜用于软件的可靠性评估。

软件可靠性测试技术是指在软件的预期使用环境中，为进行软件可靠性评估而对软件实施的一种测试技术。软件可靠性测试应该是面向故障的测试，以用户将要使用的方式来测试软件，每一次测试代表用户将要完成的一组操作，使测试成为最终产品使用的预演。这就使得所获得的测试数据接近软件的实际运行数据，可用于软件的可靠性评估。

软件可靠性测试由可靠性目标的确定、运行剖面的开发、测试的计划与执行、测试结果的分析与反馈 4 个主要的活动组成。

可靠性目标是指客户对软件性能的满意程度的期望，通常用可靠度、故障强度、MTTF 等指标来描述，根据不同项目的不同需要而定。建立定量的可靠性指标需要对可靠性、交付时间和成本进行平衡。为了定义系统的可靠性指标，必须确定系统的运行模式，定义故障的严重性等级，确定故障强度目标。

为了对软件可靠性进行良好的预计，必须在软件的运行域上对其进行测试。首先定义一个相应的剖面来镜像运行域，然后使用这个剖面驱动测试，这样可以使测试真实地反映软件的使用情况。由于可能的输入几乎是无限的，因此测试必须从中选出一些样本，即测试用例，其要能反映实际的使用情况，反映系统的运行剖面。将统计方法应用到运行剖面开发和测试用例生成，在运行剖面中的每个元素都被定量地赋予一个发生概率值和关键因子，然后根据这些因素分配测试资源并挑选和生成测试用例。在这种测试中，优先测试那些最重要或使用最频繁的功能，释放和缓解最高级别的风险，有助于尽早发现对可靠性有较大影响的故障，以保证软件的按期交付。一个产品有可能需要开发多个运行剖面，这取决于它所包含的运行模式和关键操作，通常需要为关键操作单独定义运行剖面。

在软件的开发过程中，使用软件可靠性测试和利用软件可靠性测试对最终产品进行评价，在测试计划的制订上有所不同。用于设计过程的可靠性测试称为可靠性增长测试，测试与故障的排除联系在一起，一般安排在开发过程的系统测试阶段执行，将测试所确定的故障提交给开发者进行修改，建立软件的一个新的版本，再进行下一次测试。在这种“测试→排错→新版本”的迭代过程中，跟踪故障强度的变化，确认测试是否可以终止以及软件是否可以发布，可靠性增长测试的测试脚本将被执行多次。针对最终产品的可靠性测试称为可靠性验证测试，通过验证测试可确定软件产品当前的可靠性水平。就单个软件版本而言，可靠性验证测试的测试脚本仅被执行一次。软件可靠性故障数据的收集是测试活动的一部分，在测试周期内，记录每个故障的资料，如与时间相关的故障频度、类型、严重性和故障根源等，并且应区分设计阶段和最终产品的故障。

可靠性增长测试和可靠性验证测试将从不同的角度理解故障数据。在可靠性增长测试中，测试以迭代的方式进行，根据测试期间跟踪到的故障，使用基于软件可靠性增长模型和统计推理的可靠性评估程序进行故障强度的预估，并用于跟踪测试的进展情况。可靠性验证测试是软件系统提交前进行的最后测试，它是最终检验而不是调试。在验证测试中，其目标是确定一个软件组件或系统在风险限度内是被接受还是被拒绝。验证测试使用可靠性示图，故障会被绘制在图上，根据它落入的区域决定被测软件是被接受还是被拒绝，或者继续进行测试。可以根据不同的客户风险（接受一个不良程序的风险）和供应商风险（拒绝一个好程序的风险）级别构造图表。

3.4.3 易用性测试

首先看一个案例：某软件公司曾进行了一次典型的用户易用性测试，以确定处于计算机屏幕底部的状态栏的效果到底如何。该公司让用户使用一种电子表格程序，执行一些无关紧要的任务。每隔 5 分钟，状态栏中就会闪现一条信息：“在你的椅子下面有一张百元钞票，如果不快去拿可能就没有了！”一整天中，有十几个用户参与测试，却没有一个人理会这条信息。

从上面这个小故事中，大家能够得到什么启发？下面对易用性测试进行具体介绍。

1. 易用性测试概述

易用性测试没有一个量化的指标，主观性较强，相对于功能性、可靠性、可维护性来讲，是很难把握的。易用性是交互适应性、实用性和有效性的综合体现。当软件表现为难以理解、不易使用、运行缓慢或者从测试人员的角度看，最终用户将会指责软件不正确、软件本身达不到精品软件的要求时，就说明软件的易用性不好，也说明测试人员易用性测试完成得不好。一般认为，如果用户不翻阅手册就能使用软件，则表明这个软件具有较好的易用性。

易用性涉及人体工程学，因为人体工程学的主要目标就是达到易用性。测试人员需要的支持技术包括界面交互、人体工程学知识，操作系统知识以及语言知识等。另外，不同的软件面向不同的用户人群，即使是同一软件，也可能会被不同类型的用户所使用。所以，在测试之前，要对软件的使用人群进行分析，如用户的年龄、教育背景、操作习惯等。所以，易用性测试还要涉及用户人群分析。

2. 易用性测试标准

易用性测试对象主要为用户界面，包括命令行、菜单、窗口、功能键及帮助等。它有 7 个要素：符合标准和规范、直观性、一致性、灵活性、舒适性、正确性、实用性，这 7 个要素也是优秀 UI 常见的 7 个要素。

（1）符合标准和规范

符合标准和规范被认为是最重要的用户界面要素。对于操作系统平台，有其自己的标准和规范，如微软的 Windows 系统，那么对于在某个平台上运行的软件，就需要把该平台的标准和规范作为 UI 设计说明的补充内容。对于测试工作来讲，也就要根据这些标准和规范来设计测试用例。如果软件本身要创立软件易用性标准，那么需要遵守其他 6 个要素。

（2）直观性

当测试用户界面时，测试人员要考虑以下几个问题，以及如何衡量软件的直观程度。

1）用户界面是否洁净、不唐突、不拥挤。UI 不应为用户制造障碍，所需功能或者期待的响应应该明显，并在其出现的地方。

2）UI 的组织和布局是否合理；是否允许用户轻松地从一个功能转到另一个功能；下一步做什么是否明显；任何时刻是否都可以决定放弃或者退回、退出；输入是否得到承认；菜单或者窗口是否深藏不露。

3）是否有多余的功能；软件整体或局部是否太紧凑；是否有太多特性把工作复杂化；是否感到信息太庞杂。

4）如果其他所有努力均失败，帮助系统是否有用。

（3）一致性

测试的软件本身以及与其他软件的一致性是一个关键属性。由于用户有固定的使用习惯，因此希望能够将一个程序的操作方式带到另一个程序中。如果操作方式不同，或多或少会给用户带来挫败感。如果软件或操作系统平台有一个公共的标准，那么 UI 就要遵守它；如果没有，那就要注意软件的特性，以确保形似操作以形似方式进行。在 UI 测试过程中，要考虑以下几个基本术语：

1）快捷键和菜单选项。快捷键一般要具有通用性，如<F1>键为系统帮助。

2）术语和命令。整个软件是否使用同样的术语；特性命名是否一致。例如，数据字典是否有时被叫作数据词典？

3）用户级别。软件同一 UI 风格是否对应同一用户级别；是否有 UI 风格与用户级别不一致的情况出现。

4）按钮的位置和等价的按键。例如，“确定”和“取消”按钮的相对位置，确定等价键通常使用<Enter>键，而取消等价键通常使用<Esc>键。

（4）灵活性

由于用户会对软件做各种操作，所以软件需要有较大的灵活性，同时也可能会发展为复杂性，加大测试工作的复杂性。测试软件 UI 是否灵活，可以参考以下几点：

1）状态跳转。灵活的软件实现同一任务有多种选择和方式，结果是增加了通向软件各种状态的途径，状态转换图将变得更加复杂，测试人员需要花费更多的时间去决定测试哪些相互连接的路径。

2）状态终止和跳过。当软件具有用户非常熟悉的模式时，用户需要直接跳到想去的页面；或者因为种种原因，用户需要提前终止当前的运行情况。

3）数据输入和输出。用户越来越希望有多种方式实现数据的输入和输出，所以要针对用户可能的输入和输出方式进行测试。

（5）舒适性

毫无疑问，软件应该用起来舒适，而不应该给用户制造障碍和困难。但是，软件舒适是一种感觉，比较模糊，所以要设计出软件舒适的正确公式是不可能的，但测试人员在测试时要根据实际情况对软件是否具有舒适性进行鉴别，可以参考以下几点：

1）恰当。软件外观和感觉应该与所做的工作和用户背景相符，不同的行业或用户对软件的外观要求是不同的，在设计时，既不能太夸张也不能太朴素。

2）错误处理。程序应该在用户执行非法和不合理的操作之前提出警告，并且允许用户恢复由于错误操作而导致丢失的数据。对于用户恶意的严重错误操作，程序应能以一定的规则进行判别，并采取适当的处理方式。

3）性能。一般情况下，系统性能当然是越高越好，但是某些情况下，用户需要操作慢一些，以便能够发现软件的一些操作情况。

（6）正确性

UI 正确性比舒适性要明显得多，当然也就容易测试。正确性主要是指 UI 是否正确，不会使程序的实际执行情况与用户理解产生偏差。但是以下问题测试人员要加以注意：

1）市场定位偏差。软件有没有多余的或者遗漏的功能，或者某些功能是否执行了与市场宣传材料不符的操作。

2）语言描述和组织。程序员的语言描述和组织往往会使用户产生歧义或不解，或者令用户难以接受。

3）多媒体缺陷。UI 设计的图标、图像、声音和视频设计不合理或不正确。例如，图标大小不一致，声音没有采用相同的格式和采样率。

4）与 UI 说明不一致，即没有实现所见即所得。在测试过程中，一定要仔细检查程序执行的结果与 UI 描述的是否一致。

（7）实用性

UI 实用性主要是指具体 UI 特性是否实用。在测试过程中，检查每一功能点的 UI 是否具有实用价值，是否有助于用户执行软件相应的功能，如果不能，则被认为实用性不好，或有实用方面的缺陷。

3.4.4　兼容性测试

软件兼容性测试主要是测试被测软件是否能够与其他软件正确的协同操作。随着用户需求和软件的进一步发展，对各种类型的应用程序之间共享数据的能力和多个程序并行的要求越来越高，测试程序之间能够正常交互变得越来越重要了。

1．兼容性测试概述

软件兼容性的测试目的就是通过检查软件之间能否正确地交互和共享信息，并找出软件不能正常交互执行的缺陷，最终验证用户期望的需求能够正确实现。

对于软件兼容性的理解不能仅局限于一台计算机上各种应用程序的相互兼容，更包括整个网络或 Internet 上程序之间的软件交互与共享。

对于具体软件的兼容性理解，取决于用户的需求和研发组织的标准，也取决于项目小组和测试人员对兼容性的认同。

软件环境配置主要考虑被测软件运行的系统平台和其他软件的支撑配置，而软件兼容性测试主要考虑数据的共享和程序的协同运行，不仅是针对支撑平台和软件，也包括其他用户需要或可能需要使用的软件。

软件兼容性测试要考虑以下几个问题：

1）被测软件要求与何种其他系统平台、支撑软件和应用软件保持兼容？如果软件本身要作为其他软件的平台，那么需要在平台上运行什么类型的程序？

2）应该遵守何种软件之间交互的标准或规范？

3）软件使用何种数据与其他平台和软件交互和共享信息？

对于以上几点，测试人员要从相关人员处得到充分的信息，同时兼容性测试采取的测试策略要尽量灵活、有效。

2. 兼容平台和应用程序的类型和版本

被测软件要应用于哪些操作平台，要与哪些应用程序兼容主要来源于用户的需求。根据用户的需求，测试人员需要进一步进行挖掘，从而列出兼容平台、应用程序的类型和版本的清单。

兼容性涉及两个术语，即向后兼容和向前兼容。向后兼容是指可以使用版本的以前版本；向前兼容是指可以使用软件的未来版本。在测试实施前，测试人员要确定好向前兼容和向后兼容的具体需求。当然，并非所有软件都要求向前兼容和向后兼容，这主要取决于软件产品的特性，测试人员的主要工作应该为检查软件向前和向后兼容所需的测试提供相应的输入。

软件兼容性测试工作并不简单，因为既要与系统平台相兼容，又要与可能发生关系的常用软件相兼容。所以，在开始兼容性测试之前，需要对所有可能的软件组合进行等价分配，使其成为验证软件之间正确交互的最小有效集合。

等价选择原则如下：

1）流行程度与年代。

2）软件类型。

3）生产厂商。

无论是测试系统平台还是应用软件，兼容软件等价选择都是比较重要的。例如，对于应用程序的测试，需要考虑软件要应用于哪些平台，要与哪些应用程序兼容，如图 3-1 所示。

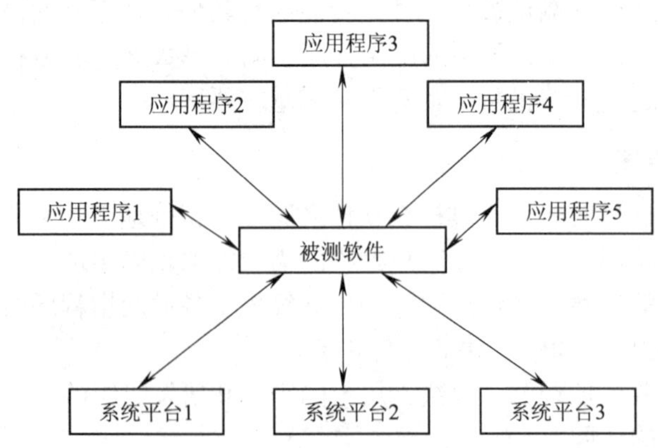

图 3-1　兼容应用程序和系统平台

3. 软件兼容的标准和规范

在兼容性测试实施前，要找出可能适用于被测软件的标准和规范，这样兼容性测试工作才能有一个参照规程。兼容的标准和规范有两种，即高级标准和低级标准。高级标准是产品普遍需要遵守的规章，如外观和感觉、支持特性等；低级标准是具体细节，如文件格式和网络通信协议等。这两种标准在测试过程中都扮演了很重要的角色。

软件兼容的高级标准和规范主要指被测软件是否能够运行在指定的网络环境和操作系统中；是否支持各种浏览器；软件 UI 是否与运行的操作系统风格相一致。

从某种意义上来说，低级标准比高级标准更重要。因为即使软件的某些高级标准不满足，如与操作系统风格不一致，但用户还是有可能使用该软件的。但是，如果软件中的通用种类文件在其他软件中不能正常使用，往往这种兼容性缺陷会让用户觉得软件较为拙劣，如软件使用的多媒体格式在其他播放器中不能使用，或其他通用类型文件在该软件中不能使用等。开发人员很可能忽略这些缺陷，所以当测试人员进行兼容性测试时，一定要多加考虑。

4. 数据共享的兼容性

在应用程序之间共享数据实际上是增强软件的功能。数据共享的兼容性要求程序支持并遵守公共标准、允许用户与其他软件共同使用并共享或相互传输数据，并且数据的共享不能引起相关软件或应用程序失效。数据共享的兼容性是以软件遵守标准和规范为前提的，如读写磁盘文件、文件的导出和导入、粘贴板功能等。

3.5　ISO 9000 标准

与软件质量管理和质量保证方面相关的标准是当前国际惯用的 ISO 9000 系列标准，软件测试人员可以以此来规范、约定软件的开发过程，提高软件产品质量。

ISO 9000 系列标准是 ISO（国际标准化组织）TC/176 技术委员会制定的所有国际标准，其中的核心标准是质量保证标准（ISO 9001/2/3）和质量管理标准（ISO 9004）。

具体说，ISO 9001 质量体系是为设计、开发、生产、安装和售后服务提供质量保证模式；ISO 9002 质量体系是为生产和安装提供质量保证模式；ISO 9003 质量体系是为计算机软件的开发、测试、供应、安装和维护提供质量保证模式；ISO 9004 是质量管理和质量体系要素导则。

上述 ISO 9000 系列标准可分为两类：ISO 9001～ISO 9003 作为第一类，用于建立客户对生产商质量要求的保证；ISO 9004 作为第二类，用于生产商自身建立质量保证体系。ISO 9001、ISO 9002 和 ISO 9003 的作用范围由大到小，ISO 9001 包括从产品开发到售后服务的全程质量要求保证，作用范围最大。ISO 9002 其次，ISO 9003 再次之。

ISO 9000 系列标准的两个主要特点如下：

1）它的目标在于整个产品流程的控制，从开始设计、生产、产品销售到产品服务，都有质量保证规范。如果生产的全过程得到很好的控制并达到约定的质量要求，那么最终的产品质量就得到了保证。

2）产品缺陷的提早预防。在整个生产过程中有效地预防漏洞的出现，并且按照系列标准不断进行产品的自身完善，做到防患于未然，大大减少甚至杜绝了不合格产品。

ISO 9000 标准中针对软件开发产业的部分是 ISO 9001 和 ISO 9003。ISO 9001 针对开发、生产、安装和服务产品，而 ISO 9003 则针对开发、供应、安装和维护软件产品。ISO 9003

为软件企业实施 ISO 9001 质量保证模式提供了实施指南，它对软件产品从市场调查、需求分析、软件设计、编码、测试等各个开发阶段进行质量保证控制，也对产品发布、销售、成品安装和维护过程进行规范控制，从而保证软件产品的整体质量。

ISO 9003 标准的主要内容如下：

1）开发详细的质量计划和程序控制配置管理、产品验证、不规范行为（缺陷）和纠正措施（修复）。

2）准备和接收软件开发计划，包括项目定义、产品目标清单、项目进度、产品说明书，以及如何组织项目的描述、风险和假设的讨论、控制策略等。

3）使用客户易理解的且测试时易进行合法性检查的用语来表述说明书。

4）计划、开发、编制和实施软件设计审查程序。

5）开发、控制软件设计随产品生命周期而发生变化的程序。

6）开发和编制软件测试计划。

7）开发、检测软件是否满足客户要求的方法。

8）实施软件验证和接收式测试。

9）维护测试结果的记录。

10）解决软件缺陷的方式。

11）证明产品在发布之前已经就绪。

12）开发、控制产品发布过程的程序。

13）明确指出和规定应该收集的质量信息。

14）应用统计技术分析软件的开发过程并评估软件产品的质量。

3.6 软件能力成熟度模型（CMM）

软件能力成熟度模型（Capability Maturity Model For Software，CMM）是由美国卡内基梅隆大学的软件工程研究所（SEI）受美国国防部委托研究制定并在美国，随后在全世界推广、实施的一种软件评估标准，主要用于软件开发过程和软件开发能力的评估和改进。1991 年推出 CMM 1.0 版，1993 年推出 CMM 1.1 版。

CMM 由低至高共分为 5 个级别：初始级、可重复级、已定义级、已管理级和优化级，如图 3-2 所示。以下是 5 个等级的基本特征。

1）初始级（Initial）：工作无序，在项目进行过程中经常放弃之前的计划；管理无章法，缺乏健全的管理制度；开发项目成效不稳定，项目成功主要依靠项目负责人的经验和能力，他一旦离去，工作秩序将面目全非。

2）可重复级（Repeatable）：管理制度化，建立了基本的管理制度和规程，管理工作有章可循；初步实现标准化，开发工作比较好地按标准实施；变更依法进行，做到基线化，稳定可跟踪，新项目的计划和管理基于过去的实践经验，具有重复以前成功项目的环境和条件。

3）已定义级（Defined）：开发过程，包括技术工作和管理工作，均已实现标准化、文档化；建立了完善的培训制度和专家评审制度，全部技术活动和管理活动均可控制，对项目进行中的过程、岗位和职责均有共同的理解。

4）已管理级（Managed）：产品和过程已建立了定量的质量目标；开发活动中的生产率

和质量是可量度的；已建立过程数据库，已实现项目产品和过程的控制，可预测过程和产品质量的趋势，如预测偏差，实现及时纠正。

5）优化级（Optimizing）：可集中精力改进过程，采用新技术、新方法；拥有防止出现缺陷、识别薄弱环节以及加以改进的手段；可取得过程有效性的统计数据，并可对数据进行分析，从而得出最佳方法。

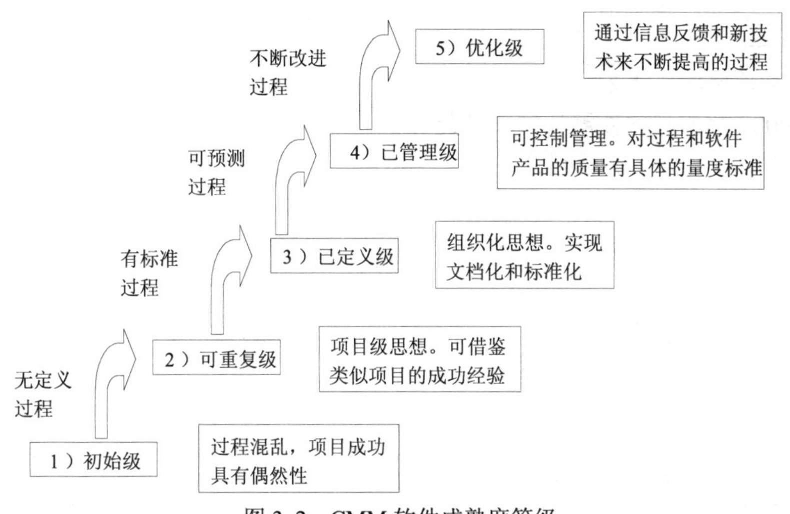

图 3-2 CMM 软件成熟度等级

CMM 致力于软件开发过程的管理和工程能力的提高与评估。该模型在美国和北美地区已得到广泛应用，同时越来越多的欧洲和亚洲等国家的软件公司正积极采纳。CMM 实际上已成为软件开发过程改进与评估的工业标准。如今，全球通过 CMM 五级评估的软件公司大约有十几家，三级以上的大约有 100 余家，通过二级评估的大约有 300 家。

CMM 与 ISO 9000 的主要区别有以下两点：

1）CMM 是专门针对软件产品的开发和服务的，而 ISO 9000 涉及的范围比较广。

2）CMM 强调软件开发过程的成熟度，即过程的不断改进和提高，而 ISO 9000 则强调可接受的质量体系的最低标准。

作为软件公司，不论通过 CMM 评估还是获得 ISO 9000 系列认证，都是为了保证软件开发的质量以及不断改进产品，这样才能满足用户的需求，适应市场变化，从而获取竞争优势。

习 题

一、选择题

1. 软件质量的定义是（ ）。

   A. 软件的功能性、可靠性、易用性、效率、可维护性、可移植性

   B. 满足规定用户需求的能力

   C. 最大限度达到用户满意

   D. 软件特性的总和，以及满足规定和潜在用户需求的能力

2. 关于软件测试对软件质量的意义，有以下观点：

① 度量与评估软件的质量　　② 保证软件质量

③ 改进软件开发过程　　④ 发现软件错误

其中正确的是（　　）。

A. ①、②、③　　B. ①、②、④

C. ①、③、④　　D. ①、②、③、④

二、简答题

1. 软件质量特性是什么？
2. ISO 9000 标准与软件测试的关系是什么？
3. 简述 CMM 的具体等级划分。

第 4 章　软件测试技术和方法

不同的软件项目对软件测试的要求可能差异很大，测试工作具体应用的测试技术和方法也会有所不同。本章主要介绍一些通用的测试技术和经常使用的测试方法，是本书的重点内容之一。另外，在本章的最后一节中，将把所有的测试技术和方法进行汇总，并以某测试中心的实践经验来介绍这些技术和方法的应用原则与技巧。

测试技术与方法有好几种划分，包括上一章中按照软件质量特性来划分测试方法，其余常用的划分方法将在本章进行介绍。其中，静态测试和动态测试只是一个简单的介绍，黑盒测试和白盒测试是所有测试工作的技术基础，需要重点学习和掌握。

本章要点：

1）黑盒测试技术。

2）白盒测试技术。

3）测试技术与方法的应用技巧。

4.1　静态测试和动态测试

根据程序是否运行可以把软件测试分为静态测试和动态测试两大类，图 4-1 所示的是静态测试和动态测试的比喻图。

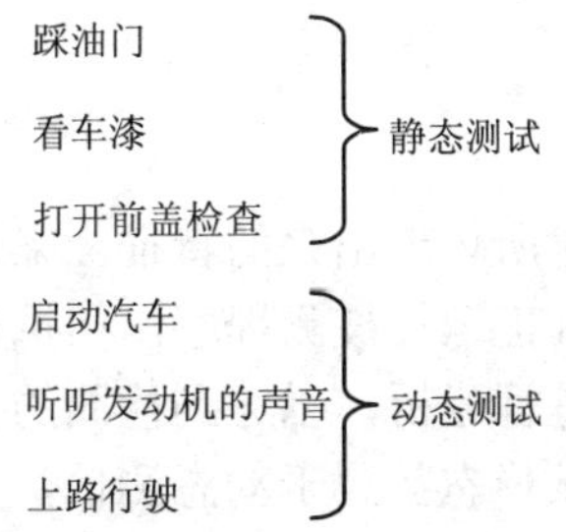

图 4-1　静态测试和动态测试的比喻图

静态测试主要针对不运行的部分进行检查和审阅；动态测试是指通常意义上的测试，即运行和使用软件。在实际工作中，代码检查为静态测试，而黑盒测试和白盒测试都是动态测试。

4.1.1　静态测试

静态测试包括以下内容：

1）代码审查（包括代码评审和走查）。代码审查一般是按代码检查单阅读程序，查找错误。其内容包括：检查代码和设计的一致性；检查代码的标准性、可读性；检查代码逻辑表达的正确性和完整性；检查代码结构的合理性等。

2）静态分析。主要对程序进行控制流分析、数据流分析、接口分析和表达式分析等。静态分析一般由计算机辅助完成，对象是计算机程序，根据程序设计语言的不同，相应的静态分析工具也就不同。目前，具备静态分析功能的软件测试工具有很多，如 Purify、Macabe 等。

3）文档检查。主要是指文档测试。

通过静态测试，一般可以发现软件中的如下缺陷：

1）错误的局部变量和全程变量。

2）不匹配的参数。

3）不适当的循环嵌套和分支嵌套。

4）不适当的处理顺序。

5）无终止的死循环。

6）未定义的变量。

7）不允许的递归。

8）调用不存在的子程序。

9）遗漏了标号或代码。

10）不适当的连接。

引起上述缺陷的原因可能是：

1）未使用过的变量。

2）不会执行到的代码。

3）未引用过的标号。

4）可疑的计算。

5）潜在的死循环。

4.1.2 动态测试

动态测试是通过源程序运行时所体现出来的特征，来进行执行跟踪、时间分析以及测试覆盖等方面的测试。动态测试时真正运行被测程序，在执行过程中，通过输入有效的测试用例，对其输入与输出的对应关系进行分析，以达到检测的目的。

实际测试工作中的大部分测试形态都属于动态测试，具体包括以下两种。

1）功能测试（黑盒、非分析方法）：等价类、因果图、边界、强度等。

2）结构测试（白盒、分析方法）：语句测试、分支测试、条件测试、路径测试等。

可以看出，目前的测试活动包括单元、集成、确认、系统等测试阶段，基本上都是动态测试活动（除文档测试）。

4.2 黑盒和白盒测试概述

软件测试技术最普遍采用的划分即是黑盒测试技术和白盒测试技术，二者说明如下。

1）黑盒测试：已知产品的用户需求规格，可以通过测试证明整个软件系统是否符合用户的最终需求。

2）白盒测试：已知产品的详细设计过程，可以通过测试证明所有内部操作是否符合设计规格要求，所有内部成分是否已经通过检查。

黑盒测试与白盒测试有各自不同的优缺点，它们对于软件测试都非常重要，都是不可或缺的。黑盒测试与白盒测试的对比见表 4-1。

表 4-1　黑盒测试与白盒测试的对比

		黑 盒 测 试	白 盒 测 试
测试依据		根据用户能看到的规格说明，即针对命令、信息、报表等用户界面及体现它们的输入数据与输出数据之间的对应关系，特别是针对功能进行测试	根据程序的内部结构，如语句的控制结构，模块间的控制结构以及内部数据结构等进行测试
特点	优点	能站在用户的立场上进行测试	能够对程序内部的特定部位进行覆盖测试
	缺点	1）不能测试程序内部的特定部位 2）如果规格说明有误，则无法发现	1）无法检验程序的外部特性 2）无法对未实现规格说明的程序内部的欠缺部分进行测试
方法举例		1）等价类划分 2）边值分析 3）因果图	1）语句覆盖 2）判定覆盖 3）条件覆盖 4）判定/条件覆盖 5）路径覆盖 6）模块接口测试

通过以上对比可以看出，黑盒测试的出发点是用户需求，而白盒测试的出发点是程序实现。所以，最好由独立的组织来做黑盒测试，这样结果会更客观；白盒测试一般由开发人员完成，因为开发人员更熟悉编码的内部实现。

4.3　黑盒测试技术

一般对黑盒测试的定义如下：把测试对象看作一个黑盒子，测试人员完全不考虑程序内部的逻辑结构和内部特性，只依据程序的需求规格说明书，检查程序的功能是否符合功能说明，程序是否能适当地接收输入数据而产生正确的输出结果。这就好比一个人虽然会使用照相机拍照，却并不知道照相机内部的工作方式。因此，黑盒测试有时又被称为功能测试或用户级测试，图 4-2 所示的为黑盒测试的比喻图。

图 4-2　黑盒测试比喻图

对于某软件测试中心来讲，集成测试、确认测试、系统测试都是以黑盒测试为主的，尤其是确认测试和系统测试，工作依据就是需求规格说明书，判断软件的质量标准也是站在用户立场上的。

黑盒测试的检查点一般包括：

1）根据需求规格说明书，检查是否有不正确或遗漏了的功能；是否忽略了用户的隐含需求。

2）在软件的外部接口上输入信息，能否被正确地接受；能否输出正确的结果。

3）是否有数据结构错误或外部信息（如数据文件）访问错误。

4）性能上能否满足要求。

5）易用性和其他功能特性能否得到满足。

6）是否有初始化或终止性缺陷；是否会出现用户不能接受的缺陷。

黑盒测试的一个主要的好处就是它直接针对程序或者系统的目标，容易理解，比较直观。但是黑盒测试属于穷举输入测试方法，这就要求每一个可能的输入或者输入的组合都被测试到，才能查出程序中所有的错误，这通常要受到较大的限制。假设一个程序要求有 x 和 y 两个输入数据以及一个输出数据 z，在字长为 32 位的计算机上运行。若 x、y 取整数，按黑盒测试方法进行穷举测试，则测试数据的最大可能数为：$2^{32}\times2^{32}=2^{64}$。如果测试一组数据需要 1 毫秒，一天工作 24 小时，一年工作 365 天，那么完成所有的测试需要 5 亿年。可见，要进行穷举输入是不可能的。

黑盒测试技术有很多，对其划分也不一致。本书主要是根据软件测试工作的实用性来进行划分。在此，把黑盒测试技术主要划分为等价类划分、因果图法、边值分析、ALAC 等测试方法，同时也列出了其他测试方法，但在实际工作中并不采用。

4.3.1 等价类划分

采用等价类划分方法，主要是根据需求规格中对程序的输入和输出要求区别开来并加以分解，从而进一步设计出测试用例。

等价类划分是最典型、最常用的黑盒测试方法之一。采用此方法的具体原因是：由于穷举测试数量太大，以至于无法完成，因此要在大量的可能数据中选取其中的一部分作为测试用例。等价类划分就是分步骤地把无限多的测试用例减少到同样有效的小范围的过程。

等价类划分的方法是把程序的输入域划分成若干部分，然后从每个部分中选取少数代表性数据作为测试用例。其中，每一部分代表测试相同目标或者暴露相同软件缺陷的一组测试用例，具体划分为有效等价类和无效等价类。

1）有效等价类：对程序的规格说明是有意义的、合理的输入数据所构成的集合。在具体问题中，有效等价类可以是一个，也可以是多个。

2）无效等价类：对程序的规格说明是不合理的或无意义的输入数据所构成的集合。一般来讲，无效等价类会有多个，对于输入数据较多的情况，无效等价类要比有效等价类的数量多。

1. 确定等价类的原则

1）如果输入条件规定了取值范围或取值的个数，则可确定一个有效等价类和两个无效等价类。例如，程序的规格说明中提到的输入条件包括“……项数可以从 1 到 999……”，则可以取有效等价类“1≤项数≤999”，无效等价类为“项数<1”及“项数>999”。又如，程序规格说明中提到“……学生允许选修 2 至 4 门课……”，有效等价类可取“选课 2～4 门”，无效等价类为“只选 1 门或未选课”及“选课超过 4 门”。

2）输入条件规定了输入值的集合，或是规定了“必须如何”的条件，则可确定一个有效等价类和一个无效等价类。例如，某程序的规格说明中提到的输入条件包括“……统计全国各省、市、自治区的人口……”，则应取“国内省、市、自治区”为有效等价类，“非国内省、市、自治区”为无效等价类。

3）如果确知已划分的等价类中各元素在程序中的处理方式是不同的，则应将此等价类进一步划分成更细小的等价类。

4）等价类表格的形式见表 4-2。

表 4-2　等价类表格的形式

输 入 条 件	有效等价类	无效等价类
……	……	……

2．确定测试用例步骤

1）为每个等价类规定一个唯一的编号。

2）设计一个测试用例，使其尽可能多地覆盖尚未覆盖的有效等价类。重复这一步，最后使得所有有效等价类均被测试用例所覆盖。

3）设计一个新的测试用例，使其只覆盖一个无效等价类。重复这一步使得所有无效等价类均被覆盖。

注意：等价类划分的目标是把可能的测试用例组合缩减到仍然足以测试软件的控制范围。因为选择了这种不完全测试的方法，所以存在一定的风险，测试人员一定要仔细进行等价分类。如果为了减少测试用例的数量，过度进行等价分配，则测试遗漏软件缺陷的风险就会增加。

3．等价类划分法举例

下面是两个运用等价类划分法进行黑盒测试的例子。

例 1　一个函数包含 3 个变量：month、day 和 year，函数的输出为输入日期后一天的日期。例如，输入为 2013 年 4 月 8 日，则函数的输出为 2013 年 4 月 9 日。要求输入变量 month、day 和 year 均为整数，并且满足条件：1≤month≤12，1≤day≤31，1920≤year≤2050。

解　该函数的有效等价类如下：

M1={月份：1≤月份≤12}；

D1={日期：1≤日期≤31}；

Y1={年：1920≤年≤2050}。

其无效等价类如下：

M2={月份：月份<1}；

M3={月份：月份>12}；

D2={日期：日期<1}；

D3={日期：日期>31}；

Y2={年：年<1920}；

Y3={年：年>2050}。

例 2 某省高考招生，规定考生的年龄在 16 周岁至 25 周岁之间，即出生年月从 1978 年 7 月至 1987 年 6 月。高考报名程序具有自动检测输入数据的功能，若年龄不在此范围内，则显示拒绝报名的信息。试用等价类划分法为该程序设计测试用例。

解 设计方法如下：

1）划分有效等价类和无效等价类。

假定年龄用 6 位整数表示，前 4 位表示年份，后 2 位表示月份。输入数据有出生年月、数值本身、月份 3 个等价类，并为此划分有效等价类和无效等价类，具体见表 4-3。

表 4-3 等价类划分

输 入 条 件	有效等价类	无效等价类
出生年月	①6 位数字字符	②有非数字字符 ③少于 6 位数字字符 ④多于 6 位数字字符
数值本身	⑤197807～198706	⑥<197807 ⑦>198706
月 份	⑧01～12	⑨等于 00 ⑩>12

2）设计有效等价类需要的测试用例。为覆盖①、⑤、⑧3 个有效等价类，可以设计一个共用的测试用例，见表 4-4。

表 4-4 测试用例示例

测 试 数 据	预 期 结 果	测 试 范 围
198011	输入有效	①、⑤、⑧

3）为每一个无效等价类至少设计一个测试用例，见表 4-5。

表 4-5 测试用例示例

测 试 数 据	预 期 结 果	测 试 范 围
May, 79	输入无效	②
19803	输入无效	③
1981112	输入无效	④
197602	年龄不合格	⑥
199003	年龄不合格	⑦
197900	输入无效	⑨
198013	输入无效	⑩

等价类划分法显然比随机地选择测试用例要优越得多，但它的不足之处是忽略了某些效率较高的测试情况。

4.3.2　边值分析

1．边值分析的概念

边值分析也是软件测试人员在测试过程中经常使用的方法，一般与等价类划分结合使用来选择测试用例。

边值可能涉及的数据类型包括数值、速度、尺寸、字符、地址、位置、数量等，在对这些数据进行边值分析时，要重点考虑具有以下特征的数据：

1）第一个和最后一个。

2）最小值和最大值。

3）开始和完成。

4）超过和在内。

5）空和满。

6）最短和最长。

7）最慢和最快。

8）更早和更迟。

9）最大和最小。

10）最高和最低。

11）相邻和最远。

以上是一些可能出现的边界条件，测试人员要在实际工作中，充分考虑到每一个问题的不同情况，分析各式各样的边界数据。在提出边界条件时，一定要测试临近边界的合法数据，即测试最后一个可能的合法数据，以及刚超过边界的非法数据。

实践表明，在设计测试用例时，对边界附近的处理必须给予足够的重视，为检验边界附近的数据要专门设计测试用例，这样常常取得良好的测试效果，因为编码人员甚至是程序设计人员都经常忽略这些边界条件。而实际情况经常是对边界条件要求比较严格，所以测试人员采用等价类划分方法的同时，以边界值分析作为辅助，这样选择测试用例就更科学。测试人员一般要注意遵循以下几条原则：

1）如果输入条件规定了取值范围，或是规定了值的个数，则应以该范围的边界内及刚刚超出该范围的边界外的值，或是分别对最大、最小个数及稍小于最小、稍大于最大个数作为测试用例。

2）如果程序规格说明中提到的输入或输出域是个有序的集合（如顺序文件、表格等），则应注意选取有序集的第一个和最后一个元素作为测试用例。

3）分析规格说明，找出其他的可能边界条件。

为了更好地运用边值分析，举几个例子供读者参考：

1）如果文本输入域允许输入 1～255 个字符，就尝试输入 1 个字符和 255 个字符作为合法区间。还可以输入 254 个字符作为合法测试，也可输入 0 个字符和 256 个字符作为非法区间。

2）如果程序读写软盘，就尝试保存一个尺寸极小，甚至只有一项的文件，然后保存一个很大的、刚好在软盘容量限制之内的文件，还要尝试保存空文件和尺寸大于软盘容量的文件。

3）如果程序允许在一张纸上打印多个页面，那么就尝试只打印 1 页，并尝试打印所允许的最多页面，如果可能，还要尝试打印 0 页和多于所允许的最多页面。

4）也许软件有一个输入 6 位邮政编码的数据输入域。尝试输入 000000，即最小、最简单的值。尝试输入 999999，即最大的值。总之，尝试输入比允许范围大或者小一点的值。

5）如果测试飞行模拟程序，尝试控制飞机在地平线上和在最大允许的高度飞行，也可尝试在地平线和海平面之下飞行，以及太空飞行。

对于边值分析方法，大家都会觉得比较简单，但是，真正活用边值分析并没有那么简单。具体的软件功能点，哪些需要做边值分析，不总是那么明显的，这需要在测试过程中不断学习和积累经验。

2．边值分析法举例

例 1 有二元函数 f（x，y），其中 x∈[1，12]，y∈[1，31]。则采用边值分析法设计的测试用例输入项是：

{<1, 15>，<2, 15>，<11, 15>，<12, 15>，<6, 15>，<6, 1>，<6, 2>，<6, 30>，<6, 31>}

例 2 一个函数包含 3 个变量：month、day 和 year，函数的输出为输入日期后一天的日期。例如，输入为 2013 年 4 月 8 日，则函数的输出为 2013 年 4 月 9 日。要求输入变量 month、day 和 year 均为整数，并且满足条件：1≤month≤12，1≤day≤31，1950≤year≤2050。具体的测试用例见表 4-6。

表 4-6 设计的测试用例

测试用例	month	day	year	预期输出
Test case1	6	15	1949	year 超出[1950, 2050]
Test case2	6	15	1950	1950.6.16
Test case3	6	15	1951	1951.6.16
Test case4	6	15	1985	1985.6.16
Test case5	6	15	2049	2049.6.16
Test case6	6	15	2050	2050.6.16
Test case7	6	15	2051	year 超出[1950, 2050]
Test case8	6	0	1975	day 超出[1, 31]
Test case9	6	1	1975	1975.6.2
Test case10	6	2	1975	1975.6.3
Test case11	6	30	1975	1975.7.1
Test case12	6	31	1975	输入日期越界
Test case13	6	32	1975	day 超出[1, 31]
Test case14	0	15	1975	month 超出[1, 12]
Test case15	1	15	1975	1975.1.16
Test case16	2	15	1975	1975.2.16
Test case17	11	15	1975	1975.11.16
Test case18	12	15	1975	1975.12.16
Test case19	13	15	1975	month 超出[1, 12]

例 3 某省高考招生，规定考生的年龄在 16 周岁至 25 周岁之间，即出生年月从 1978 年 7 月至 1987 年 6 月。高考报名程序具有自动检测输入的功能。若年龄不在此范围内，则显示拒绝报名的信息。试用边界值分析法为该程序设计测试用例。

解 利用等价类划分法设计了 3 个输入等价类：出生年月、数值本身、月份。采用边界值分析法可为这 3 个输入等价类设计 14 个边界值测试用例，具体见表 4-7。

表 4-7　设计的测试用例

输入等价类	测试用例说明	测试数据	期望结果	选取理由
出生年月	1 个数字字符	5	输入无效	仅有 1 个合法字符
	5 个数字字符	19791		比有效长度恰少 1 个字符
	7 个数字字符	1980121		比有效长度恰多 1 个字符
	有 1 个非数字字符	1981m		非法字符最少
	全是非数字字符	AUGUST		非法字符最多
	6 个数字字符	198108	输入有效	有效的输入
数值本身	16 岁	198706	合格年龄	最小合格年龄
	35 岁	197807		最大合格年龄
	<16 岁	198707	不合格年龄	恰小于合格年龄
	>35 岁	197806		恰大于合格年龄
月份	月份为 01	197901	输入有效	最小月份
	月份为 12	198112		最大月份
	月份<01	197900	输入无效	恰小于最小月份
	月份>12	198113		恰大于最大月份

3．特殊数据分析

在实际测试中，经常会把等价类划分和边值分析结合起来使用，但对于输入数据的测试来讲，这还不够完善。因为在实际测试中可能会遇到这样的情况：其他输入的测试结果均正常，只有特殊的一个或几个输入出现了问题，但又不是边界值引起的。引起上述问题的原因可能有很多种，但测试人员在测试时要多考虑的因素是特殊数据的输入测试。

可能会引起 BUG 的特殊数据如下。

（1）2的乘方

因为计算机和软件的基础是二进制数，一个字节由 8 位组成，一个字由 4 个字节组成，这些值都是软件内容使用的，对于用户来讲是看不到的，但这些数字可能会产生缺陷。

例如，通信软件中某通信协议支持 256 条命令，软件将发送编码为一个双位数据的最常用的 15 条命令。假如要用到第 16 条～256 条的命令，则软件就转而发送编码更长的字节命令。对于软件用户，只知道可以执行 256 条命令，但测试人员肯定要根据双位/字节边界执行专门的测试和操作。

在应用等价类划分时，测试人员需要考虑是否要包含 2 的乘方的条件。例如，如果软件接受用户输入 1～1000 的数字，那么为了覆盖任何可能的 2 的乘方次边界，还要包含临近双位的 14、15、16，以及临近字节的 254、255、256。

表 4-8 列出了常用的 2 的乘方单位及其等价数值。

表 4-8　常用的 2 的乘方单位及其等价数值

术语	范围或值
位	0 或 1
双位	0～15
字节	0～255
字	0～65,535 或者 0～4,294,967,295

（续）

术　语	范围或值
千（K）	1,024
兆（M）	1,048,576
亿	1,073,741,824
万亿	1,099,511,627,776

（2）ASCII表

另一种常见的特殊数据是 ASCII 字符。如果测试进行文本输入和文本转换的软件，在定义数据区间包含哪些值时，参考一下 ASCII 表是相当明智的。例如，如果测试的文本框只接受用户输入字符 A～Z 和 a～z，就应该在非法区间中包含 ASCII 表中这些字符前后的值。

表 4-9 为 ASCII 表的部分清单。

表 4-9　ASCII 表

字　符	ASCII 值	字　符	ASCII 值
Null	0	B	66
Space	32	Y	89
/	47	Z	90
0	48	[	91
1	49	‘	96
2	50	a	97
9	57	b	98
:	58	y	121
@	64	z	122
A	65	{	123

（3）默认、空白、空值和无

还有一种软件产生缺陷的数据输入，即根本不输入任何内容就按<Enter>键确定。这种情况在需求规格中常常被忽略，编码人员也经常遗忘，但是在实际使用中却时有发生。软件通常将输入内容默认为合法边界内的最小值或者合法区间内的某个合理的值，或者返回错误提示信息。

测试人员在遇到此类情况时，一定要考虑程序如何处理默认值、空白、空值、零值或者无输入等。因为这些值通常在软件中需要进行特殊处理，所以不要把它们与合法情况和非法情况混在一起，要单独进行分类。

（4）非法、错误、不正确和垃圾处理

数据测试的最后要考虑一些“破坏”数据，以测试程序错误处理的强度。虽然从纯粹的软件开发观点看，没有必要进行破坏试验，但测试人员的确要考虑到用户千奇百怪的使用方法及后果。

非法、错误、不正确和垃圾测试做起来还是很有趣的。如果软件只能处理数字，就输入字母；只接受正数，就输入负数；要处理日期和时间，那就看看它在公元 8888 年还能否正常工作。同时，对键盘和鼠标的操作可以更非法些。

破坏型数据输入测试并没有什么定则，但测试人员的目的就是发现其处理能力方面的 BUG，可以为此不择手段。

4.3.3　因果图法

1．因果图法的概念

等价类划分和边值分析技术只是针对某一功能点的输入情况，并没有考虑输入情况的各种组合，也没考虑各个输入情况之间的相互制约关系。这样，多个输入条件组合起来出错的情况就被忽略了。采用因果图方法（Cause-Effect Graphing）能够按一定的步骤选择测试用例，同时还能指出需求规格说明描述中存在的问题。

在因果图中使用 4 种符号分别表示 4 种因果关系，如图 4-3 所示。用直线连接左右节点，其中左节点 c_i 表示输入状态（或称为原因），右节点 e_i 表示输出状态（或称为结果）。c_i 和 e_i 都可取 0 或 1，0 表示某状态不出现，1 表示某状态出现。

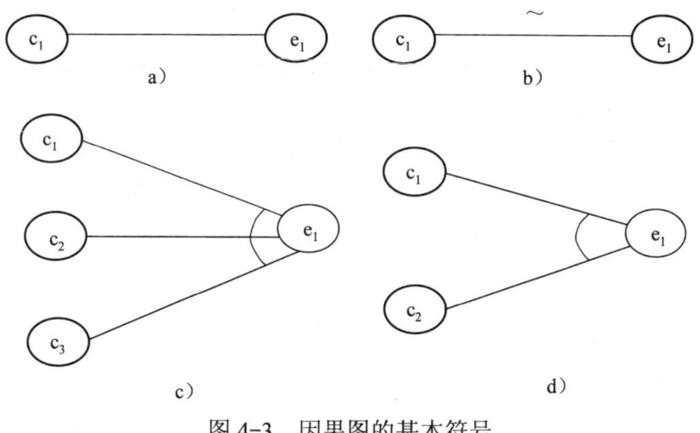

图 4-3　因果图的基本符号

a）恒等　b）非　c）或　d）与

图 4-3a 表示恒等：若 c_1 是 1，则 e_1 也是 1；否则，若 c_1 是 0，则 e_1 为 0。

图 4-3b 表示非：若 c_1 是 1，则 e_1 是 0；否则，若 c_1 是 0，则 e_1 为 1。

图 4-3c 表示或：若 c_1 或 c_2 或 c_3 是 1，则 e_1 是 1；否则，若 c_1、c_2、c_3 全为 0，则 e_1 为 0。

图 4-3d 表示与：若 c_1 和 c_2 是 1，则 e_1 是 1；否则，只要 c_1、c_2 中有一个为 0，则 e_1 为 0。

在实际问题中，输入状态之间相互还可能存在某些依赖关系，称为约束。例如，某些输入条件不可能同时出现。输出状态之间往往也存在约束。在因果图中，以特定的符号标明这些约束，如图 4-4 所示。

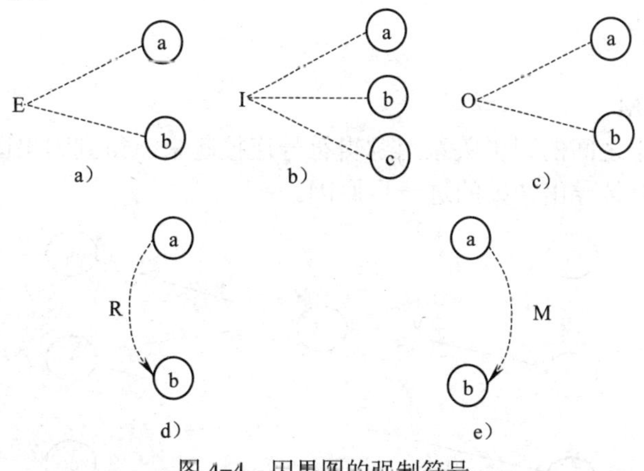

图 4-4　因果图的强制符号

a）异或　b）或　c）唯一　d）要求　e）强制

对输入条件的约束如下。

图 4-4a 表示 E 约束（异或）：a 和 b 中最多有一个可能为 1，即 a 和 b 不能同时为 1。

图 4-4b 表示 I 约束（或）：a、b、c 中至少有一个必须是 1，即 a、b、c 不能同时为 0。

图 4-4c 表示 O 约束（唯一）：a 和 b 中必须有一个且仅有一个为 1。

图 4-4d 表示 R 约束（要求）：a 是 1 时，b 必须是 1，即 a 是 1 时，b 不能是 0。

图 4-4e 表示 M 约束（强制）：若结果 a 是 1，则结果 b 强制为 0。对输出条件的约束只有 M 约束。

注意：因果图最终要生成决策表。

因果图法测试用例选择步骤如下：

1）分析程序规格说明，哪些是原因，哪些是结果。原因常常是输入条件或是输入条件的等价类，而结果是输出条件。

2）分析程序规格说明中的语义的内容，并将其表示为连接各个原因与结果的“因果图”。

3）由于语法或环境的限制，有些原因和结果的组合情况是不可能出现的。为表明这些特定的情况，在因果图上使用若干个特殊符号以标明约束条件。

4）把因果图转换为决策表。

5）把决策表中每一列表示的情况写成测试用例。

2. 因果图法举例

某软件规格说明书中包含这样的要求：输入的第一个字符必须是 A 和 B，第二个字符必须是一个数字，在此情况下进行文件的修改。如果第一个字符不正确，则给出信息 L；如果第二个字符不是数字，则给出信息 M。

1）分析程序的规格说明，列出原因和结果。

原因：

c_1——第一个字符是 A

c_2——第一个字符是 B

c_3——第二个字符是一个数字

结果：

e_1——给出信息 L

e_2——修改文件

e_3——给出信息 M

2）将原因和结果之间的因果关系用逻辑符号连接起来，得到因果图，如图 4-5 所示。编号为 11 的中间节点是导出结果的进一步原因。

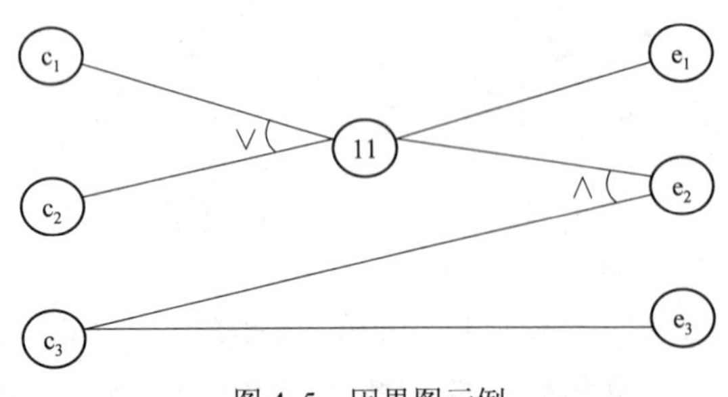

图 4-5　因果图示例

因为 c_1 和 c_2 不可能同时为 1，即第一个字符不可能既是 A 又是 B，因此在因果图上可对其施加 E 约束，得到具有约束的因果图，如图 4-6 所示。

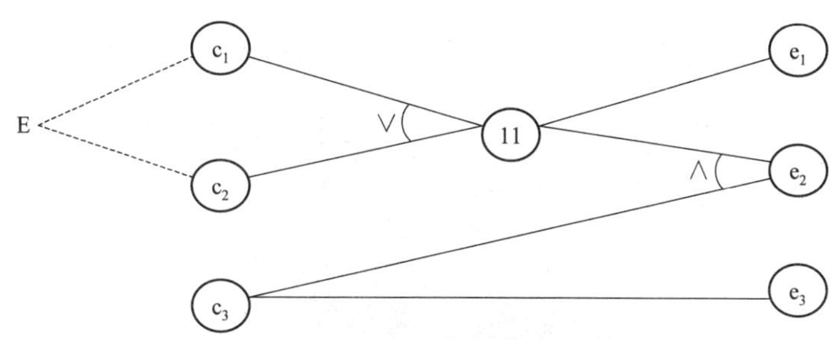

图 4-6 具有 E 约束的因果图

3）将因果图转换为决策表，具体见表 4-10。

4）设计测试用例。表 4-10 中的前两种情况，因为 c_1 和 c_2 不可能同时为 1，所以应排除这两种情况。根据此表，可以设计出 6 个测试用例，具体见表 4-11。

表 4-10 决策表

		1	2	3	4	5	6	7	8
条件	c_1	1	1	1	1	0	0	0	0
	c_2	1	1	0	0	1	1	0	0
	c_3	1	0	1	0	1	0	1	0
	11			1	1	1	1	0	0
动作	e_1			0	0	0	0	1	1
	e_2			1	0	1	0	0	0
	e_3			0	1	0	1	0	1
	不可能	1	1						
测试用例				A5	A#	B9	B?	X2	Y%

表 4-11 测试用例

编 号	输 入 数 据	预 期 输 出
TC1	A5	修改文件
TC2	A#	给出信息 M
TC3	B9	修改文件
TC4	B?	给出信息 M
TC5	X2	给出信息 L
TC6	Y%	给出信息 L 和信息 M

因果图法使用起来比较复杂，但它能把更复杂的软件内部关系简单化，并能生成测试用例，所以是测试过程中经常采用的方法。当然，也可以根据测试的实际情况，酌情利用此方法对各种复杂的应用程序进行分析并得到测试用例。

4.3.4 ALAC 测试

ALAC（Act-like-a-customer）测试是一种基于用户使用产品的知识开发出来的测试方法，是针对目前庞大而复杂的软件产品来应用的。因为软件越复杂，存在的缺陷就越多，也越难被发现，而测试的执行要求有效性要高，所以要充分考虑用户可能会遇到的错误。采用此方法最大的受益者是用户，测试的计划和测试用例的设计以及测试工作的实施都是针对那些用户最容易遇到的错误。ALAC 测试的示意图如图 4-7 所示。

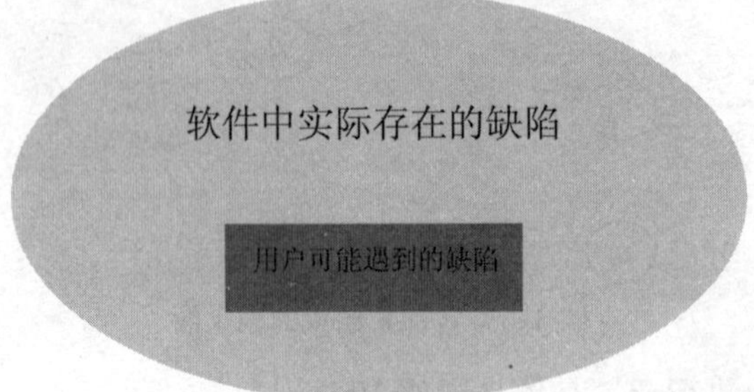

图 4-7　ALAC 测试的示意图

采用 ALAC 测试方法时，首先要通过数据的采集和分析，得出用户剖面，按用户对软件所执行的功能点的情况和执行方式来开发和执行测试用例。采用 ALAC 测试方法后，如图 4-8 所示，用户可能遇到的缺陷都在测试阶段被发现并得到解决，等到用户使用软件时，用户对软件的满意度自然就高，那么软件的质量也会非常高。

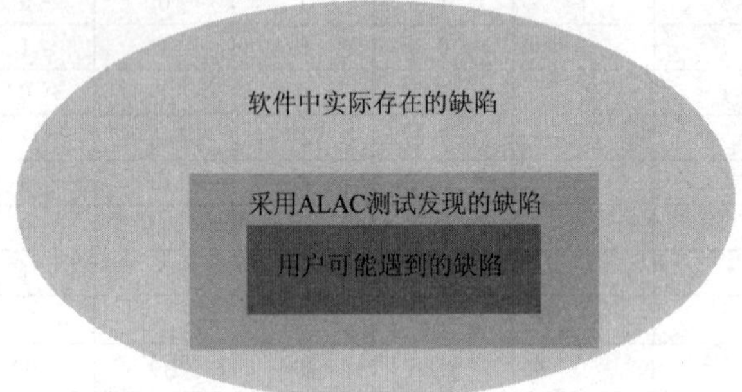

图 4-8　采用 ALAC 测试的效果

ALAC 测试从严格意义上讲，并不是一种测试技术，而只是一种根据实际情况而采用的测试策略，体现软件以用户需求为中心、软件的质量以用户的满意度为核心的思想。但是，如何选择用户数据，如何进行分析和设计测试用例，还是需要一些较为科学的方法。

4.3.5　正交实验设计法

利用因果图来设计测试用例时，作为输入条件的原因与输出结果之间的因果关系，有时很难从软件需求规格说明书得出，而且即使是对于一般的中小规模的软件，画出的因果图也可能非常庞大，以至于从因果图得到的测试用例数目将达到惊人的程度，这就给测试工作带来了巨大而且不切实际的工作量。为了有效、合理地减少测试的数量，可以利用在实际工作中行之有效的正交实验设计法，进行测试用例的设计。

正交实验设计法是从大量的实验点中挑选出的适量且有代表性的点，依据伽罗瓦理论导出的“正交表”，合理地安排实验的一种科学的实验设计方法。

在正交实验设计法中，判断实验结果优劣的标准称为实验的指标，可能影响实验指标的条件称为因子，而因子影响实验的程度称为因子的水平（或状态）。软件功能测试作为实验的一种，完全可以利用正交实验设计法来进行测试数据的选择，以提高测试的效率。

那么如何使用正交实验设计法呢？首先要根据被测软件的规格说明书找出影响其功能实现的操作对象和外部因素，把它们当作因子，把各个因子的取值当作状态，构造出二元的因素分析表。然后，利用正交表进行各因子的状态组合，构造有效的测试输入数据集，并由此建立因果图。这样得出的测试用例集，测试用例的数目将大大减少。具体步骤说明如下：

1）提取功能说明，构造因子，即状态表。在实际测试时看到的软件需求规格说明书，往往是非形式化的，很难满足构造因素分析表的需要。因此，需要对需求规格中的功能进行划分，把整体的概要性的功能要求进行层层分解与展开，分解成具体的、相对独立的基本的功能要求，这样就可以把被测软件中的所有因子都确定下来，并为各因子的权值提供参考依据。

接下来，由用户同测试人员根据软件规格说明书，确定各个因子的取值，即因子的状态。由于有些因子的取值范围较广，所以必须进行采样取值，在各个不同的取值区间上取典型值与边界值，并重点选取具有特定意义的点。

确定因子与状态是设计测试用例的关键，因此需要尽可能全面、准确地确定取值，以确保测试用例的设计做到完整、有效。因子与状态填入二维表格，这种二维表格称为状态表。

2）加权筛选，生成因素分析表。对因子与状态的选择可按其重要程度分别加权。具体来说，可根据各个因子及状态的作用大小、出现频率、在不同的子系统或模块中的重要程度以及测试的需要，确定权值的大小。这样在必要时，可删去一部分权值较小，也就是重要性较小的因子或状态，使最后生成的测试用例集缩减到允许范围。

在不同的测试阶段对因子及状态的权值的输入、改变都会有不同的要求。例如，初次测试时，可以根据被测软件规模的大小，确定是否加权。若需要加权，则由测试人员确定权值并输入，若无需加权，则应以 0 作为各因子及状态的权值。在进行模块或子系统测试时，有时需要修改部分因子或状态的权值，有时必须修改所有因子及状态的权值，有时可以借用上次测试的权值进行重复测试。因此，必须考虑各个测试阶段可能出现的各种情况，并分别进行处理，具体考虑的方法可参考图 4-9。

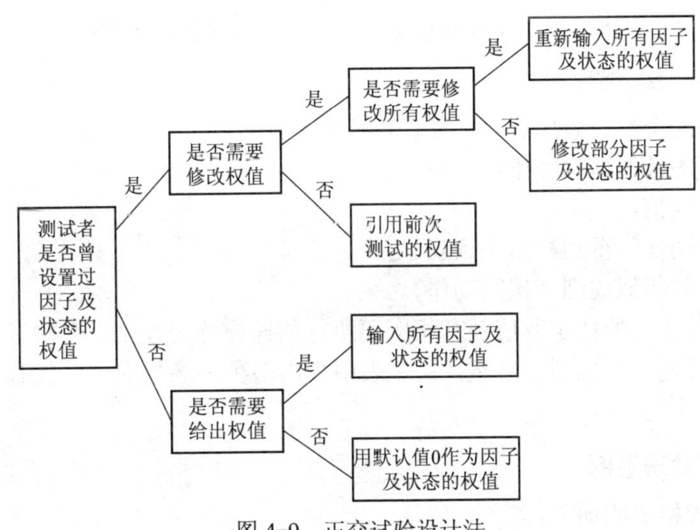

图 4-9　正交试验设计法

3）构造测试输入数据集，并由此建立因果图，最终确定测试用例的数量和优先级。利用正交实验设计法设计测试用例的特点如下：

① 节省测试工作时间。

② 可控制生成的测试用例的数量。

③ 测试用例具有一定的覆盖度。

4.3.6 决策表驱动测试

1. 决策表驱动法的概念

在一些数据处理问题中，某些操作是否可以实施依赖于多个逻辑条件的取值，即在这些逻辑条件取值的组合所构成的多种情况下，分别执行不同的操作。处理这类问题的一个非常有力的分析和表达工具是决策表，其一般由以下 4 个部分组成，具体如图 4-10 所示。

1）条件桩：列出了问题的所有条件，通常认为列出的条件的先后次序无关紧要。

2）动作桩：列出了问题规定的可能采取的操作，这些操作的排列顺序没有约束。

3）条件项：针对条件桩给出的条件列出所有可能的取值。

4）动作项：与条件项紧密相关，列出在条件项的各组取值情况下应该采取的动作。

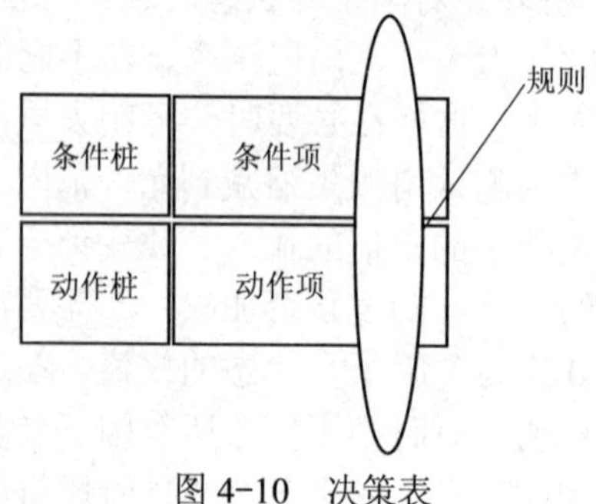

图 4-10 决策表

决策表最突出的优点是它能把复杂的问题按各种可能的情况一一列举出来，简明且易于理解，也可避免遗漏。但它的不足之处在于，不能表达重复执行的动作，如循环结构。

2. 决策表的建立步骤

1）确定规则的个数，假如有 n 个条件，每个条件有两个取值（0，1），则有 n 种规则。

2）列出所有的条件项和动作项。

3）填入条件取值。

4）填入集体动作，得到初始决策表。

5）简化，合并相似规则（相同动作）。

任何一个条件组合的特定取值及其相应要执行的操作称为规则。在决策表中贯穿条件项和操作项的一列就是一条规则。显然，决策表中列出多少组条件取值，就有多少条规则，即条件项和操作项有多少列。

3. 决策表驱动法举例

一个软件的规格说明如下：

1）当条件 1 和条件 2 满足，并且条件 3 和条件 4 不满足，或者当条件 1、条件 3 和条件 4 满足时，要执行操作 1。

2）在任一个条件都不满足时，要执行操作 2。

3）当条件 1 不满足，而条件 4 满足时，要执行操作 3。

根据规格说明得到如表 4-12 所示的决策表。

表 4-12　根据规格说明得到的决策表

	规则 1	规则 2	规则 3	规则 4
条件 1	Y	Y	N	N
条件 2	Y	—	N	—
条件 3	N	Y	N	—
条件 4	N	Y	N	Y
操作 1	x	x		
操作 2			x	
操作 3				x

这里，决策表只给出了 8 种规则中的 4 种。事实上，除这 4 种以外的规则是指当不能满足指定的条件时，要执行 1 个默许的操作，决策表中通常可略去这种规则。但如果使用决策表来设计测试用例，则必须列出这些默许规则，具体见表 4-13。

表 4-13　默许的操作

	规则 5	规则 6	规则 7	规则 8
条件 1	—	N	Y	Y
条件 2	—	Y	Y	N
条件 3	Y	N	N	N
条件 4	N	N	Y	—
默许操作	x	x	x	x

4. 决策表在功能测试中的应用

一些软件的功能需求可用决策表表达得非常清楚，在检验程序的功能时决策表也是一个非常有力的工具。

适合使用决策表设计测试用例的条件如下：

1）规格说明以决策表的形式给出，或是很容易转换成决策表。

2）条件的排列顺序不会也不应影响执行哪些操作。

3）规则的排列顺序不会也不应影响执行哪些操作。

4）每当某一规则的条件已经满足，并确定要执行的操作后，不必检验其他规则。

5）如果某一规则得到满足要执行多个操作，则这些操作的执行顺序无关紧要。

4.3.7　错误推测法

靠经验和直觉来推测程序中可能存在的各种错误，从而有针对性地编写测试用例，可以列举出可能的错误和可能发生错误的位置，然后选择测试用例。错误推测目前还没有具体的方法和技巧，下面介绍几条错误推测的经验。

1）站在用户的立场，以用户的想法来测试。目前，软件的使用者大多是新用户，甚至是未用过计算机的新用户，那么他们使用软件可能会出现意想不到的情况，而这可能会引出软件的缺陷。所以，测试人员在测试时，可以时常站在用户的立场考虑用户会如何使用软件，以用户的想法和操作规则来测试软件。这样，测试人员可以推测出更多的软件权限，而且这样的测试原则是以用户为中心的，必然会使软件的用户满意度大大提升。

2）凭借经验、直觉和预感。要想成为优秀的软件测试工程师，经验是不可缺少的，直觉和预感又是不可言传的，都需要长期的工作积累，而这对于软件测试工作非常重要，因为即使应用了所有科学的测试技术和方法，软件很可能依然有缺陷，这是无法改变的事实。

作为一名有经验的测试人员，在测试过程中总是会预感到软件在哪里可能出现缺陷，然后按照预感行事，直至证明这个预感为止。对于新员工，也要有勇敢的怀疑精神，并不断把工作成果进行积累和总结，这样错误推测能力可以大大加强。

3）在已经发现缺陷的地方继续测试。软件测试的原则之一就是要注意缺陷的群集现象，在进行错误推测时，首先要推测出现过缺陷的地方，这样有利于进一步发现软件中的缺陷。

4.4 白盒测试技术

白盒测试技术主要应用于单元测试阶段，一般由编码人员完成。

4.4.1 白盒测试简介

白盒测试又称为结构测试或逻辑驱动测试，主要是测试人员利用程序内部的逻辑结构及有关信息，设计或选择测试用例，对程序的所有逻辑路径进行测试，确定实际的状态是否与预期的状态一致，如图 4-11 所示。

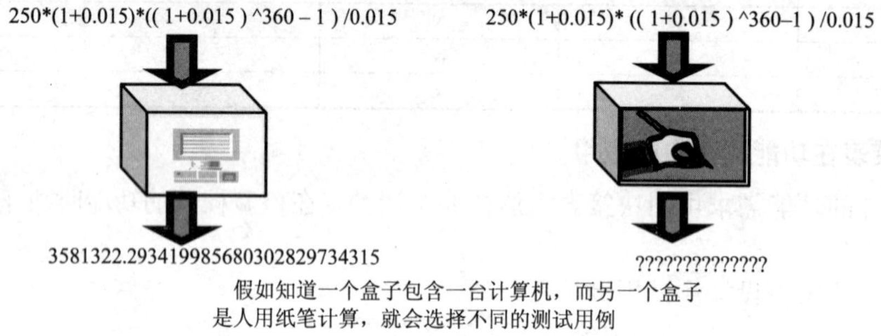

图 4-11　白盒测试比喻图

进行白盒测试时，一般要遵循以下原则：

1）对程序模块的所有独立的执行路径至少测试一次。

2）对所有的逻辑判定，取“真”与“假”的两种情况都至少测试一次。

3）在循环的边界和运行界限内执行循环体。

4）测试内部数据结构的有效性。

白盒测试技术的内容主要包括以下 5 点：

1）程序结构分析。

2）逻辑覆盖。

3）域测试。

4）符号测试。

5）路径分析。

4.4.2 程序结构分析测试

1. 控制流分析

控制流分析主要是检查程序的控制结构，这需要把程序设计中的流程图转化为流图（也称为控制流图）。流图是简化后的流程图，如图 4-12 所示。

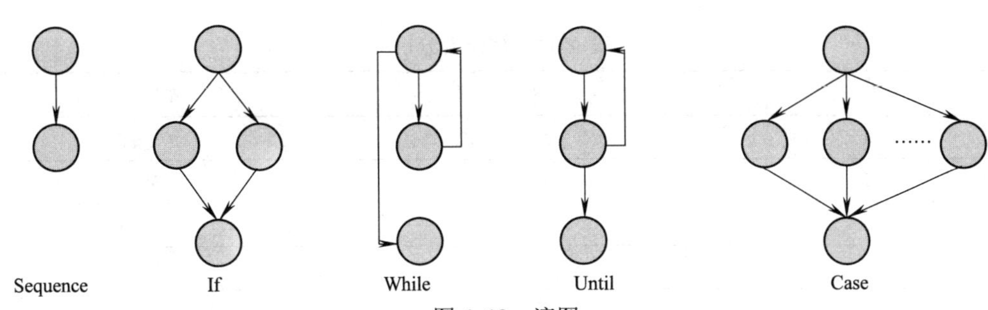

图 4-12　流图

流图符号说明：每一个圆代表一个或多个无分支程序设计语句。

从流程图映射到流图说明了如何从程序流程图映射到流图，如图 4-13 所示，图中左半部分是程序流程图，右半部分是与之对应的流图。

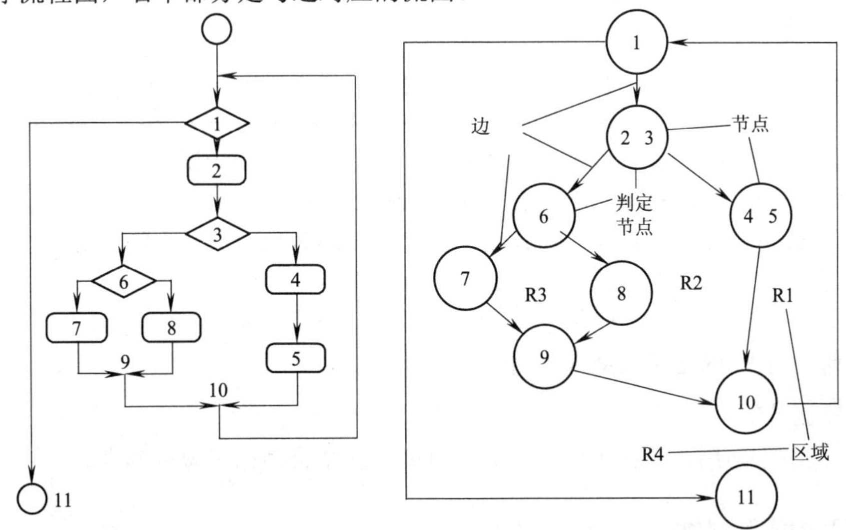

图 4-13　控制流分析

2．数据流分析

数据流分析最初是随着编译系统要生成有效的目标码而出现的，主要用于代码优化。如果程序中某一语句在执行时能改变某程序变量 V 的值，则称 V 是被该语句定义的。如果一语句的执行引用了内存中变量 V 的值，则称该语句引用变量 V。图 4-14 和表 4-14 所示的是数据流分析。

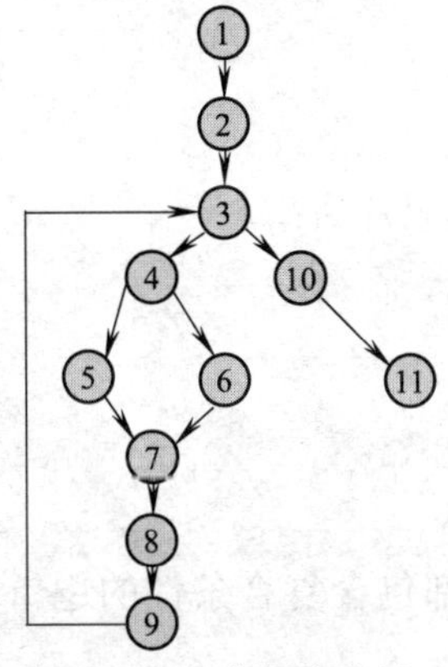

图 4-14　数据流分析

表 4-14 数据流分析

节 点	被定义变量	被引用变量
1	X，Y，Z	
2	X	W，X
3		X，Y
4		Y，Z
5	Y	V，Y
6	Z	V，Z
7	V	X
8	W	Y
9	Z	V
10	Z	Z
11		Z

通过图 4-13 及表 4-14 可以看出，该程序中含有以下两个错误：

1）语句 2 使用了变量 W，而在此之前并未对其定义。

2）语句 5、6 使用了变量 V，这在第一次执行循环时也未对其进行定义。

另外，此外程序中还含有以下两个异常：

1）语句 6 对 Z 的定义从未使用。

2）语句 8 对 W 的定义也从未使用。

3. 信息流分析

信息流分析主要用于验证程序变量间信息的传输是否遵循了保密要求。

4.4.3 逻辑覆盖测试

常用的逻辑覆盖测试方法包括以下几种：

1）语句覆盖。

2）判定覆盖。

3）条件覆盖。

4）判定/条件覆盖。

5）条件组合覆盖。

6）路径覆盖。

例如，假设待测程序有如下代码片断：

```
…
if ((A>1)and(B=0)) then
X=X/A
if ((A=2)or(X>1)) then
X=X+1
…
```

其中有两个判断，每个判断都包含复合条件的逻辑表达式，对应的流程图如图 4-15 所示。

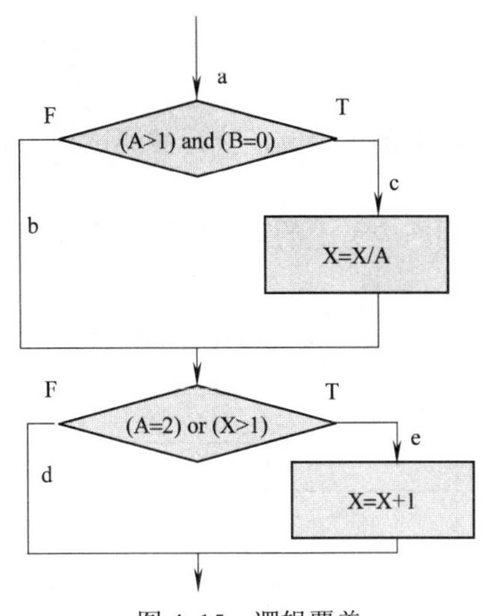

图 4-15　逻辑覆盖

下面分别用各种方法来进行覆盖。

1．语句覆盖

语句覆盖的含义是：在测试时首先设计若干个测试用例，然后运行被测程序，使程序中的每个可执行语句至少执行一次。这里的“若干个”，自然是越少越好。

例如，对前面的程序片段稍作分析就不难发现，只要设计一个能通过路径 a→c→e 的测试用例，程序执行时就可以遍历流程图。因此，满足语句覆盖的测试用例是：

```
[A=2,B=0,X=3]
```

从程序执行过程来看，语句覆盖的方法似乎能够比较全面地检验每一个可执行语句。

注意：如果在程序中第一个判断的“and”均误写成“or”，或第二个判断的“X>1”均误写成“X>0”，则用上述的测试用例仍可覆盖所有的可执行语句，这说明虽然做到了语句覆盖，但可能发现不了逻辑运算中的错误。因此这种覆盖实际上是一种最弱的覆盖标准。

2．判定覆盖

判定覆盖的准则是：设计若干测试用例，运行被测程序，使得程序中每个判断的真分支和假分支可至少经历一次，即判断的真假值曾经均被满足过。

仍以上述程序片段为例，为在语句覆盖的基础上达到判定覆盖标准，要使程序流程能经过路径 a→c→d 和 a→b→e 或路径 a→c→e 和 a→b→d，为此可设计两个满足要求的测试用例：

```
[A=3,B=0,X=1]（沿 a→c→d 执行）
[A=2,B=1,X=3]（沿 a→b→e 执行）
```

判定覆盖比语句覆盖严格，因为它使得每一个判断都能获得每一种可能的结果，从而使每个语句都能执行到。

注意：若将第二个判断的“X>1”均误写成“X<1”，则用上述的测试用例仍能得到相同的结果；上述的测试用例在沿路径 a→b→d 执行时，并不能检查 X 的值是否保持一致。

这表明，只用判定覆盖还不能保证一定能检查出所有的错误。因此，需要更强的逻辑覆盖标准去检验和判断内部条件。

3. 条件覆盖

条件覆盖的含义是：设计若干测试用例，执行被测试程序后，要使每个判断中的每个条件的可能取值均至少满足一次。

在上述程序段中，第一个判断应考虑的可能取值如表 4-15 所示。

表 4-15　第一个判断

条　件	取 真 值	取 假 值
A>1	A>1（T1）	A<=1（t1）
B=0	B=0（T2）	B! =0（t2）
A>1	取真值	记为 T1
A>1	取假值	记为 t1
B=0	取真值	记为 T2
B=0	取假值（即 B！=0）	记为 t2

第二个判断应考虑的可能取值如表 4-16 所示。

表 4-16　第二个判断

条　件	取 真 值	取 假 值
A=2	A=2（T3）	A!=2（t3）
X>1	X>1（T4）	X<=1（t4）
A=2	取真值	记为 T3
A=2	取假值（即 A！=2）	记为 t3
X>1	取真值	记为 T4
X>1	取假值（即 X<=1）	记为 t4

为达到条件覆盖标准，需要有足够多的测试用例以形成如下情况。在 a 点出现：A>1、A≤1、B=0、B≠0，在 b 点出现：A=2、A≠2、X>1、X≤1。因此，可以设计两个测试用例以满足这一标准：

[A=2,B=0,X=4]（沿 a→c→e 执行）
[A=1,B=1,X=1]（沿 a→b→d 执行）

是否做到条件覆盖也就必然实现了判定覆盖呢？

例外：

[A=1,B=0,X=1]　（沿 a→b→d 执行）
[A=2,B=1,X=2]　（沿 a→b→e 执行）

测试用例	A	B	X	所走路径	覆盖条件
Case9	1	0	1	a→b→d	t1、T2、t3、t4
Case8	2	1	2	a→b→e	T1、t2、t3、T4

可以发现路径 c 没有经过，它满足条件覆盖标准，却不满足判定覆盖。为解决这种例外，可采用下面介绍的判定/条件覆盖标准。

4. 判定/条件覆盖

判定/条件覆盖要求设计足够多的测试用例，使得判断中的每个条件的所有可能至少出现一次，并且每个判断本身的判定结果也至少出现一次。

对于上述程序段可设计两个满足要求的测试用例：

[A=2,B=0,X=4]（沿 a→c→e 执行）
[A=1,B=1,X=1]（沿 a→b→d 执行）
[A=2,B=1,X=1]（沿 a→b→e 执行）

判定/条件覆盖仍有缺陷，因为在程序执行过程中，某些条件掩盖了另一些条件。例如，对条件表达式 (A>1) and (B=0)，取 A=1、B=0，此时 (A>1) 为假，则目标程序不再检查 (B=0) 条件了，从而发现不了 B 的错误。同样对条件表达式 (A=2) or (X>1)，取 A=2，此时 (A=2) 为真，则目标程序也不再检查 (X>1) 条件。因此，采用判定/条件覆盖，逻辑表达式中的错误不一定能测试出来。

5. 条件组合覆盖

条件组合覆盖就是设计足够多的测试用例，使得每个判断的所有可能的条件取值组合至少执行一次。

对于上述程序段，按照条件组合覆盖标准，必须使测试情况覆盖 8 种组合结果：

① A>1，B=0。
② A>1，B≠0。
③ A≤1，B=0。
④ A≤1，B≠0。
⑤ A=2，X>1。
⑥ A=2，X≤1。
⑦ A≠2，X>1。
⑧ A≠2，X≤1。

其中，测试情况⑤、⑥、⑦、⑧是第二个条件语句的条件组合。因为 X 的值在该语句之前可能要发生变化，所以要通过程序逻辑回溯以便找出相应的输入值。

要覆盖这 8 种条件组合，并不一定需要设计 8 组测试用例，设计如下 4 组测试用例即可满足要求：

[A=2,B=0,X=4]（沿 a→c→e 执行，覆盖①和⑤）
[A=2,B=1,X=1]（沿 a→b→e 执行，覆盖②和⑥）
[A=1,B=0,X=2]（沿 a→b→d 执行，覆盖③和⑦）
[A=1,B=1,X=1]（沿 a→b→d 执行，覆盖④和⑧）

上述测试用例覆盖了所有条件的可能取值的组合，覆盖了所有判断的可取分支，但还是漏掉了路径 a→c→d,，因此测试还不完全。

6. 路径覆盖

路径覆盖的定义是：设计足够多的测试用例，要求覆盖程序中的所有可能路径。

上述例子需针对 4 条可能的路径完善测试用例，即 a→c→e、a→b→d、a→b→e、a→c→d。

[A=2,B=0,X=3]（沿 a→c→e 执行）
[A=1,B=0,X=1]（沿 a→b→d 执行）

[A=2,B=1,X=1]（沿 a→b→e 执行）
[A=3,B=0,X=1]（沿 a→c→d 执行）

综上所述，几种常用的逻辑覆盖对比如下。

1）语句覆盖：在测试时，首先设计若干个测试用例，然后运行被测程序，使程序中的每个语句至少执行一次。语句覆盖的测试可以给人们一种心理上的满足，以为每个语句都经历过，似乎可以放心了。但实际上，语句覆盖在测试过程中，除去对检查不可执行语句有一定的作用外，并没有排除被测程序包含错误的风险。必须看到，被测程序并非是语句的无序堆积，语句之间的确存在着许多有机的联系。

2）判定覆盖：设计若干测试用例，运行被测程序，使得程序中每个判断的真分支和假分支至少经历一次，即判断的真假值曾经均被满足。同样，只做到判定覆盖仍无法找出内部条件的错误。

3）条件覆盖：设计若干测试用例，执行被测程序后，要使每个判断中的每个条件的可能取值均至少满足一次，但覆盖了条件的测试用例不一定覆盖了分支。

4）判定/条件覆盖：要求设计足够多的测试用例，使得判断中的每个条件的所有可能至少出现一次，并且每个判断本身的判定结果也至少出现一次。但是忽略了路径覆盖的问题，而路径能否全面覆盖在软件测试中是个重要问题，因为程序要取得正确的结果，就必须消除遇到的各种障碍，沿着特定的路径顺利执行。如果程序中的每一条路径都得以测试，那么才能说程序受到了全面检验。

5）条件组合覆盖：设计足够多的测试用例，使得每个判断的所有可能的条件取值组合至少执行一次。覆盖了所有判断的可取分支，但同样忽略了路径覆盖的问题。

6）路径覆盖：设计足够多的测试用例，要求覆盖程序中的所有可能路径。在许多情况下，路径数都是个庞大的数字，要全部覆盖是无法实现的，即使都覆盖到了，仍然不能保证被测程序的正确性。

由此看出，各种结构测试方法都不能保证程序的正确性。但要记住，测试的目的并非要证明程序的正确性，而是要尽可能地找出程序中的错误。

4.4.4 路径分析测试

分析程序中的路径是指检验程序从入口开始，执行过程中经历的各个语句，直到出口。这是白盒测试最典型的问题之一。着眼于路径分析的测试称为路径测试。

环形复杂性是一种为程序逻辑复杂性提供定量测度的软件度量，将该度量用于基本路径方法，计算所得的值定义了程序基本集的独立路径数量，并提供了确保所有语句至少执行一次的测试数量的上界。

环形复杂性以图论为基础，可用如下 3 种方法之一进行计算：

1）流图中区域的数量对应于环形的复杂性。

2）给定流图 G 的环形复杂性 V(G)，定义为 V(G)=E−N+2，E 是流图中边的数量，N 是流图中节点的数量。

3）给定流图 G 的环形复杂性 V(G)，也可定义为 V(G)=P+1，P 是流图中判定节点的数量。

例如，图 4-16 所示的流图中的独立路径的集合如下。

路径 1：1→11

路径 2：1→2→3→4→5→10→1→11

路径 3：1→2→3→6→8→9→10→1→11

路径 4：1→2→3→6→7→9→10→1→11

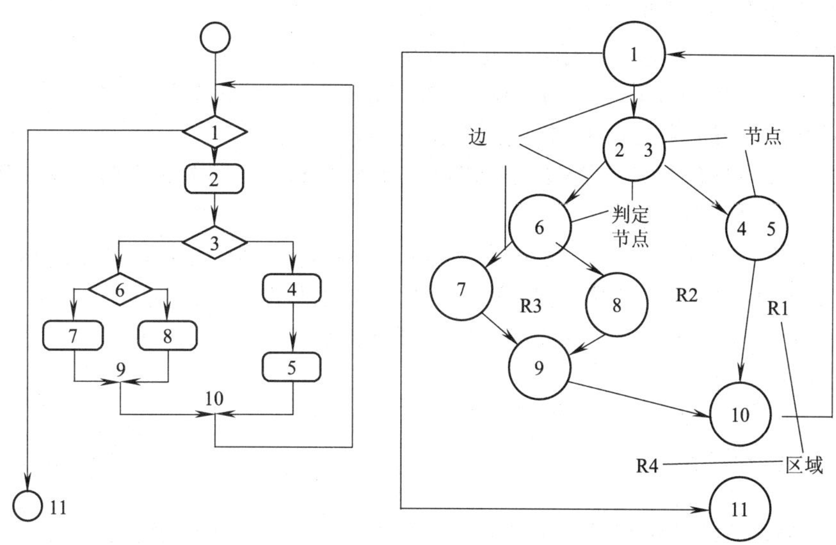

图 4-16　独立路径的集合示例

计算流图的环形复杂性：

1）流图有 4 个区域。

2）V(G)=11 条边−9 个节点+2=4。

3）V(G)=3 个判定节点+1=4。

因此，该流图的环形复杂性为 4。

V(G) 的值提供了组成基本集的独立路径的上界，并由此得出覆盖所有程序语句所需的测试用例数量的上界。

准备测试用例，强制执行基本集中的每条路径（请读者自行填表 4-17）。

表 4-17　测试结果

测 试 路 径	测 试 方 法	期 望 结 果	实 际 结 果
路径 1			
路径 2			
……			

4.4.5　程序插装测试

程序插装是借助于在被测程序中设置断点或打印语句来进行测试的方法，在执行测试的过程中可以了解一些程序的动态信息。这样在运行程序时，既能检验测试的结果数据，又能借助插入语句给出的信息掌握程序的动态运行特性，从而把程序执行过程中所发生的重要事件记录下来。

简单地说，程序插装方法就是借助往被测试程序中插入操作，来实现测试目的的方法。

设计程序插装测试时要考虑的问题有：

1）探测哪些信息？

2）在程序的什么位置设置探测点？

3）需要设置多少个探测点？

插装技术在软件测试中主要有以下几个应用：

1）覆盖分析。程序插装可以估计程序在控制流图中被覆盖的程度，确定测试执行的充分性，从而设计更好的测试用例，提高测试覆盖率。

2）监控。在程序的特定位置设立插装点，插入用于记录动态的语句，监控程序运行时的某些特性，从而排除软件故障。

3）查找数据流异常。程序插装可以记录在程序执行中某些变量值的变化情况和变化范围。掌握了数据变量的取值状况，就能准确地判断是否发生了数据流异常。虽然数据流异常可以用静态分析器来发现，但是使用插装技术可以更经济、更简便，毕竟所有信息的获取是随着测试过程附带得到的。

4.4.6 程序变异测试

程序变异测试方法与结构测试和功能测试都不一样，它是一种错误驱动测试。所谓错误驱动测试是指该方法是针对某类特定的程序错误的。经过了若干年的测试理论研究和软件测试的实践，人们逐渐发现要想找出程序中所有的错误几乎是不可能的。比较现实的解决办法是将错误的搜索范围尽可能地缩小，以便于专门测试某类错误是否存在。这样做的好处在于，可以集中目标在那些对软件危害较大的错误上，而暂时忽略那些对软件危害较小的可能错误。这样可以取得较高的测试效率，并能降低测试成本。

错误驱动测试主要有两种，即程序强变异和程序弱变异。

弱变异测试相对于强变异测试，可以看作是一种测试数据选择的原则。它的优点是，用一组测试数据就很可能检验出多个程序组成部分的正确性，从而减少测试中程序的运行次数。而强变异方法要求的程序运行次数却是随着变异的增加而增加的。另外，弱变异的准则对测试数据的选择有一定的指导作用，用户可以有针对性地选择测试数据，而强变异方法对测试数据的选择，指导作用不大。然而，弱变异测试也有它的不足之处，由于它重视的对象是程序的组成部分，所以当某一组成部分有错，而另一组成部分也有错，且程序在能检验出错的测试数据下运行时，可能会由于另一组成部分的作用，而使程序的运行结果正确。强变异强调的是被测程序，它要求“杀掉”变异因子，所以不会出现这种情况。

4.5 实例设计

实例 1　测试三角形分类程序。

下述三角形分类程序的功能是读入代表三角形边长的 3 个整数，判定它们能否组成三角形。如果能，则输出三角形是等边、等腰或任意三角形的分类信息。图 4-17 显示了该程序的流程图和程序图。

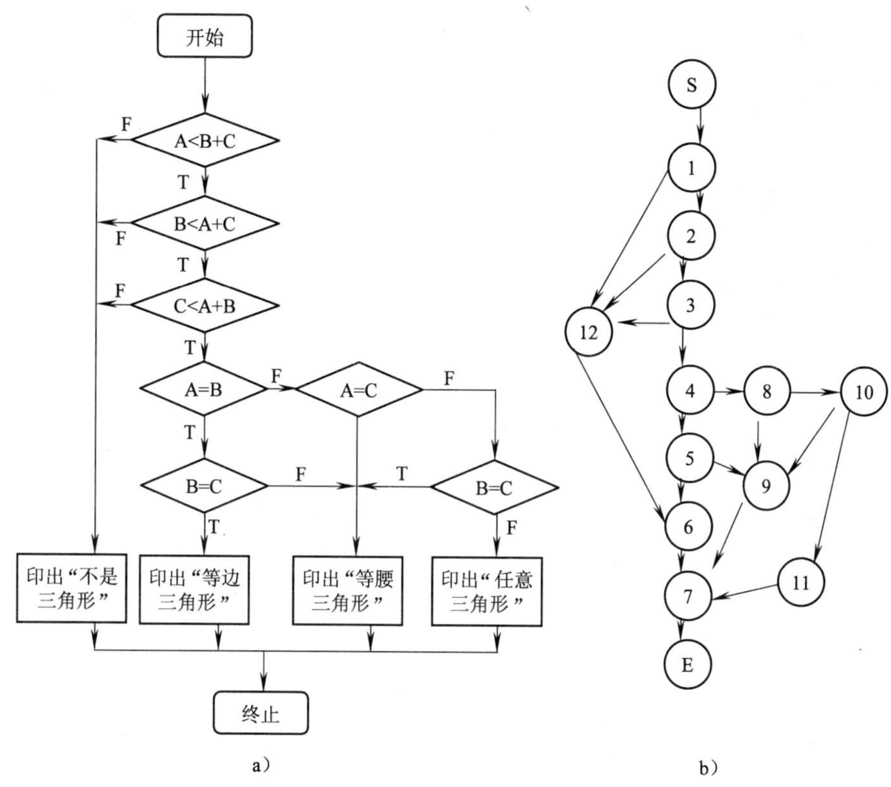

图 4-17　三角形程序的流程图和程序图
a）流程图 b）程序图

第一步：确定测试策略。在本例中，对被测程序的功能有明确的要求。

1）判断能否组成三角形。

2）识别等边三角形。

3）识别等腰三角形。

4）识别任意三角形。

因此，可首先用黑盒法设计测试用例，然后用白盒法验证其完整性，必要时再进行补充。

第二步：根据本例的实际情况，在黑盒法中首先可用等价分类法划分输入的等价类，然后用边界值法和错误推测法作补充。

（1）等价分类法

1）有效等价类。输入 3 个正整数：

① 3 个数相等。

② 3 个数中有 2 个数相等，如 AB 相等。

③ 3 个数中有 2 个数相等，如 BC 相等。

④ 3 个数中有 2 个数相等，如 AC 相等。

⑤ 3 个数均不相等。

⑥ 2 数之和不大于第 3 个数，如最大数是 A。

⑦ 2 数之和不大于第 3 个数，比如最大数是 B。

⑧ 2 数之和不大于第 3 个数，比如最大数是 C。

2）无效等价类：

① 含有零数据。

② 含有负整数。

③ 少于 3 个整数。

④ 含有非整数。

⑤ 含有非数字字符。

（2）边界值法

2 数之和等于第 3 个数。

（3）错误推测法

① 输入 3 个零。

② 输入 3 个负数。

第三步：提出一组初步的测试用例，具体见表 4-18。

表 4-18　测试用例组 1

序　号	测 试 内 容	测 试 数 据			期 望 结 果
		A	B	C	
1	等边	5，5，5			等边三角形
2	等腰	4，4，5	5，5，4	4，5，4	等腰三角形
3	任意	3，4，5			任意三角形
4	非三角形	9，4，4	4，9，4	4，4，9	不是三角形（4～6）
5	退化三角形	8，4，4	4，8，4	4，4，8	
6	零数据	0，4，5	4，0，5	4，5，0	
7		0，0，0			运行出错（类型不符）（7～10）
8	负数据	–3，4，5	3，–4，5	3，4，–5	
9		–3，–4，5			
10	遗漏数据	3，4			
11	非整数	3.3，4，5			
12	非数字字符	A，4，5			

第四步：用白盒法验证第三步产生的测试用例的充分性。结果表明，上表中的前 8 个测试用例能满足对被测程序图的完全覆盖，不需要再补充其他的测试用例。

实例 2　运用逻辑覆盖的方法测试程序。

程序如下：

```
1   if(x>1&&y=1) then
2   z=z*2
3   if(x=3 ||z>1) then
4   y++;
```

使用逻辑覆盖的方法设计测试用例组，具体见表 4-19。

表 4-19　测试用例组 2

逻辑覆盖方法	测试用例组	执 行 路 径
语句覆盖	x=3，y=1，z=2	1，2，3，4
判断覆盖	x=3，y=1，z=2 x=1，y=1，z=1	1，2，3，4 1，3
条件覆盖	x=3，y=0，z=1 x=1，y=1，z=2	1，3，4 1，3，4
判断/条件覆盖	x=3，y=1，z=2 x=1，y=0，z=1	1，2，3，4 1，3

（续）

逻辑覆盖方法	测试用例组	执行路径
条件组合覆盖	x=3，y=1，z=2 x=3，y=0，z=1 x=1，y=1，z=2 x=1，y=0，z=1	1，2，3，4 1，3，4 1，3，4 1，3
路径覆盖	x=3，y=1，z=2 x=3，y=0，z=1 x=2，y=1，z=1 x=1，y=1，z=1	1，2，3，4 1，3，4 1，2，3 1，3

实例 3　使用路径分析的方法测试程序。

程序如下：

```
main()
{
int flag, t1, t2, a=0, b=0;
scanf("%d, %d, %d\n", &flag, &t1, t2);
while(flag>0
{
a=a+1;
if(t1=1)
then
{
b=b+1;
flag=0;
}
else
 {
 if(t2=1)
 then b=b-1;
 else a=a-2;
 flag--;
  }
}
printf("a=%d, b=d%\n", a, b);
}
```

程序的流程图如图 4-18 所示。

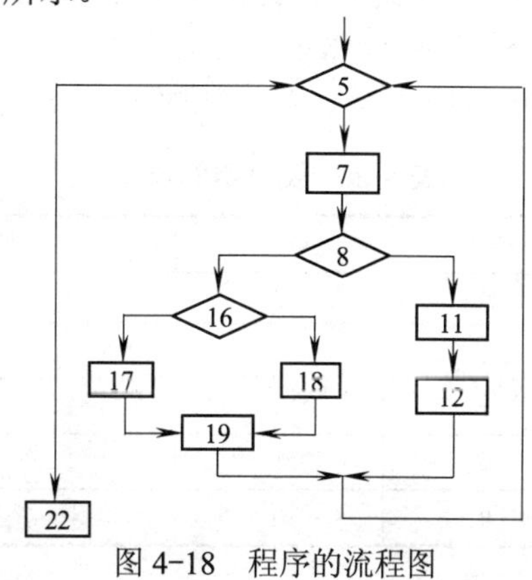

图 4-18　程序的流程图

程序的控制流图如图 4-19 所示，其中 R1、R2、R3 和 R4 代表控制流图的 4 个区域。

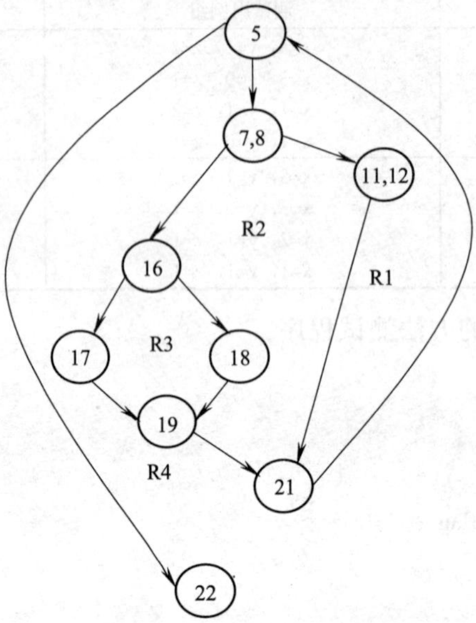

图 4-19　程序的控制流图

下面使用路径分析的方法设计测试用例组。

1）根据程序环形复杂度的计算公式，求出路径集合中的独立路径数目。

公式 1：V(G)=11−9+2，其中 10 是控制流图 G 中边的数量，8 是控制流图中节点的数量。

公式 2：V(G)=3+1，其中 3 是控制流图 G 中判断节点的数量。

公式 3：V(G)=4，其中 4 是控制流图 G 中区域的数量。

因此，控制流图 G 的环形复杂度是 4。

2）根据上面的计算结果，源程序的基本路径集合中有 4 条独立路径。

路径 1：5→22

路径 2：5→7，8→11，12→21→5→22

路径 3：5→7，8→16→17→19→21→5→22

路径 4：5→7，8→16→18→19→21→5→22

3）设计测试用例组，具体见表 4-20。根据上述 4 条独立路径设计出了这组测试用例，这 4 组数据能够遍历各个独立路径，可以满足路径分析测试的要求。

需要注意的是，对于源程序中的循环体，测试用例组 3 中的输入数据使其执行零次或一次。

表 4-20　测试用例组 3

测试用例	输入			期望输出		执行路径
	flag	t1	t2	a	b	
Test case 1	0	1	1	0	0	路径 1
Test case 2	1	1	0	1	1	路径 2
Test case 3	1	0	1	1	−1	路径 3
Test case 4	1	0	0	−1	0	路径 4

4.6　测试技术和方法的应用原则与技巧

无论进行黑盒测试还是白盒测试，设计和选择测试用例都是软件测试人员很重要的一项工作。不正确的选择可能导致测试量过大或者过小，从而导致测试工作的浪费或不充分。准确评估测试风险，把不可穷举的可能性减少到可以控制度的范围是测试工作的诀窍之一。所以，在学习各种测试方法的同时，一定要思考如何把测试方法与测试用例的选择结合起来应用。

4.6.1　应用原则

1）适用原则。测试技术和方法的应用一定要适用，否则会影响测试工作的效率和软件的质量。首先要对各种测试方法了如指掌，同时要熟悉项目采用的各种技术，还要熟悉测试工作的测试需求和测试特性，然后再选择准备应用的测试技术和方法，并标识它们的适用范围和特性。

2）实用原则。实用原则要求排除应用技术和方法的随意性，这要根据项目的实际情况来决定。因为项目的测试时间可能比较短，进度相对质量更为优先，那么此时对于很多次要的功能点就要放弃严格的等价类划分方法。

4.6.2　应用技巧

测试技术和方法的应用技巧与实际测试经验有很大关系，这里介绍一下目前掌握到的测试技术的应用技巧。

1. 黑盒测试技术应用技巧

为了最大限度地减少测试遗留的缺陷，同时也为了最大限度地发现存在的缺陷，在测试实施之前，测试工程师必须确定采用的测试策略和测试方法，并以此为依据制定详细的测试方案。在具体工作中要采用什么方法，需要根据项目的特点来适当地选择。在高水平的测试中，往往需要综合使用各种方法以有效地提高测试效率和测试覆盖度。通常，一个好的测试策略和测试方法必将给整个测试工作带来事半功倍的效果。

通常，在确定测试方法时，应该遵循以下原则：

1）根据程序的重要性和一旦发生故障将造成的损失程度来确定测试等级和测试重点。

2）认真选择测试策略，以便尽可能少地使用测试用例，发现尽可能多的程序错误。因为一次完整的软件测试过后，如果程序中遗留的错误过多并且严重，则表明该次测试是不足的，而测试不足则意味着让用户承担更多的危险，但测试过度又会带来资源的浪费。因此，测试需要找到一个平衡点。

以下是各种黑盒测试方法选择的综合策略，可在实际应用过程中参考。

1）首先进行等价类划分，包括输入条件和输出条件的等价划分，将无限测试变成有限测试，这是减少工作量和提高测试效率的最佳方法。

2）可以使用错误推测法追加一些测试用例，这需要依靠测试工程师的智慧和经验。

3）在任何情况下都必须使用边界值法。经验表明，用这种方法设计出的测试用例发现程序错误的能力最强。

4）对照程序逻辑，检查已设计出的测试用例的逻辑覆盖程度。如果没有达到要求的覆盖标准，则应当再补充足够多的测试用例。

5）如果程序的功能说明中含有条件的组合情况，则应在一开始就选用因果图法。

2. 白盒测试技术应用技巧

在白盒测试中，应灵活地使用各种测试方法。

1）静态测试和动态测试的时序关系。一般可先进行静态测试，即使用代码检查法、静态结构分析法、代码质量度量法等。接着进行动态测试，即使用逻辑覆盖法、基本路径测试法、控制结构测试法、程序插装法等。当然，这不是绝对的。

2）白盒测试的重点。覆盖率测试是白盒测试的重点，一般可使用基本路径测试法使基本路径集合中每条独立路径至少执行一次。对于重要的程序模块，应使用多种覆盖率标准来衡量对代码的覆盖率。

3）在不同的测试阶段，使用的白盒测试方法不尽相同。

① 在单元测试阶段，以代码检查法、逻辑覆盖法和基本路径测试法为主。

② 在集成测试阶段，需增加静态结构分析法和代码质量度量法。

③ 在集成测试之后的测试阶段，应尽量使用黑盒测试方法，但若发现了软件中的严重问题且无法用黑盒测试方法定位，则仍需选择性地使用白盒测试方法，深入到模块中以定位错误。

4.6.3 对黑盒、白盒测试方法的总结

黑盒测试和白盒测试作为两种出发点完全不同的测试方法，各有其特点，在软件测试中缺一不可。

黑盒测试完全不考虑程序的具体实现过程，从程序外部对其功能、性能等进行测试，因此可以认为是站在用户角度进行的测试。由于黑盒测试具有成本较低的优点，所以被测试从业人员广泛采用。

但黑盒测试有其不足之处，如对特定的输入，软件的输出恰巧是正确的，但内部的运算有错，黑盒测试就无法发现；还有如软件中存在的内存泄漏、误差累积等隐患也是黑盒测试无能为力的。

与黑盒测试相比，白盒测试可以深入到程序的内部进行测试，能发现比黑盒测试更多的错误，也更易于定位错误的原因和具体位置，并能得出测试对代码的覆盖率，弥补了黑盒测试只能从程序外部进行测试且难于衡量测试完整性的不足。

虽然白盒测试的优点很多，但不能对一个测试项目盲目地、无限制地使用白盒测试方法，因为白盒测试在很多场合与黑盒测试的效果是一样的，所以应减少此类冗余的测试，毕竟，白盒测试意味着更多的测试成本。

一般来说，在软件测试的单元测试阶段，以白盒测试法为主。在集成测试阶段，可使用黑盒、白盒相结合的方法测试多个单元组装在一起能否按设计的要求工作，这种测试策略也可以理解为灰盒测试法。在集成测试之后的测试阶段，目标软件已基本成形，应使用黑盒测试法对软件进行测试。

习　　题

一、选择题

1. 用边界值测试法，假定 X 为整数，10≤X≤100，那么在测试中 X 应取的边界值为（　　）。

A. X = 10，X = 100　　B. X = 9，X = 10，X = 100，X = 101

C. X = 10，X = 11，X = 99，X = 100　　D. X = 9，X = 10，X = 50，X = 100

2. 在某大学学籍管理信息系统中，假设学生年龄的输入范围为 16 ~ 40，则根据黑盒测试中的等价类划分技术，下面划分正确的是（　　）。

A. 可划分为 2 个有效等价类，2 个无效等价类

B. 可划分为 1 个有效等价类，2 个无效等价类

C. 可划分为 2 个有效等价类，1 个无效等价类

D. 可划分为 1 个有效等价类，1 个无效等价类

3. 黑盒测试是通过软件的外部表现来发现软件缺陷和错误的测试方法，具体而言，黑盒测试用例设计技术包括（　　）等。

A. 等价类划分法、因果图法、边界值法、错误推测法、决策表法

B. 等价类划分法、因果图法、路径覆盖法、正交试验法、符号法

C. 等价类划分法、因果图法、边界值法、功能图法、基本路径法

D. 等价类划分法、因果图法、边界值法、条件组合覆盖法、场景法

4. 下列方法中是根据输出对输入的依赖关系设计测试用例的是（　　）。

A. 路径测试　　B. 等价类　　C. 因果图　　D. 边界值

5. 关于黑盒测试技术，下面说法错误的是（　　）。

A. 黑盒测试着重测试软件的功能需求，是在程序接口上进行测试

B. 失败测试是纯粹为了破坏软件而设计和执行测试案例的

C. 边界值测试是黑盒测试特有的技术方法，不适用于白盒测试

D. 黑盒测试无法发现规格说明中的错误，不能进行充分的测试

6. 在下面列举的逻辑测试覆盖中，测试覆盖最强的是（　　）。

A. 条件覆盖　　B. 条件组合覆盖

C. 语句覆盖　　D. 判定/条件覆盖

7. 在下面列举的逻辑测试覆盖中，测试覆盖最弱的是（　　）。

A. 条件覆盖　　B. 条件组合覆盖

C. 语句覆盖　　D. 判定/条件覆盖

8. 逻辑路径覆盖法是白盒测试用例的重要设计方法，其中语句覆盖法是较为常用的方法。针对下面的语句段，采用语句覆盖法完成测试用例的设计，测试用例见下表，对表中的空缺项（True 或者 False），正确的选择是（　　）。

语句段:

```
if (A&&(B||C)) x=1;
else x=0;
```

测试用例表:

	用例 1	用例 2
A	True	False
B	①	True
C	False	②
A & &B||C	③	False

A. ①True ②False ③True

B. ①True ②False ③False

C. ①False ②False ③True

D. ①True ②True ③False

9. 下列对于白盒测试技术的理解，正确的是（　　）。

A. 判断覆盖是条件覆盖的子集，满足条件覆盖标准就一定满足判断覆盖的标准

B. 条件组合覆盖能够达到路径覆盖的要求

C. 白盒测试工作量大，只适用于单元测试，且不易生成测试数据

D. 进行路径测试时，对于源程序中的循环体，测试用例组中的输入数据使其执行一次或零次就可以了

10. 在下面的个人所得税程序中，满足判定覆盖的测试用例是（　　）。

```
if (income < 800)    tarrate = 0 ;
else if (income <= 1500)    tarrate = 0.05 ;
else if (income < 2000)    tarrate = 0.08 ;
else    tarrate = 0.1 ;
```

A. income =（799, 1500, 1999, 2001）　　B. income =（799, 1501, 2000, 2001）

C. income =（800, 1500, 2000, 2001）　　D. income =（800, 1499, 2000, 2001）

11. 在下面的个人所得税程序中，满足语句覆盖的测试用例是（　　）。

```
if (income < 800)    tarrate = 0 ;
else if (income <= 1500)    tarrate = 0.05 ;
else if (income < 2000)    tarrate = 0.08 ;
else    tarrate = 0.1 ;
```

A. income =（800, 1500, 2000, 2001）　　B. income =（800, 801, 1999, 2000）

C. income =（799, 1499, 2000, 2001）　　D. income =（799, 1500, 1999, 2000）

二、简答题

1. 分析黑盒测试技术的实质及要点，以及与白盒测试的主要区别。

2. 常用的黑盒测试用例设计方法有哪些？各有什么优缺点？

3. 边界值法如何帮助生成测试用例？如何结合等价类划分法和边界值法生成测试用例？

4. 阐述白盒测试的各种方法。

5. 简述逻辑覆盖测试的 6 种覆盖策略及各自的特点。

6. 试用等价分类法测试党政管理系统中党员出生年月的输入设计是否符合要求，假设出生年月格式为 yyyymmdd。

7. 找零钱最佳组合：假设商店货品价格（R）皆不大于 100 元，且为整数，若顾客付款在 100 元以内（P），求找给顾客的最少货币张数？货币面值为 50 元（N50）、10 元（N10）、5 元（N5）、1 元（N1）4 种。试根据边界值法设计测试用例。

第 5 章　软件测试类型

本章将详细介绍软件单元测试、集成测试、确认测试、系统测试等方面的知识和技术，是本书的重点内容。通过对本章的学习，可以了解软件各个测试阶段的具体涵义，对软件测试有一个全面且深刻的理解和认识。

本章要点：

1）单元测试。

2）集成测试。

3）确认测试。

4）系统测试。

5.1　单元测试

单元测试是对软件设计与编码的最小单元，即程序模块的测试，又称为模块测试。单元测试的目的在于发现各模块内部可能存在的错误，所以需要从程序的内部结构出发设计和执行测试用例。

单元测试的重点在于发现程序设计或实现的逻辑错误，使问题及早暴露，以便于问题的定位和解决。

在单元测试中多采用白盒测试和黑盒测试相结合的方法，既关注单元功能，又关注程序模块的逻辑结构。两者结合起来，既可以避免由于过多关注路径而导致测试工作量很大的问题，又可以避免因从外部设计测试用例而可能丢失的一些路径的问题。

单元测试通常由编码人员完成，但是应尽量避免让编码人员测试自己的程序，这也是测试的原则之一。

5.1.1　单元测试的步骤

单元测试包括计划、设计、执行、评审等步骤。

1）计划：确定测试需求，制订测试策略，确定测试所用资源（如人员、设备等），创建测试任务的时间表。

2）设计：设计单元测试模型，制订测试方案和具体的测试用例，创建可重用的测试脚本。

3）执行：执行测试用例，对单元模块进行测试，验证测试的结果并记录测试过程中出现的缺陷。

4）评审：对单元测试的结果进行评审，主要进行测试完备性评估。

由于单元模块往往不是一个独立的程序，因此在设计时要考虑单元模块同其他模块的联系，用桩模块和驱动模块来模拟与所测模块相联系的其他模块。由被测试模块、驱动模块和桩模块共同构成可运行的程序，如图 5-1 所示。

1）驱动模块：相当于被测试模块的主程序，用于接收数据或产生数据，把数据传递给被测试模块，再输出实测结果，或把实测结果同预期结果进行对比。

2）桩模块：也称为存根模块，用以代替被测试模块调用的子模块。桩模块可以用作数据处理，不需要模拟模块的所有功能，可以简单地返回一个值。

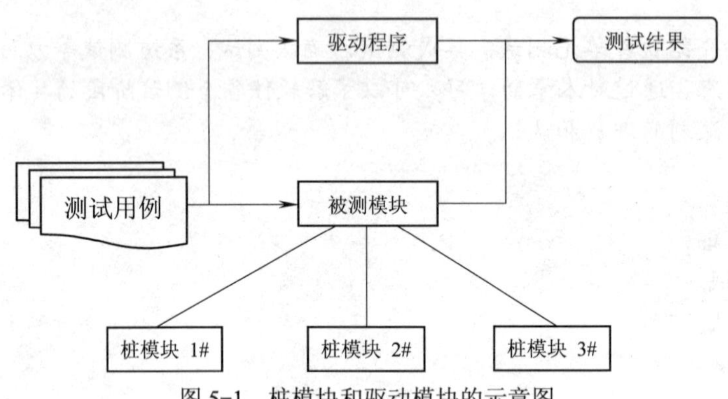

图 5-1　桩模块和驱动模块的示意图

5.1.2　单元测试的内容

单元测试主要在 5 个方面对被测模块进行检查：

1）模块接口测试。

2）局部数据结构测试。

3）路径测试。

4）错误处理测试。

5）边界测试。

1. 模块接口测试

在单元测试开始时，应对通过被测模块的所有数据流进行测试。如果数据不能正常地输入和输出，那么其他的全部测试都没有意义。接口测试的检查项如下：

1）模块输入参数的数目是否与模块形式参数的数目相同。

2）模块各输入的参数属性与对应的形参属性是否一致。

3）模块各输入的参数类型与对应的形参类型是否一致。

4）传到被调用模块的实参的数目是否与被调用模块形参的数目相同。

5）传到被调用模块的实参的属性是否与被调用模块形参的属性相同。

6）传到被调用模块的实参的类型是否与被调用模块形参的类型相同。

7）引用内部函数时，实参的次序和数目是否正确。

8）是否引用了与当前入口无关的参数。

9）用于输入的变量有无改变。

10）在经过不同模块时，全局变量的定义是否一致。

11）限制条件是否以形参的形式传递。

12）使用外部资源时，是否检查了可用性并及时释放资源，如内存、文件、硬盘、端口等。

当模块执行了外部的输入、输出时，还要考虑：

1）文件属性是否正确。

2）OPEN 语句与 CLOSE 语句是否正确。

3）格式说明与输入、输出语句给出的信息是否一致。

4）缓冲区的大小与记录的大小是否匹配。

5）是否所有的文件在使用前都打开了。

6）对文件结束条件的判断和处理是否正确。

7）对输入、输出错误的处理是否正确。

8）有无输出信息的文本错误。

2．局部数据结构测试

模块的局部数据结构是最常见的错误来源之一，应设计测试用例以检查以下各种错误：

1）不正确或不一致的数据类型说明。

2）使用尚未赋值或尚未初始化的变量。

3）错误的初始值或错误的默认值。

4）变量名拼写错误或书写错误（即使用了外部变量或函数）。

5）不一致的数据类型。

6）全局数据对模块的影响。

7）数组越界。

8）非法指针。

3．路径测试

路径测试用来检查由于计算错误、判定错误、控制流错误导致的程序错误。由于在测试时不可能做到穷举测试，所以在单元测试时，要根据白盒测试和黑盒测试用例的设计方法来设计测试用例，对模块中重要的执行路径进行测试。重要的执行路径指那些处在完成单元功能的算法、控制、数据处理等重要位置的执行路径，也包括由于控制较复杂而易错的路径。有选择地对执行路径进行测试是一项重要的任务。应当设计测试用例查找由于错误的计算、不正确的比较或不正常的控制流而导致的错误。对基本执行路径和循环进行测试可发现大量的路径错误。

在路径测试中，要检查的错误有死代码、错误的计算优先级、算法错误、混用不同类型的操作、初始化不正确、精度错误（如运算错误、赋值错误）、表达式的不正确符号（如>、>=、==、!=）、量的使用错误（如错误赋值）等。

比较操作的结果和控制流的转向紧密相关，在设计测试用例时要注意以下错误：

1）不同数据类型的比较。

2）不正确的逻辑运算符或优先次序。

3）因浮点运算精度问题而造成的两值比较不等。

4）关系表达式中不正确的变量和比较运算符。

5）不正常的或不存在的循环中的条件。

6）当遇到发散的循环时无法跳出循环。

7）当遇到发散的迭代时不能终止循环。

8）错误的修改循环变量。

4．错误处理测试

错误处理路径是可能引发错误处理的路径及进行错误处理的路径。错误出现时，错误处理程序重新安排执行路线，或通知用户处理，或停止执行使程序进入一种安全的等待状态。测试人员应意识到，每一行程序代码都可能执行到，不能自己认为错误发生的概率很小而不进行测试。一般，软件错误处理测试应考虑以下几种可能的错误：

1）出错的描述是否难以理解，是否能够对错误进行定位。

2）显示的错误与实际的错误是否相符。

3）对错误条件的处理是否正确。

4）在对错误进行处理之前，错误条件是否已经引起系统的干预等。

在进行错误处理测试时，要检查如下内容：

1）在资源使用前后或其他模块使用前后，程序是否进行了错误出现检查。

2）出现错误后，是否可以进行错误处理，如引发错误、通知用户、进行记录。

3）在系统干预前，错误处理是否有效，报告和记录的错误是否真实、详细。

5. 边界测试

边界测试是单元测试中最后的任务。软件常常在边界上出错，例如，在一个程序段中有一个 n 次循环，当到达第 n 次循环时就可能会出错；或者在一个有 n 个元素的数组中，引用第 n 个元素时容易出错。因此，要特别注意数据流、控制流中刚好等于、大于或小于确定的比较值时出错的可能性。对这些地方要仔细地选择测试用例，认真加以测试。

此外，如果对模块性能有要求，那么还要专门进行关键路径测试，以确定最坏情况下和平均意义下影响运行时间的因素。下面是边界测试具体要检查的内容：

1）普通合法数据是否正确处理。

2）普通非法数据是否正确处理。

3）边界内最接近边界的（合法）数据是否正确处理。

4）边界外最接近边界的（非法）数据是否正确处理。

5）在 n 次循环的第 0 次、第 1 次、第 n 次处是否有错误。

6）运算或判断中取最大或最小值时是否有错误。

7）数据流、控制流中刚好等于、大于、小于确定的比较值时是否出现错误。

5.1.3 单元测试用例的设计

在单元测试中几乎可以使用所有的测试用例设计方法。

单元测试的具体过程如下：

1）单元模块运行第一个测试用例。第一个测试用例一般是使用最简单的方法执行被测单元。当这个用例可以执行时，就能确定测试环境和测试单元是可用的。

2）设计被测单元的测试用例。阅读相关的设计说明，每一个测试用例都是有针对性地测试说明书中的一项或多项内容，以验证设计说明书中所对应的功能是否实现。

3）设计测试功能异常处理方面的测试用例。用可能导致模块功能失效的无效数据，测试模块对无效数据的反应是否合理，以及处理完异常或错误后模块的反应如何，验证模块有没有做不应该做的工作。

4）设计其他的测试用例，验证设计对模块的要求，如计算精度、性能、可恢复性、安全性等。

5）加载测试用例并运行程序，需要查看和记录测试结果，尤其是测试结果与预期结果不一致的情况。

6）补充测试用例，执行前面的测试用例没有覆盖到的主要分支和语句。

7）重复步骤 1～6，直到完成功能覆盖、主要逻辑覆盖、异常条件和边界覆盖等。

5.1.4　单元测试的规则

为了使单元测试能充分细致地展开，应在实施单元测试中遵守以下规则：

1）语句覆盖达到 100%。语句覆盖指被测单元中每条可执行语句都被测试用例所覆盖。在实际测试中，不一定能做到每条语句都执行到。第一，存在“死码”，即由于程序设计错误而在任何情况下都不可能执行到的代码。第二，不是“死码”，但是由于要求的测试输入及条件非常难达到或单元测试的条件有限，使得代码没有得到运行。因此，当可执行语句未得到执行时，要深入程序做详细的分析。如果是属于以上两种情况，则可以认为完成了覆盖，但是对于后者，如果有可能一定要尽量测试到。如果以上两者都不是，则是因为测试用例设计不充分，需要再设计测试用例。

2）分支覆盖达到 100%。分支覆盖指分支语句取真值和假值各一次。分支语句是程序控制流的重要处理语句，在不同流向上进行测试可以验证这些流向的正确性。分支覆盖使这些分支产生的输出都得到验证，提高测试的充分性。

3）覆盖错误处理路径。

4）单元的软件特性覆盖。软件的特性包括功能、性能、属性、设计约束、状态数目、分支的行数等。

5）对额定数据值、奇异数据值和边界值的计算进行检验，用假想的数据类型和数据值进行测试。

单元测试通常由编程人员完成，但是项目负责人应当关心测试的结果。所有的测试用例和测试结果都是模块开发的重要资料，需妥善保存。

5.2　集成测试

集成测试是提高软件质量、提升测试能力的重要手段之一。

5.2.1　集成测试概述

系统（System）是由构件（Component）组成的，软件构件可以在任何的物理范围内定义。根据不同的软件构件的定义可以确定集成的范围，具体见表 5-1。

表 5-1　集成的范围

构件（集成的焦点）	系统（集成的范围）	典型的构件间的接口（集成故障的位置）
方法	类	实例变量 类内消息
类	簇	类间消息
簇	子系统	类间消息 包间消息
子系统	系统	进程间通信 远程过程调用 ORB 服务 OS 服务

集成测试也称为组装测试或联合测试，它是在单元测试的基础上，将所有模块按照设计要求组装成系统时的测试活动。集成测试就是探寻那些导致模块交互的错误。

一般的集成测试错误包括：

1）配置/版本控制问题。

2）遗漏、重叠或冲突的函数。

3）文件或数据库使用不正确的或不一致的数据结构。

4）文件或数据库使用冲突的数据视图或用法。

5）破坏全局存储或数据库的数据完整性。

6）由于编码错误或未预料到的由运行时绑定而导致的错误方法调用。

7）客户发送违反服务器前提条件的消息。

8）客户发送违反服务器的顺序约束的消息。

9）错误的对象和消息的绑定（多态目标）。

10）错误的参数或不正确的参数值。

11）由不正确的内存管理分配或回收引起的失败。

12）不正确的使用虚拟机、ORB 或 OS 服务。

13）IUT 试图使用目标环境的服务，而该服务对目标环境的指定版本已经过时或不向上兼容。

14）IUT 试图使用目标环境的新服务，而该目标环境的当前版本不支持该服务。

15）构件之间的冲突，如当进程 Y 运行时，进程 X 就会崩溃。

16）资源竞争。目标环境不能分配象征性装载所需的资源，如一个用例可能打开 6 个窗口，但是 IUT 在打开 5 个以后就崩溃了。

注意：IUT 指被测试的代码，也称为被测实现。

集成测试的主要内容包括：

1）把各个模块连接起来时，穿越模块接口的数据是否会丢失。

2）一个模块的功能是否会对另一个模块的功能产生不利的影响。

3）各个子功能组合起来，能否达到预期要求的父功能。

4）全局数据结构是否正确。

5）单个模块的误差累积起来是否会放大，从而达到不能接受的程度。

集成测试有时要构造桩（Stub）和驱动（Driver）。桩指一个构件的部分实现，驱动指一个类、主程序或外部软件系统，它将测试实例应用于被测构件。举例说明，要测试一支笔能否写字，就要拿来一张纸，这张纸就是测试笔时所使用的桩。但是只有笔（待测系统）和纸（桩）还不能实现写字，必须有一只手拿着笔才可以，这只“手”就是驱动。

5.2.2 集成测试的策略和方法

1. 集成测试的策略

集成测试策略必须关注以下 3 个问题：

1）哪些模块是集成测试的重点？

2）模块接口应该以什么样的顺序进行检测？

3）应该使用哪种测试设计技术检测各个接口？

前面两个问题要根据项目的实际情况和系统架构设计人员一起确定，最后的问题要应用不同的集成测试方法和技术。

2. 集成测试的方法

集成测试有两种不同的方法，即非增式测试和增式测试。

非增式测试是指在配备辅助模块的条件下，对所有模块进行个别的单元测试，然后在此基础上，按程序结构图将各模块连接起来，把连接后的程序当作一个整体进行测试。典型的测试方法有大爆炸集成测试。

非增式测试的做法是先分散测试，再集中起来一次完成集成测试。如果在模块的接口处存在错误，就会在最后的集成时一下暴露出来，便于找出问题和修改。其次，非增式测试使用了较少的辅助模块，减少了辅助性测试工作，并且一些模块在逐步集成的测试中，得到了较为频繁的考验，因此可能取得更好的测试效果。图 5-2 所示为采用非增式测试方法进行集成测试。

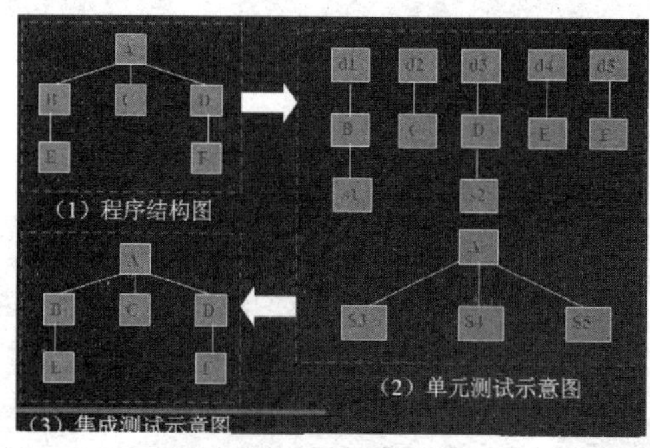

图 5-2 非增式集成测试

非增式测试的缺点如下：当一次集成的模块较多时，非增式测试容易出现混乱。因为测试时可能发现了许多问题，为每一个问题定位和纠正非常困难，并且在修正一个问题的同时，可能又引入了新的问题。新旧问题混杂，很难判定出错的具体原因和位置。

增式测试的集成是逐步实现的，逐次将未集成测试的模块和已集成测试的模块（或子系统）结合成程序包，再将这些模块集成为较大的系统，在集成的过程中边连接边测试，以发现连接过程中产生的问题。增式测试主要有以下两种实施顺序。

（1）自顶向下增式测试

自顶向下增式测试表示逐步集成和逐步测试是按照结构图自顶向下进行的，即模块集成的顺序是首先集成主控模块（主程序），然后依照控制层次结构向下进行集成，从属于主控模块的按深度优先方式（纵向）或广度优先方式（横向）集成到结构中。

深度优先方式的集成：首先集成结构中的主控路径下的所有模块，主控路径的选择是任意的。

广度优先方式的集成：首先沿着水平方向，把每一层中所有直接隶属于上一层的模块集成起来，直到底层。

自顶向下增式测试的步骤如下：

1）以主控模块作为测试驱动模块，把对主控模块进行单元测试时引入的所有桩模块用实际模块替代。

2）依据所选的集成策略（深度优先或广度优先），每次只替代一个桩模块。

3）每集成一个模块立即测试一遍。

4）只有每组测试完成后，才着手替换下一个桩模块。

5）为避免引入新错误，必须不断地进行回归测试（即全部或部分地重复已做过的测试）。

图 5-3 所示为按照广度优先方式进行增式测试。

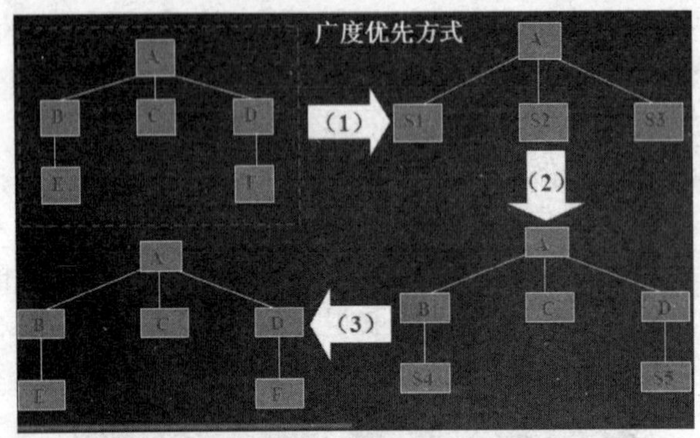

图 5-3　广度优先自顶向下增式测试

图 5-4 所示为按照深度优先方式进行增式测试。

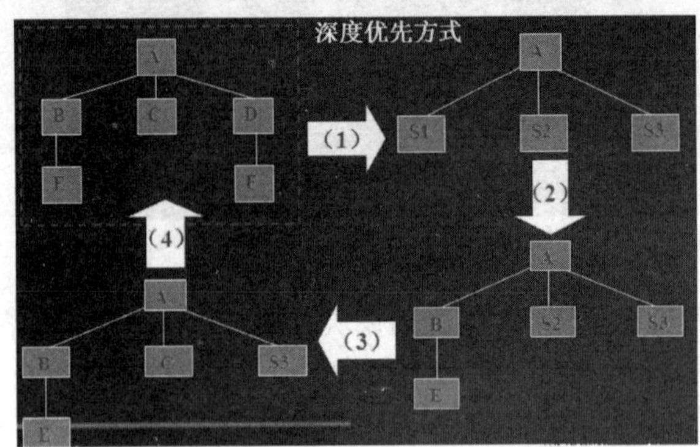

图 5-4　深度优先自顶向下增式测试

自顶向下增式测试的优点在于，能尽早地对程序的主要控制和决策机制进行检验，因此能较早地发现错误。其缺点是在测试较高层模块时，低层处理采用桩模块替代，不能反映真实情况，重要数据不能及时回送到上层模块，因此测试并不充分。解决这个问题有几种方法，第一种是把某些测试推迟到用真实模块替代桩模块之后进行；第二种是开发能模拟真实模块的桩模块；第三种是自底向上集成模块。第一种方法又回退到非增式的集成方法，使错误难于定位和纠正，并且失去了在组装模块时进行一些特定测试的可能性；第二种方法无疑要大大增加开销；第三种方法比较切实可行，后面会专门讨论。

（2）自底向上增式测试

自底向上增式测试表示逐步集成和逐步测试是按结构图自底向上进行的，即从“原子”模块（软件结构中最底层的模块）开始组装测试，因为当测试到较高层的模块时，所需的下层模块功能均已具备，所以不再需要桩模块。

自底向上增式测试的步骤如下：

1）把低层模块组织成实现某个子功能的模块群（Cluster）。

2）开发一个测试驱动模块，控制测试数据的输入和测试结果的输出。

3）对每个模块群进行测试。

4）删除测试使用的驱动模块，用较高层的模块把模块群组织为可完成更多功能的新模块群。

5）重复步骤 1～4，直至整个程序构造完毕。

图 5-5 所示为采用自底向上增式测试方法进行集成测试。

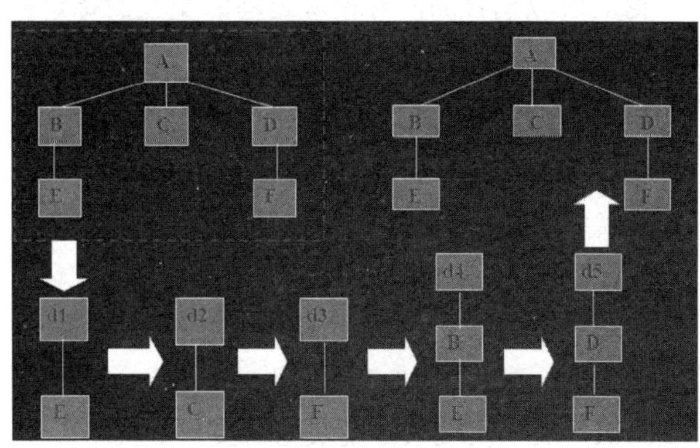

图 5-5　自底向上增式测试

自底向上集成方法不用桩模块，因此测试用例的设计也相对简单，但缺点是当程序最后一个模块加入时才具有整体形象。它与自顶向下测试方法的优缺点正好相反。因此，在测试软件系统时，应根据软件的特点和工程的进度，选用适当的测试策略，有时混合使用两种策略更为有效，上层模块用自顶向下的方法，下层模块用自底向上的方法。

自顶向下测试的主要优点在于它可以自然地做到逐步求精，一开始便能让测试者看到系统的雏形。这样的系统模型检验有助于增强程序人员的信心，它的不足之处是一定要提供桩模块。并且，在输入、输出模块接入系统前，在桩模块中表示测试数据有一定的困难。由于桩模块不能模拟数据，因此如果模块间的数据流不能构成有向的非环状图，则一些模块的测试数据将很难生成，同时观察和解释测试输出往往也非常困难。另一方面，自底向上测试的优点在于，由于驱动模块模拟了所有调用参数，因此即使数据流并未构成有向的非环状图，生成测试数据也没有困难。如果关键的模块是在结构图的底部，那么自底向上测试是非常有优势的。自底向上方法的缺点在于，当最后一个模块尚未开始测试时，无法呈现被测软件系统的雏形。当最后一层模块尚未设计完成时，无法开始测试工作，因此设计与测试工作不能交叉进行。

（3）其他集成样式

1）大爆炸集成：通过少数测试检测整个系统来论证系统的稳定性。大爆炸集成将所有的模块集合在被测系统中，不考虑构件之间的相依性或风险。应用一个系统范围内的测试包，以证明最低限度的可操作性。

2）协作集成：通过向被测试系统中加入模块的集合来证明稳定性，该集成要支持一个特定的协作。

3）基干集成：结合了自顶向下集成、自底向上集成和大爆炸集成的元素，以验证紧密耦合的子系统之间的互操作性。

4）层次集成：层次集成使用增式测试的方法验证一个层次体系结构中的稳定性。层次集成结合了自顶向下集成和自底向上集成的元素。测试设计必须识别层次并确定每层应用哪种集成方法。

5）客户/服务器集成：论证客户和服务器之间交互的稳定性。从单独测试客户和服务器开始，直到所有的接口被测试。测试方案必须识别客户和服务器。客户/服务器交互可以用任意适合的测试设计样式建模。

6）分布服务集成：论证松散耦合的同等模块之间的交互的稳定性。从单独测试一些节点开始，直到所有的接口被测试。

7）高频集成：频繁地将新代码和一个已经稳定化的基线集成在一起，以免集成故障不能被发现，以及防止运行的、稳定化的基线的偏差。

5.2.3 集成测试案例

下面以某公司软件的集成测试为例，介绍软件集成测试的规程。

1．集成测试规范

1）目的：通过集成测试，及早发现软件模块间的接口错误。

2）责任人：集成测试负责人。

3）输入准则：①被测试单元通过单元测试；②测试计划被批准；③概要设计说明书被批准。

4）输入：①软件代码；②测试计划；③概要设计说明书；④前一阶段的测试报告（可选）。

5）活动：①根据测试计划制订集成测试计划；②根据概要设计说明书制订集成测试说明（设计与更新测试用例、实现测试用例），并对测试说明进行同行评审，评审的人员包括设计人员、编码人员、测试人员；③执行集成测试用例，编写阶段测试报告。

6）输出：阶段测试计划、测试说明、阶段测试报告。

7）输出准则：阶段测试报告被批准。

8）度量：①BUG 数目；②BUG 修复时间；③缺陷原因；④工作量；⑤功能覆盖率。

对上述测试规范的说明如下：

① 开发人员完成软件的单元测试后，需要将已经通过单元测试的软件模块提交给测试人员，由测试人员按照一定的集成方法和策略对软件的各个模块进行组装，完成集成测试的实施工作。

② 在进行集成测试前，要搭建集成测试的运行环境。集成测试的运行环境包括操作系统、数据库、开发软件等，并且必须与研发人员的开发环境保持一致。设置系统运行所需的参数，完成数据初始化工作。测试环境的搭建可由开发人员协助测试人员完成。

③ 测试人员要根据概要设计文档对各个模块设计桩和驱动，同时还要搭建测试环境，保证测试环境和开发人员所用的开发环境基本一致。

④ 对于集成测试，采用的是以黑盒测试为主、白盒测试为辅的策略。在测试具体软件时，由于软件模块数量较多，可以与项目经理和测试经理协调，着重测试重要和易出错的模块。在测试过程中发现的问题主要记载在 BUG 记录系统中，同时也可以用打电话和发邮件的形式与项目组的其他人员进行沟通。

⑤ 在集成测试过程中，应该和概要设计人员充分沟通，确认各个模块的接口关系是否和概要设计一致。在提交一些 BUG 后，及时提醒开发人员进行修改。图 5-6 展示了集成测试的过程和要产生的产品。

集成测试 Phase

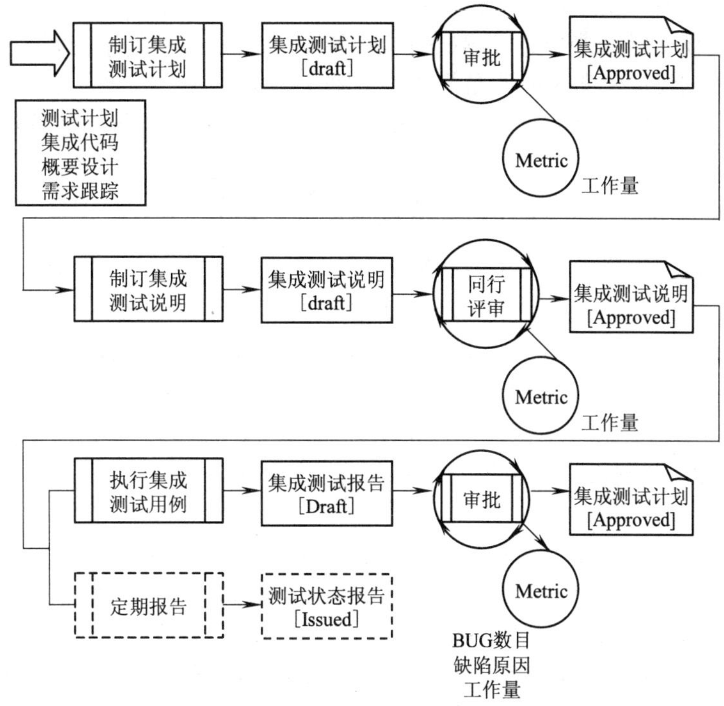

图 5-6　集成测试过程

2．集成测试前的工作说明

1）集成测试的入口准则与输入：软件概要设计说明书。作为概要设计阶段的工作成果，它应说明功能分配、模块划分、程序的总体结构、输入/输出以及接口设计、运行设计、数据结构设计和出错处理设计等，为详细设计提供基础，并为测试人员设计集成测试用例提供依据。

2）概要设计完毕后，阅读概要设计说明书，了解整个系统的组织结构和开发人员制订的开发顺序。从整体把握系统，从而选择适当的集成策略，并根据接口描述和主要功能描述制订集成测试计划和测试用例。根据概要设计说明书设计每个被测模块的驱动和桩，并根据需求规格说明书和概要设计说明书针对每个模块所实现的功能设计测试用例，针对每个模块的输入参数设计不同的数据进行测试。设计测试用例主要采用黑盒测试方法，如等价类划分、边界值及因果图分析法。

3）人员安排：集成测试既要求参与人熟悉单元的内部细节，又要求能够从足够高的层次观察整个系统，因此一般由主要的软件开发者协助测试人员完成集成测试的设计。

4）集成测试计划制订：在制订测试计划时要重点定义以下几个方面的内容。

① 阐述项目背景。

② 定义集成测试环境。

③ 确定集成测试范围（决定测试力度）。

④ 建立测试通过和失败的准则。

⑤ 预估人力和其他资源。

⑥ 工作量的预估。

⑦ 进行相关的风险预估并制订防范方法。

5）集成测试说明需要进行同行评审。

6）根据概要设计确定整个集成测试的策略和方法，完成集成测试设计。

7）将集成测试设计转变为简明易懂的集成测试用例。

8）根据集成测试设计对环境的要求，编制测试程序和测试工具（或选购工具），构造测试用例的输入数据。

9）单元测试完成后，按照集成测试用例进行集成测试。

3. 集成测试实施过程中应注意的问题

（1）集成测试环境的搭建

首先要了解系统的开发环境、使用的开发语言和开发工具，以便提出必要的资源需求，根据这些信息搭建集成测试的运行环境。集成测试的运行环境包括操作系统、数据库、开发软件，应与研发人员的开发环境保持一致。设置系统运行所需的参数，完成数据初始化工作，测试环境的搭建可由开发人员协助测试人员完成。

（2）桩或驱动的构造

在集成测试的过程中，需要根据集成测试策略的选取来决定是否在测试中构造桩或驱动。在大多数集成测试中需要使用驱动和桩加载被测模块，然后输入测试数据进行测试并查看结果。针对不同的代码版本，驱动和桩一般不需要改变，但是测试用例可能需要完善。

构造桩：目的是模拟待测系统运行的实际环境，为其提供可用来调用的模块。为一个类构造桩，所要关心的是该类中定义使用的其他类的实例（对象），即要清楚该类都使用了哪些外部的资源，然后以最简单的方式来提供这些资源。构造桩的问题，一般都会归结到编写函数上，即便这个桩是一个类。当待测模块调用一个有返回值的函数时，就可以编写一个简单的返回数值的函数供其调用；当待测模块调用无返回值的函数时，就编写一个打印简单提示信息的函数供其调用。

构造驱动：目的是模拟待测系统运行的实际环境，提供调用待测系统的模块。如果为一个类构造驱动，所要关心的是该类提供了哪些供调用的公有函数，即要了解怎样才能使用这个类的功能。然后在驱动模块中对这些函数进行调用，观察这些函数的工作情况。此时需要对函数的调用参数、调用方式等设计测试用例。

（3）集成测试的测试点

1）接口测试：测试模块间的接口是否吻合。

2）数据传递测试：在把各个模块连接起来的时候，穿越模块接口的数据是否会丢失。例如，调用函数获得返回值、不同的模块使用同一个数据等。

3）误差积累测试：原来可接受的误差不断地积累，可能导致结果不能接受，所以在测试方案中要考虑哪些模块会产生误差、误差是否会积累、误差以何种方式增长等。

4）全局数据测试：考虑全局数据的有效期，在有效期内的操作是否合理，是否存在使用过期数据的情况。

5）负作用测试：测试某一个模块的功能是否会对另一个模块的功能产生不利的影响，如抢占资源、破坏数据、安全漏洞、性能瓶颈等。

6）组装功能测试：子功能组合是否能达到父功能的预期要求。

7）界面风格测试：测试界面风格的搭配是否合理。

8）回归测试：在问题修改后，要对所有相关的模块再进行一轮测试，验证本次修改没有产生负作用。

（4）集成测试的操作步骤

假定开发的软件系统按自底向上集成的方式进行测试。这种方法是将底层的单元分组集成测试，然后再逐步向上将软件集成起来，直到所有的单元都在一个组中。

测试可按下列步骤进行：

1）将最底层的功能模块进行分组，原则是将那些与上层某个功能模块相关联的模块分为一组。

2）对每一组分别进行测试，各组测试可并行展开，这样可以加快测试的进程。

3）沿软件的结构，逐级向上集成，直到所有的单元都组合到一起，即可完成集成测试。

在集成测试阶段以黑盒测试为主，在自底向上集成的早期，白盒测试占有一定的比例。随着集成测试的不断深入，这种比例在测试过程中将越来越少，逐渐地，黑盒测试将占据主导地位。

（5）需要特别注意的问题

1）类内部使用全局变量。

2）类内部使用全局函数。

3）类内部使用库函数。

4）使用宏定义。

上述情况也是模块（类）与外界发生联系的方式，但这些情况往往在相关文档中描述较少，在程序中又很隐蔽，因此需要测试人员对源程序多做一些内部的观察，还要与开发人员多进行沟通。

在 MFC 程序中，要测试对话框类，不仅要导入类的文件，还要导入对话框的模板。在测试某一模块时，一定要明确该模块的功能，不属于该模块的功能不需要测试。例如，对于一个充当主界面的对话框，一个消息响应函数调用了另一个函数。在测试这个功能时，只要消息响应函数正确地调用了相应函数，就算测试通过了，不用关心被调用的函数到底怎么样了。在测试某一模块时，千万不要为了整个测试系统能正确运行而改变模块内部的内容，要以只读的态度去看待这些源代码。

4. 集成测试的结果

集成测试后，根据测试情况编写集成测试报告，在模块设计功能需求覆盖率和接口覆盖率达到 100%的情况下，转入下一个测试阶段。

5.2.4 Counter 软件集成测试实例

下面以 Counter 软件为例，详细介绍软件集成测试的过程。

1. 软件功能

Counter V1.0 是一个 C 语言源文件代码行的统计工具，实现.c 或.cpp 文件代码行数的统计。根据用户的选择，可以分别统计以下行数，或者统计某几种行数的组合。

1）统计所有空行行数。

2）统计所有注释行行数。

3）统计代码行行数（非空、非注释）。

4）统计总行数。

Counter 软件有 6 个主要模块，如图 5-7 所示，不考虑界面模块和统计结果输出模块。

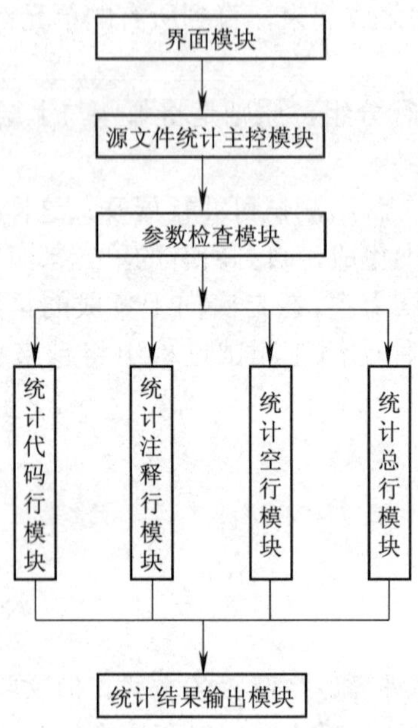

图 5-7　Counter 软件的模块图

1）源文件统计主控模块：通过用户界面执行统计功能的时候，首先调用该模块，然后由该模块分别调用其他 5 个模块。

2）参数检查模块：该模块实现对用户输入参数，包括统计文件名、统计项目的合法性检查。

3）统计代码行模块：该模块实现对文件中代码行的统计功能。

4）统计注释行数模块：该模块实现对文件中注释行的统计功能。

5）统计空行模块：统计文件中的空行数目。

6）统计总行数模块：该模块实现对文件中总行数的统计功能。

2. 模块接口分析

考虑上述 6 个主要模块间集成测试，采用大爆炸集成测试策略，测试子项为 6 个模块间的集成，其接口分析如下。

1）输入：从源文件统计主控模块上的输入，对应主控模块的输入。

2）输出：从源文件统计主控模块上的输出，对应主控模块的输出。

查看主控模块可以发现，主控模块只有一个函数 MainStatFun，其输入如下：

g_iBlankLineFlag　　统计空行标志位。

g_iCommLineFlag　　统计注释行标志位。

g_iCodeLineFlag　　统计代码行标志位。

g_iTotalLineFlag　　统计总行标志位。

g_szStatFileName　　被统计文件的完整路径名。

其输出如下：

g_iBlankLineNum　　统计得到的空行数。

g_iCodeLineNum　　统计得到的代码行数。

g_iCommLineNum　　统计得到的注释行数。

g_iTotalLineNum　　统计得到的总行数。

接口分析结果见表 5-2。

表 5-2　Counter 软件的接口分析表

接　口		分析结果
外部接口	外部输入	1）g_iBlankLineFlag 2）g_iCommLineFlag 3）g_iCodeLineFlag 4）g_iTotalLineFlag 5）g_szStatFileName
	对外输出	1）g_iBlankLineNum 2）g_iCodeLineNum 3）g_iCommLineNum 4）g_iTotalLineNum
内部接口（内部输出）		1）参数检查模块接口 2）统计空行模块接口 3）统计代码行模块接口 4）统计注释行模块接口 5）统计总行模块接口

进行这 6 个模块间的集成测试，就是外部输入 5 个全局变量，从对外输出的 4 个全局变量以及 5 个内部接口来进行观察。当然观察点也可以减少一些，如不必检查所有的内部接口。如果单元测试很充分，内部接口甚至可以不观察。

3. 集成功能分析

Counter 软件集成后包含以下功能。

1）参数检查功能：首先需要覆盖外部输入划分出来的统计标志位的 STAT、NOT_STAT 以及文件的合法和不合法；接着看前面选取的数据有没有覆盖到输出域的−1、非−1、RET_OK 和 RET_FALSE，如果已经覆盖那么不需要再补充测试数据。

2）统计代码行功能：首先从外部输入角度考虑对 g_iCodeLineFlag 的 STAT 和 NOT_STAT 进行覆盖；接着看前面选取的数据有没有覆盖到输出域的−1、0 和极大值，如果没有完全覆盖，则需补充测试数据。

3）统计注释行功能：类似于统计代码行功能。

4）统计空行功能：类似于统计代码行功能。

5）统计总行功能：类似于统计代码行功能。

6）组合统计：可以同时进行所有统计，也可以使用正交分析法来考虑组合统计。

具体分析见表 5-3。

表 5-3 集成后的功能分析

集成后功能	角度		具体参数		分析
参数检查功能	外部输入		g_iBlankLineFlag		STATNOT_STAT
			g_iCommLineFlag		STATNOT_STAT
			g_iCodeLineFlag		STATNOT_STAT
			g_iTotalLineFlag		STATNOT_STAT
			g_szStatFileName		合法和不合法
	输出域覆盖	对外输出	g_iBlankLineNum–1		非–1
			g_iCodeLineNum–1		非–1
			g_iCommLineNum–1		非–1
			g_iTotalLineNum–1		非–1
		外部接口	参数检查模块接口	输入返回值	前面已经覆盖 RET_OK RET_FALSE
			统计空行模块接口		可以不观察
			统计代码行模块接口		可以不观察
			统计注释行模块接口		可以不观察
			统计总行模块接口		可以不观察
代码统计功能	外部输入		g_iBlankLineFlag		NOT_STAT
			g_iCommLineFlag		NOT_STAT
			g_iCodeLineFlag		STATNOT_STAT
			g_iTotalLineFlag		NOT_STAT
			g_szStatFileName		合法
	输出域覆盖	对外输出	g_iBlankLineNum		–1
			g_iCodeLineNum		–1、0、极大值
			g_iCommLineNum		–1
			g_iTotalLineNum		–1
		外部接口	参数检查模块接口		可以不观察
			统计空行模块接口		可以不观察
			统计代码行模块接口	输入	前面已经覆盖
				输出g_iCodeLineNum	考虑对外输出中已经覆盖
			统计注释行模块接口		可以不观察
			统计总行模块接口		可以不观察
组合统计	外部输入		g_iBlankLineFlag		STATNOT_STAT
			g_iCommLineFlag		STATNOT_STAT
			g_iCodeLineFlag		STATNOT_STAT
			g_iTotalLineFlag		STATNOT_STAT
			g_szStatFileName		合法
	输出域覆盖	对外输出	g_iBlankLineNum		具体行数
			g_iCodeLineNum		具体行数
			g_iCommLineNum		具体行数
			g_iTotalLineNum		具体行数
		外部接口	参数检查模块接口		可以不观察
			统计空行模块接口	输入	前面已经覆盖
				输出 g_iBlankLineNum	考虑对外输出中已经覆盖
			统计代码行模块接口	输入	前面已经覆盖
				输出 g_iCodeLineNum	考虑对外输出中已经覆盖
			统计注释行模块接口	输入	前面已经覆盖
				输出 g_iCommLineNum	考虑对外输出中已经覆盖
			统计总行模块接口	输入	前面已经覆盖
				输出 g_iTotalLineNum	考虑对外输出中已经覆盖

4. 设计集成测试用例

经过对系统集成后功能的分析，可以设计集成测试用例，部分具体用例见表 5-4～表 5-10。

表 5-4 大爆炸集成示例（正向）

测试用例编号	COUNTER-IT-Level1-001
测试项目	测试主控等 6 个模块的集成
测试标题	参数合法，只统计代码行，测试参数检查功能
测试策略	大爆炸集成（正向）
重要级别	高
预置条件	创建文件D:\Counter_IT_Testcase\Case2.c，文件内容如下： int a = 0;/*sldkfj*/ /*sldkfj*/int a = 0; /*sldkfj*/int a = 0;/*sldkfj*/
输入	参数1：g_bStatBlankLineFlag＝NOT_STAT; 参数2：g_bStatCodeLineFlag=STAT; 参数3：g_bStatCommLineFlag=NOT_STAT; 参数4：g_bStatTotalLineFlag=NOT_STAT; 参数5：g_szStatFileName="D:\Counter_IT_Testcase\Case2.c";
执行步骤	
预期输出	g_iBlankLineNum=0 g_iCodeLineNum=3 g_iCommLineNum=0 g_iTotalLineNum=0

表 5-5 大爆炸集成示例（反向）

测试用例编号	COUNTER-IT-Level1-001
测试项目	测试主控等 6 个模块的集成
测试标题	文件不存在，只统计代码行，测试参数检查功能
测试策略	大爆炸集成（反向）
重要级别	高
预置条件	D:\Counter_IT_Testcase目录下不存在Case2.c文件
输入	参数1：g_bStatBlankLineFlag＝NOT_STAT; 参数2：g_bStatCodeLineFlag=STAT; 参数3：g_bStatCommLineFlag=NOT_STAT; 参数4：g_bStatTotalLineFlag=NOT_STAT; 参数5：g_szStatFileName="D:\Counter_IT_Testcase\Case2.c";
执行步骤	
预期输出	g_iBlankLineNum=0 g_iCodeLineNum=0 g_iCommLineNum=0 g_iTotalLineNum=0

表 5-6　自顶向下集成示例（正向）

测试用例编号	COUNTER-IT-Level1-001
测试项目	测试主控等 6 个模块的集成
测试标题	参数合法，只统计代码行，测试参数检查模块接口（主控模块+参数检查模块）
测试策略	自顶向下（正向）
重要级别	高
预置条件	创建文件D:\Counter_IT_Testcase\Case1.c，文件内容如下： int a = 0;/*sldkfj*/ /*sldkfj*/int a = 0; /*sldkfj*/int a = 0;/*sldkfj*/
输入	参数1：g_bStatBlankLineFlag＝NOT_STAT; 参数2：g_bStatCodeLineFlag=STAT; 参数3：g_bStatCommLineFlag=NOT_STAT; 参数4：g_bStatTotalLineFlag=NOT_STAT; 参数5：g_szStatFileName="D:\Counter_IT_Testcase\Case1.c";
执行步骤	
预期输出	返回RET_OK

表 5-7　自顶向下集成示例（反向）

测试用例编号	COUNTER-IT-Level1-001
测试项目	测试主控等 6 个模块的集成
测试标题	参数不合法（不统计代码行、注释行、空行、总行），测试参数检查模块接口
测试策略	自顶向下（反向）
重要级别	高
预置条件	创建文件D:\Counter_IT_Testcase\Case21.c，文件内容如下： int a = 0;/*sldkfj*/ /*sldkfj*/int a = 0; /*sldkfj*/int a = 0;/*sldkfj*/
输入	参数1：g_bStatBlankLineFlag＝NOT_STAT; 参数2：g_bStatCodeLineFlag=NOT_STAT; 参数3：g_bStatCommLineFlag=NOT_STAT; 参数4：g_bStatTotalLineFlag=NOT_STAT; 参数5：g_szStatFileName="D:\Counter_IT_Testcase\Case21.c";
执行步骤	
预期输出	返回RET_FAIL

表 5-8　基于功能集成的示例（反向）

测试用例编号	COUNTER-IT-Level1-001
测试项目	测试空行模块功能的集成
测试标题	参数合法，空文件，只统计空行，统计空行模块接口
测试策略	基于功能（反向）
重要级别	高
预置条件	创建文件D:\Counter_IT_Testcase\Case23.c，文件内容为空
输入	参数1：g_bStatBlankLineFlag＝STAT; 参数2：g_bStatCodeLineFlag=NOT_STAT; 参数3：g_bStatCommLineFlag=NOT_STAT; 参数4：g_bStatTotalLineFlag=NOT_STAT; 参数5：g_szStatFileName="D:\Counter_IT_Testcase\Case23.c";
执行步骤	
预期输出	g_iBlankLineNum=0

表 5-9　输出域覆盖的示例（自顶向下）

测试用例编号	COUNTER-IT-Level1-001
测试项目	测试主控等 6 个模块的集成
测试标题	文件被独占，文件大小为 2MB，只统计代码行，测试参数检查模块接口
测试策略	自顶向下（输出域覆盖）
重要级别	高
预置条件	创建文件D:\Counter_IT_Testcase\Case11.c, 文件大小为2MB
输入	参数1：g_bStatBlankLineFlag＝NOT_STAT; 参数2：g_bStatCodeLineFlag=STAT; 参数3：g_bStatCommLineFlag=NOT_STAT; 参数4：g_bStatTotalLineFlag=NOT_STAT; 参数5：g_szStatFileName="D:\Counter_IT_Testcase\Case11.c";
执行步骤	
预期输出	返回RET_FAIL

表 5-10　输出域覆盖的示例（大爆炸）

测试用例编号	COUNTER-IT-Level1-001
测试项目	测试主控等 6 个模块的集成
测试标题	统计代码行、空行、注释行、总行，但文件中只有代码行，测试参数检查功能
测试策略	大爆炸（输出域覆盖）
重要级别	高

预置条件	创建文件D:\Counter_IT_Testcase\Case2.c，文件内容如下：
	int a = 0;
	int b = 0;
	int c = 0;

输入	参数1：g_bStatBlankLineFlag＝STAT; 参数2：g_bStatCodeLineFlag=STAT; 参数3：g_bStatCommLineFlag=STAT; 参数4：g_bStatTotalLineFlag=STAT; 参数5：g_szStatFileName="D:\Counter_IT_Testcase\Case2.c";
执行步骤	
预期输出	g_iBlankLineNum=0 g_iCodeLineNum=3 g_iCommLineNum=0 g_iTotalLineNum=3

5.3　确认测试

5.3.1　确认测试概述

确认测试是软件测试中非常重要的一个测试阶段。在实际工作中可能因为各种原因而略去某些测试阶段，但是确认测试是无法略去的。下面详细介绍确认和确认测试的定义。

（1）确认（Validation）

确认指在软件开发过程结束时对软件进行评价，以确定它是否和软件需求一致。

在软件产品开发完成以后，为了对它在功能、性能、接口以及限制条件等方面是否满足需求做出切实的评价，需要在开发初期，在软件需求规格说明书中明确规定确认的标准。

（2）确认测试（Validation Test）

确认测试又称为有效性测试，它的任务是验证软件的功能和性能以及其他特性是否与用户的要求一致。对软件的功能和性能要求在软件需求规格说明书中已经明确规定。

从定义中可以看出，确认测试的目的是保证开发出来的软件确实符合客户需求，是客户真正需要的产品。一个软件无论规模大小、难度高低、质量好坏，终归是要完成某种功能，达到客户的某种需求。如果这个目的没有达到，那么这个软件的存在就毫无意义。

（3）确认测试的开始与结束

确认测试作为一个非常重要的测试阶段，应当在何时进行呢？可以用第 2 章介绍过的 V 模型来清晰地解答这个问题。

如图 5-8 所示，确认测试的活动几乎贯穿了软件开发测试的全过程。它开始于项目初期的需求分析阶段，终止于项目末期，是在完成了单元测试和集成测试阶段后进行的。这里的测试活动采用的是广义的测试定义，即不单纯只为了发现错误而执行程序本身，而是指从需求分析阶段就开始的一系列复查、评估与检验活动。作为一个确认测试人员，必须在项目初期需求分析阶段就加入项目并进行各种活动，开始编写确认测试计划与确认测试说明等文档。

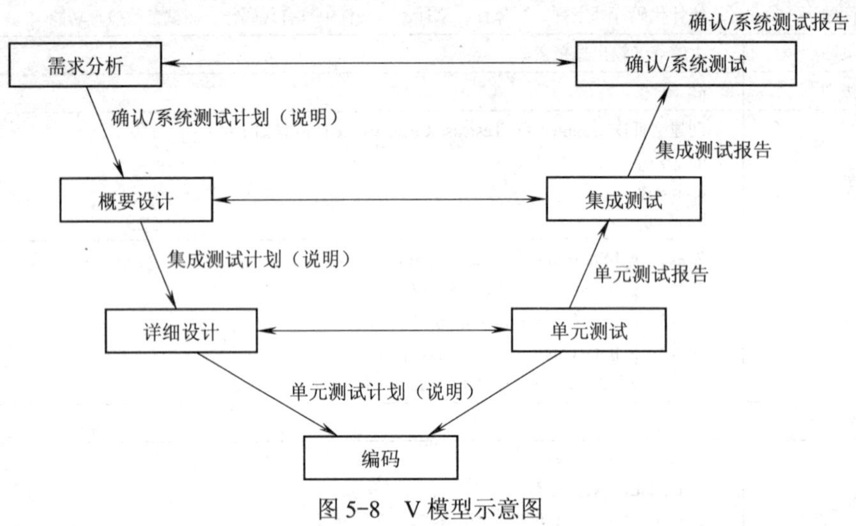

图 5-8　V 模型示意图

确认测试的核心仍然是软件需求，是围绕着用户需求的一系列验证活动。确认测试工程师需要根据软件需求分析阶段的规格说明书设计一批测试用例，然后利用这些测试用例去发现程序与需求之间的偏差或错误。确认测试具体执行的时间点位于集成测试之后，它实际上是根据需求规格说明书进行的动态黑盒测试。

说明：测试流程大致分为两类活动，一类是测试准备活动，包括测试需求分析、测试计划、测试用例设计与实现、测试环境准备、培训学习等，另一类是测试执行活动，包括测试实施、BUG 提交与验证等。

注意：V 模型是一个理想的项目过程的表现，但实际采用的项目周期包含迭代、螺旋和增量等各种模式因素。因此，软件的测试流程也会随之产生各种并发和迭代。测试是一个不断的工作流，从项目开始就在不断地进行，只要条件完备就可以开始。因此，上文所述的测试阶段次序在实际意义上是项目某个子层次上的微观模式。

5.3.2　确认测试策略

确认测试策略需要确定以下几点内容：

1）确认测试的具体内容和优先级分布，即测试重点布局。

2）确认测试采用的测试方法。

3）确认测试实施的顺序。

4）确认测试环境的应用策略。

5.3.3　确认测试的设计方法

在确认测试阶段，其测试设计可以按照两条轴线展开思考，即基于需求规格说明书的软件功能分解和基于质量特性体系的软件质量子特性分解。这两条轴线综合考虑的结果将形成一个完整的软件确认测试布局，如图 5-9 所示。

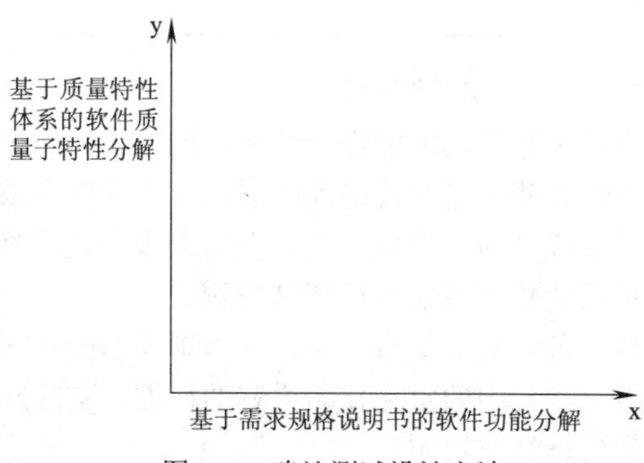

图 5-9　确认测试设计方法

1．基于需求规格说明书的软件功能分解

基于需求规格说明书的设计轴线是确认测试设计的基础，把需求规格中描述的功能点和其他需求进行合乎逻辑的分解，列出各种输入和执行条件，对应地将需求要达到的目标作为预期的输出结果。当执行用例时，要验证实际输出结果是否符合预期结果，一旦实际输出与预期输出产生偏差，那么产品就很可能存在缺陷。

当将需求规格说明书中所描述的功能点一一分解为实际运行中的最小单元时，就获得了一个被测功能的描述清单。当然，需求规格说明书中除了有功能需求的内容，还会包含一些类似性能、UI 等的非功能需求，测试用例同样要包含这些内容的测试项目。为了保证需求规格说明书在确认测试用例里得到完整、一致的描绘和分解，需要引入一个对照表，具体见表 5-11。

表 5-11　需求和测试用例对照表

需求序号	需求内容	测试用例序号
需求 1		测试用例 1
需求 1		测试用例 2
需求 2		测试用例 3
……		……
需求 m		测试用例 n（n≥m）

通过表格的一一对应就容易保证每个需求都得到了充分的测试。需要注意，需求与测试用例的对应一般不是一对一的，而是一对多甚至是多对多的，一个需求往往需要多条用例才能测试完全。

测试用例是一组输入或事先准备的执行条件和预期的输出结果，这些都对应一个特定的目标（被测对象）。

根据需求规格说明书分解形成的测试用例见表 5-12。

表 5-12　功能点细化形成的测试用例样例

被测试功能描述	输入数据	操　作	预期结果	评判标准
功能点 1				
细化分解功能点 1.1				
细化分解功能点 1.2				
……				
细化分解功能点 1.n				
功能点 2				
细化分解功能点 2.1				
细化分解功能点 2.2				
……				

2．基于质量特性体系的软件质量子特性分解

需求规格说明书主要反映了软件功能的需求细节，但是作为一个软件，应该同时具有许多其他的质量特性，这些特性有些在需求规格说明书的非功能性需求部分中有简单描述，但是大部分作为软件的隐含需求或者通用特性并没有在需求规格说明书中被描述。为了全面测试软件，需要从软件质量体系的角度考虑设计测试用例。

软件质量体系有很多种，各有其优缺点。在此仅以国标 GB/T 16260.1—2006《软件工程　产品质量　第 1 部分：质量模型》中的定义作为讲解的标准，实际应用中应广泛采纳各种体系之长，根据项目和软件的实际情况决定。

考虑国标中定义的软件质量特性以及相关子特性，其中功能性、可靠性、易用性是确认测试中最常考虑的测试内容之一，效率和可移植性有时也需要考虑。

6.1 功能性 6.1.1 适合性 6.1.2.准确性 6.1.3 互操作性 6.1.4 安全保密性 6.1.5 功能性的依从性		6.2 可靠性 6.2.1 成熟度 6.2.2 容错性 6.2.3 易恢复性 6.2.4 可靠性的依从性		6.3 易用性 6.3.1 易理解性 6.3.2 易学性 6.3.3 易操作性 6.3.4 吸引性 6.3.5 易用性的依从性

6.4 效率 6.4.1 时间特性 6.4.2 资源利用性 6.4.3 效率依从性		6.5 维护性 6.5.1 易分析性 6.5.2 易改变性 6.5.3 稳定性 6.5.4 易测试性 6.5.5 维护性的依从性		6.6 可移植性 6.6.1 适应性 6.6.2 易安装性 6.6.3 共存性 6.6.4 易替换性 6.6.5 可移植性的依从性

例如，测试一个类似 Outlook 的邮件类应用软件。它所具有的主要功能点是邮件的新建、发送、接收、浏览，其他的功能还包括邮箱地址的设置、参数的设置和通讯簿等，根据这个产品的性质，可以决定测试时需要考虑的质量特性。

1）首先是功能性中的适合性：能否提供一组功能以及与这组功能的适合程度有关的软件

属性。这个特性在任何软件测试中都是基础的组成部分。本例需要测试需求规格说明书中要求的新建邮件、发送和接收邮件等各种功能确实存在且能正确运行。

2）准确性：由于本软件没有计算功能单元，因此可以不考虑。

3）互操作性：与同其他指定系统进行交互的能力有关的软件属性。由于邮件的发送和接收需要与其他邮件应用软件以及服务器、Web 邮箱系统等发生交互，所以是十分重要的测试点，包括是否测试了与其他同类产品进行邮件的正确收发、显示以及各种编码方式的接收显示、本地邮箱与远程邮箱的互操作性等。

4）安全保密性：由于本产品涉及远程的数据存储和传递，所以安全保密性是极其重要的测试内容。邮箱的用户权限、密码、数据存储、远程访问等各种操作是否可以防止对程序及数据的非授权的故意或意外的访问。

5）依从性：所有的软件都需要遵守一定的标准、约定、法规及类似规定的软件属性，因此依从性的检查必不可少。通常情况下是测试软件的 Logo、图标是否符合公司的规定和标准，有些特殊的软件还需要检查内容、图片、文字是否符合法律规定。

6）程序运行的可靠性、易用性、易安装性都是需要在确认测试中考虑的。对于这些特性，需要设计长时间、大流量的测试用例，包括针对帮助文件的测试用例、针对安装卸载的测试用例等。

在实际应用中，需要根据软件的实际情况定义哪些属于需要测试的质量子特性，然后，分析形成更多的测试分解点。形成的测试用例简表见表 5-13。

表 5-13　测试用例简表

被测特性的描述	输入数据	操作	预期结果	评判标准
可靠性——成熟度				
测试分解点 1				
测试分解点 2				
……				
测试分解点 n				
易用性——易学习性				
测试分解点 1				
测试分解点 2				
……				

3. 确认测试采用的技术

在确认测试阶段，依据的输入文档是需求规格说明书，检查、验证的对象是产品对于需求的满足程度，对于产品内部的逻辑结构和内部特性是不了解也不关心的。也就是说，把测试对象看作一个黑盒子，测试人员完全不考虑程序内部的逻辑结构和内部特性，只依据程序的需求规格说明书，检查程序的功能是否符合其功能说明。因此，确认测试采用的是黑盒测试技术，主要的测试方法也是黑盒测试的各种方法。

在确认测试的用例设计中，需要根据实际情况灵活地选取和采用适当的测试方法，不能僵化和拘泥于理论上的东西，各种测试方法可以组合运用，甚至可以进行适当地裁减、简化和变形。

5.3.4 确认测试实践

某公司软件测试中心的确认测试活动包括以下几个方面：

1）编写确认测试计划。

2）编写确认测试说明，设计测试用例。

3）确认测试说明同行评审。

4）准备确认测试环境。

5）执行确认测试用例。

6）BUG 提交与验证。

7）编写确认测试报告。

下面从确认测试的准备活动和执行活动两个方面来作详细说明。

1．确认测试的准备活动

1）确认测试计划。首先，可以从需求描述、项目计划等项目文档中了解项目概况。然后，分析确定确认测试阶段的工作任务、起止时间、人员安排、资源情况等，制订确认测试阶段计划。

2）确认测试说明。参加需求规格说明书的同行评审，阅读需求规格说明书。与项目组成员讨论、沟通，了解需求规格说明书。然后，根据项目需求采用适当的测试技术、测试策略，设计确认测试的测试用例并编写确认测试说明。

3）确认测试说明同行评审。确认测试说明需要进行同行评审，科学的同行评审需要分两次进行。测试说明可以和需求分析同步开始，在需求通过正式评审后完成测试说明的测试策略部分，然后进行第一次正式的同行评审，参加者要包括项目负责人、需求人员和测试内部人员。重点任务是确认测试策略和测试重点，然后开始编写详细的测试用例，可以基于质量特性来写，可以经常修改、完善。最后，在编码接近完成、测试执行开始前两周进行第二次测试说明同行评审，参加者主要是测试内部人员，可以采用代码走查的方式，分成几部分由几个评审人员分别审阅，重点任务是确认详细的测试用例细节。

4）确认测试环境准备。测试环境包括软件环境和硬件环境。由于确认测试的目的是确认产品是否满足用户需求，可以根据项目计划和需求规格上列出的运行环境来准备测试环境，也就是建造一个用户使用产品的模拟环境，包括指定的操作系统、应用软件、CPU、内存等标准配置，还有可能包括一些其他的外部设备，如打印机、数码相机，还可能包括产品运行的其他环境和通信线路（如 ISDN、ADSL）等。

5）培训学习。在测试计划中会列出关于培训的需求和安排，这也是资源的一部分，测试人员需要了解产品的一些知识和技术。作为确认测试人员，还应了解关于用户实际使用产品的有关知识，如部分行业知识。

在以上活动完成、一切准备就绪，并且产品编码已经完成，通过单元测试和集成测试之后，即可开始执行确认测试。

2．确认测试的执行活动

1）确认测试实施。执行确认测试说明和测试用例，然后把在此过程中发现的 BUG 提交给开发人员，并在其修改后验证新版本。提交方式是多种多样的，可以采用纸质文档或电子文档，从最直接的口头沟通到一个专用的 BUG 管理系统平台。总之这是一个循环的过程，即执行测试用例→提交 BUG→验证与回归测试，然后再进行循环，直至产品的质量目标达到预期目标。

如果确认测试阶段时间比较长，如超过一个月，则需要提交阶段性的测试状态报告给项目经理和有关人员，主要目的是报告当前阶段的测试情况，实时地总结和评估有助于避免项目出现大的偏差。

2）确认测试报告。执行完全部的测试用例后，确认产品已经满足了需求规格说明，质量目标也达到了预期目标，则产品就通过了确认测试，可以结束确认测试进入下一阶段。此时需要提交一份确认测试报告，内容是关于确认测试的执行情况、最终产品的需求满足情况和质量情况。也可能需要一个评审来评估测试是否可以通过，测试报告要回顾和总结测试重点布局的完成情况，并根据 BUG 总数和遗留问题定义该部分的质量情况。在没有客观指标产生前，可以由测试负责人给出主观判断，测试报告的遗留问题分析应提出具体分析，从实际出发，预测遗留 BUG 在未来软件的实际使用中有可能造成的后果，并提出具体的解决方案或时间计划，需要采用技术服务咨询方法解决的要准备妥善的方案资料。

5.3.5 确认测试的其他有关内容

1. 确认测试重点布局的形成

为了在有限的资源下完成最有效的测试，需要事先通过同行评审等沟通手段决定哪些是产品的功能点、哪些质量子特性需要测试、优先级如何，此部分由测试说明设计人员根据项目情况编写，其测试优先级和测试点需要项目负责人、需求人员和开发人员参与评审并确定，测试结果填写在测试报告中，其简单样例见表 5-14～表 5-16。

表 5-14 测试报告样例（产品功能）

测试内容	不需要测试	需要测试		测试结果（测试报告中填写此处）			相关 BUG 及附件说明（测试报告中填写此处）
		优先	其次	优	良	差	
安装与卸载							
标准用户安装路径与卸载方式		√					
工厂封装安装方式		√					
自定义安装路径与卸载方式			√				
非法安装操作的可恢复性			√				

注意：可以按需求优先级划分，并且经过项目组负责人和需求人员的评审。

表 5-15 测试报告样例（质量特性——性能）

测试内容	不需要测试	需要测试		测试结果			相关 BUG 及附件说明
		优先	其次	优	良	差	
大数据量下操作的速度		√					
流行硬件平台下，基本性能能否满足要求			√				

表 5-16　测试报告样例（质量特性——可靠性）

测试内容	不需要测试	需要测试		测试结果			相关 BUG 及附件说明
		优先	其次	优	良	差	
用户错误操作屏蔽		√					
错误提示的准确性		√					
输入有效性检查		√					
异常情况影响（网络中断或断电等）			√				

2. 采用工具

在设计、执行确认测试用例和检查测试结果时，工具的采用十分重要。常用的工具有以下几种。

1）需求分析工具（ROSE）：可以绘出程序的业务流程，并采用业务逻辑分析生成确认测试用例。

2）自动化测试工具（ROBOT）：可以自动录制和执行脚本，是一种自动化的测试工具。

3）资源检查工具（BoundsCheck）：内存、资源泄漏检查工具，可以检查代码错误，也可以测试程序是否存在内存资源泄漏等。

4）辅助测试工具：辅助性的工具虽然不能完成测试，但是可以使测试更加方便和容易，节省时间和精力。

5）注册表监控工具（Install Watch:）：监控计算机系统的变化并提示给测试人员，包括系统文件的变化、注册表的增加、删除、更改等。

6）硬盘恢复工具（GHOST）：可以迅速恢复系统，节省了安装操作系统的时间，保证了测试环境配置的准确。

7）文件比较工具（WINDIFF）：可以完成输出结果和文件状态的检查。得出的结果准确客观，无需测试人员手工检查，况且很多文件是无法手工检查的。

8）VC 中带有的跟踪工具（SPY++）：能够跟踪各种窗口消息，可以用来进行 BUG 分析。

5.3.6 确认测试实例

下面是对某杀毒软件进行确认测试，在这个测试实例中，对杀毒软件的确认测试采用了黑盒测试的方法。

1. 测试任务描述

常规测试包括程序各功能性测试、界面友好性测试、时效性测试、安装/卸载测试、用户说明书测试、与其他软件的兼容性测试、与特定硬件的兼容性测试、可靠性测试（如长时间运行、休眠/唤醒等）、合法性测试（版权标示验证）等。

其他种类的测试包括程序卸载、检测病毒、消除病毒、查杀病毒能力、误报病毒清除、DOS 查杀等。

2. 测试步骤

1）设计测试用例表。测试用例分为两类，一类是常规测试，另一类是其他种类的测试，具体见表 5-17 和表 5-18。

表 5-17　测试用例表一（常规测试）

<table>
<tr><th>序　号</th><th>功能描述</th><th>输入数据</th><th>操　作</th><th>预期输出</th><th>实际输出</th></tr>
<tr><td>01</td><td>安装</td><td></td><td>从各种途径执行SETUP程序，所有选项按默认参数设置</td><td rowspan="3">安装过程中无报错
所有界面图片和文字提示均合法、正确、无歧义
安装或重新启动系统后能正常启动程序
随机软件不应要求输入密码或插入安装盘</td><td></td></tr>
<tr><td>02</td><td></td><td></td><td>执行SETUP程序，所有选项按最大参数设置</td><td></td></tr>
<tr><td>03</td><td></td><td></td><td>执行SETUP程序，所有选项按最小参数设置</td><td></td></tr>
<tr><td>04</td><td>卸载</td><td></td><td>安装过程中无报错
所有界面图片和文字提示合法、正确、无歧义
安装或重新启动系统后能正常启动程序
随机软件不应要求输入密码或插入安装盘</td><td>卸载过程中无报错（能够处理实时监控尚在运行的情况）
所有界面图片和文字提示合法、正确、无歧义
卸载后重新启动系统，系统和其他软件均运行正常
无垃圾文件（允许日志文件）残留</td><td></td></tr>
<tr><td>05</td><td>重复安装</td><td></td><td>卸载后重复安装</td><td>允许重复安装</td><td></td></tr>
<tr><td>06</td><td>启动</td><td></td><td>从各种途径启动软件</td><td>启动无报错
显示画面正确</td><td></td></tr>
<tr><td>07</td><td>手工查毒</td><td></td><td>初次启动扫描全部硬盘</td><td>正常扫描</td><td></td></tr>
<tr><td>08</td><td></td><td></td><td>配置不同参数（扫描所有文件或某些文件等）
多次扫描，扫描一个分区</td><td>配置过程无报错，正常扫描</td><td></td></tr>
<tr><td>09</td><td>定时查毒</td><td></td><td>配置不同参数，选定不同位置
执行定时查毒（每天一次或每周一次等）</td><td>正常定时启动扫描，完毕后自动结束程序</td><td></td></tr>
<tr><td>10</td><td>定时监控</td><td></td><td>设置不同的参数，启动实时监控</td><td>正常监控，不影响其他操作</td><td></td></tr>
<tr><td>11</td><td colspan="2" rowspan="3">升级</td><td>从各种途径执行升级—在线升级</td><td rowspan="3">升级过程无报错
所有界面图片和文字提示合法、正确、无歧义
随机软件无需输入密码，不要求插入安装盘</td><td></td></tr>
<tr><td>12</td><td>从各种途径执行升级—下载升级包，本地升级</td><td></td></tr>
<tr><td>13</td><td>从各种途径执行升级—自动升级</td><td></td></tr>
<tr><td>14</td><td>硬件兼容性及可靠性</td><td></td><td>在指定平台（标准配置）执行启动程序，启动扫描，关闭扫描，退出程序，重复10次</td><td>过程中无报错，无系统失去响应，系统资源无过度消耗</td><td></td></tr>
<tr><td>15</td><td></td><td></td><td>打开实时监控较长时间</td><td>系统资源无过度消耗</td><td></td></tr>
<tr><td>16</td><td></td><td></td><td>运行程序较长时间</td><td>系统资源无过度消耗</td><td></td></tr>
<tr><td>17</td><td></td><td></td><td>打开实时监控
运行STD/休眠唤醒10次</td><td rowspan="2">正常恢复
过程中无报错，无系统失去响应，无黑屏不能唤醒</td><td></td></tr>
<tr><td>18</td><td></td><td></td><td>关闭实时监控，启动杀毒程序
运行STD/休眠唤醒10次</td><td></td></tr>
</table>

（续）

序　号	功能描述	输入数据	操　作	预期输出	实际输出
19			打开实时监控 运行STP/休眠唤醒10次	正常恢复 过程中无报错，无系统失去响应，无黑屏不能唤醒	
20			关闭实时监控，启动杀毒程序 运行STP/休眠唤醒10次		
21			打开实时监控 运行定时自动待机/休眠唤醒10次	正常恢复 过程中无报错，无系统失去响应，无黑屏不能唤醒	
22			关闭实时监控，启动杀毒程序 运行定时自动待机/休眠唤醒10次		
23			打开实时监控 执行SCANDISK	正常完成系统扫描 过程中无报错，无死机，无系统失去响应	
24			打开实时监控 执行SCANDISK		
25			打开实时监控，标准配置，出厂状态 执行开、关机10次	正常完成过程中无报错，无死机，无系统失去响应	
26	软件兼容性及可靠性		打开实时监控 运行系统各标配软件，启动和单击一级菜单	正常运行各软件 各软件无报错，无死机，无系统失去响应，系统资源无过度消耗	
27			关闭实时监控，启动杀毒程序 运行系统各标配软件，启动和单击一级菜单		
28			打开实时监控 运行重点软件（如浏览器、拨号程序、播放VCD）的主要功能30分钟		
29	用户说明书测试		启动帮助/手册	内容正确，无歧义	
30	合法性		检查软件名称、关于信息、标题栏等	内容一致，版权归属正确（合法）	
31	时效性		更改系统时间至数年后，运行程序	正常启动程序，允许正确提示版本较旧，需要升级	
32	界面友好性		运行程序各功能，调用程序的全部界面和对话框等	各功能界面及对话框美观，操作方便，不易引起误操作。如果是国外杀毒软件还应当注意汉化情况如何	
33	功能性		运行上面没有涉及的其他功能，如是否支持（软盘/光盘）自引导等	其他被测功能可以正常实现	
34	强壮性		杀毒软件或实时检测系统与操作系统连续运行数小时或更长	不会引起资源消耗或其他的未预见性错误	

表 5-18 测试用例表二（其他种类的测试）

序号	被测试功能	输入数据	操作	预期结果	此测试用例的意图	评判标准
01	检测病毒	具有一定数量和种类的病毒样本	执行查毒操作	对于确定的测试环境，能够准确地报出病毒名称。该环境包括内存、文件、扇区（引导区、主引导区）、网络等	病毒检测率，没有任何一种杀毒软件可以检测出所有病毒，所以测试可以反映软件的查毒能力	检测出的病毒数量和种类（包括变种）不明显少于其他同类知名软件
02	消除病毒	具有一定数量和种类的病毒样本（最好为被感染的各类文件）	执行杀毒操作	根据不同类型的病毒对感染对象的修改，并按照病毒的感染特性进行的恢复，该恢复过程不能破坏未被病毒修改的内容	病毒清除率，没有任何一种杀毒软件可以清除所有病毒，所以测试可以反映软件的杀毒能力	可以清除病毒的数目应接近可以发现的病毒数目，在自动杀毒情况下（非人为强制杀毒），不能破坏被感染文件
03	误报	一些黑客程序、木马程序、其他恶意程序等	执行查毒操作	当查毒软件发现此类程序时，应当给出正确的判断，视情况给出不同的查毒结果	误报率。很多程序运用了同病毒相同的机理或手段，所以可能造成杀毒软件的误报	视情况给出不同的查毒结果，包括不提示有病毒，或通过病毒名给出正确提示，如 harm.xxx.xxx等
04	应急恢复	人为修改引导信息，造成系统瘫痪（当然修改时要保证至少可以手动恢复）	执行应急恢复	操作系统自引导功能恢复，系统中原有内容没有丢失或被破坏	应急恢复能力，包括是否可以自启动	对于支持系统应急恢复功能的软件，应保证在符合可恢复的条件下，能够正确恢复
05	防病毒能力	常见病毒的样本	启动病毒并实时检测程序，浏览带毒文件（让病毒进入系统）	检测程序应当能自动阻止带毒软件执行，防止病毒传播，并给出警告	防病毒能力	对带毒软件能够及时发现，报警，并提供删除、隔离、杀毒等选项功能
06	查杀病毒能力	带病毒的压缩包，或在多级目录下的带毒文件	查毒和杀毒	杀毒软件可以发现并清除深层目录下的带毒文件。可以查常见压缩包，如zip包，甚至可以查多重压缩包，能正确处理带密码的压缩包	查杀病毒能力，查压缩包是目前杀毒软件基本都支持的功能，但对于加密或多重压缩包可能会出现问题	查杀文件的数量应当同深层目录下的文件或压缩包中的文件数目相同，不出现漏查现象
07	误报清除病毒	带病毒文件，多重感染文件或交叉感染文件	首先进行杀毒，然后进行查毒	执行完杀毒后，文件中不存在病毒，使用查毒软件检查，未发现病毒警告	清除病毒的能力，某些病毒会重复感染同一文件，或多种病毒交叉感染造成重复感染，如果杀毒软件每次只能清除最外层的病毒，则可能需要多次杀毒，才能彻底根除 误报情况，某些杀毒软件对杀毒后的病毒尸体仍然提示，造成误报	杀毒软件可以一次性清除病毒，对病毒尸体不产生误报
08	查杀病毒能力	各种载体文件，包括软盘、硬盘、光盘、移动磁盘等	多次执行查毒或杀毒操作	查杀文件的数目要同对应文件的实际数目相同	检测杀毒软件对于各种文件类型的处理能力，如隐藏和只读.exe、.com、.doc等	每次检测的文件数目同物理上实际存在的文件数目相等
09	智能升级		在线升级，或下载升级安装包	版本正确更新，升级后软件各功能正常	测试升级功能，杀毒软件需要经常更新病毒库，所以升级的方便和正确是很重要的	杀毒软件提供的各种升级途径，均能正确升级。包括特殊情况的处理，如断点续传等

（续）

序号	被测试功能	输入数据	操作	预期结果	此测试用例的意图	评判标准
10	定期检测以及多实例运行		执行定期检测，或在定期检测前手动进行检测，或同时运行多个检测	程序应禁止多实例运行，定期检测开始时间准确，当定期检测时间到达时有手动检测，应避开手动检测操作	执行检测时对系统资源的要求较高，因此如果允许多个检测同时运行，很可能会出现错误	同一时间仅可运行一个检测进程
11	DOS查杀		运行支持DOS方式进行查杀的杀毒软件（KV3000、瑞星等），在纯DOS模式或Windows下的DOS 窗口模式	在纯DOS模式或Windows下的DOS窗口模式下都能正确查毒，如果在DOS兼容模式下不能正确运行，则要给出正确提示	此查毒模式很有必要，尤其在系统瘫痪时，所以要保证该模式下的查杀病毒的正确性	程序运行正常，可以有效处理各种格式的文件，如Windows下的一些文件

2）执行测试用例。根据测试用例执行测试过程，并提交到BUG管理系统。

3）跟踪BUG解决情况。跟踪BUG管理系统中的BUG信息，在开发人员解决以后，应再次进行验证。

5.4 系统测试

系统测试是软件测试过程中最重要的测试阶段之一，因为系统测试涉及的内容很多，这里只能进行简单介绍。

5.4.1 系统测试概述

系统测试主要是在确认测试的基础上，进一步考虑软件运行的环境因素（也称为软件配置）对软件各质量特性造成的影响。

系统测试的工作流程与确认测试过程相近，这里不做重复说明。但因为系统测试注重测试环境，所以，测试实施前期的测试环境准备很重要。另外，针对测试环境制订的测试策略也要作为测试实施前系统测试人员考虑的重点。

5.4.2 系统测试内容

系统测试的内容可以从很多角度来看。从需求角度来看，系统测试是在用户需要的使用环境中，验证所有需求是否得到满足；从质量特性来看，系统测试是软件在各种软硬件环境下，对各种特性及子特性的测试。

下面主要讲述某公司软件测试中心的系统测试工作的重点内容。

1. 功能测试

确认测试虽然关注于用户功能性需求的满足，但并不意味着在其他的软硬件环境中，软件功能就没有问题。所以，系统测试首先要考虑的问题是：改变软件运行的测试环境，会对软件功能造成什么影响？

对软件功能进行系统测试，需要系统测试人员非常了解软件运行的系统环境，这样才能尽快发现功能性的BUG，并能对BUG原因进行分析。

当然，若考虑在各种环境下，把软件的所有功能都遍历到是不可能的。在实际工作中，一方面要多利用自动化的测试工具，如回归测试工具，这样可以降低测试人员的工作强度，提高工作效率；另一方面，制订有效的测试策略是非常必要的，测试策略要把可能会产生系统问题的功能作为测试重点，准备的测试环境既要具有代表性，又要使软件的系统问题容易暴露出来。

在功能性测试中，对安全性的测试要单独考虑。安全测试的目的在于，验证安装在系统内的保护机构确实能够对系统进行保护，使之不受各种干扰。系统的安全测试要设置一些测试用例试图突破系统的安全保密措施，检验系统是否有安全保密方面的漏洞。

安全性测试侧重于应用程序级别的安全性，包括对数据或业务功能的访问。应用程序级别的安全性可确保在预期的安全性情况下，用户只能访问特定的功能或用例，或者只能访问有限的数据。例如，可能允许所有人输入数据，创建新账户，但只有管理员才能删除这些数据或账户。如果具有数据级别的安全性，测试就可确保"用户类型一"能够看到所有的客户消息（包括财务数据），而"用户类型二"只能看见同一客户的统计数据。系统级别的安全性可确保只有具备系统访问权限的用户才能访问应用程序，而且只能通过相应的网关来访问。

2．性能测试

性能测试相当于指标测试，主要是测试人员对响应时间、事务处理速率和其他与时间相关的需求进行评测和评估，检查整个软件系统是否能够达到用户的需求，如页面下载速度、数据计算速度、网络传输速度、数据库查询响应时间等。另外，还包括系统消耗资源的测试，如CPU负载、内存、显存、硬盘、网络等资源消耗的情况。

性能测试要考虑以下因素：

1）性能测试应在专用的计算机上或专用的机房内执行，以便实现完全的控制和精确的评测。

2）因为性能测试涉及的指标较多，因此即使需求规格中已经严格定义，但肯定与实际测试情况有不符合之处，所以测试人员要多与用户沟通，确定性能指标和指标的阈值。

3）性能测试涉及的技术较多，性能测试人员应由系统技术水平较高的工程师来担当，并在测试实施前，与项目的系统设计工程师共同制订性能测试策略，并得到项目经理的认可。

4）脚本应在一台计算机上运行（最好是以单个用户、单个事务为基准），并在多个客户机上重复运行。

5）性能测试所用的数据库应是实际大小或相同缩放比例的数据库。

性能测试一般要验证所指定的事务或业务功能在以下情况下的性能行为：

1）正常的预期系统工作量。

2）预期的最繁重的系统工作量。

性能测试的一般完成标准如下。

1）单个事务或单个用户：在每个事务所预期或要求的时间范围内成功地完成测试脚本，没有发生任何故障。

2）多个事务或多个用户：在可接受的时间范围内成功地完成测试脚本，没有发生任何故障。

3．负载测试

负载测试通过使测试对象承担不同的工作量，以评测和评估测试对象在不同工作量条件下的性能行为，以及持续正常运行的能力。目标是确定并确保系统在超出最大预期工作量的情况下仍能正常运行且保证软件的性能特征。

负载测试一般要使用为功能或业务周期测试制订的测试过程。通过修改数据文件来增加事务数量，或通过修改测试来增加每项事务发生的次数。

负载测试的完成标准为：多个事务或多个用户在可接受的时间范围内成功地完成测试，没有发生任何故障。

进行负载测试需要注意两点：一是负载测试应在专用的计算机上或专用的机房内执行，以便实现完全的控制和精确的评测；二是负载测试所用的数据库应是实际大小或相同缩放比例的数据库。这两点类似于性能测试要求。

4. 强度测试

强度测试检查程序对异常情况的抵抗能力。强度测试总是迫使系统在异常的资源配置下运行。例如，①当中断的正常频率为每秒 1～2 个时，运行每秒产生 10 个中断的测试用例；②定量地增长数据输入率，检查输入子功能的反应能力；③运行需要最大存储空间（或其他资源）的测试用例；④运行可能导致虚拟操作系统崩溃或磁盘数据剧烈抖动的测试用例等。

强度测试目的是找出因资源不足或资源争用而导致的错误。如果内存或磁盘空间不足，测试对象就可能出现一些在正常条件下并不明显的缺陷。其他缺陷可能是由于争用共享资源（如数据库锁或网络带宽）而造成的。强度测试还可用于确定测试对象能够处理的最大工作量。

强度测试的目标是验证测试对象能够在以下强度条件下正常运行，不会出现任何错误。

1）服务器上几乎没有或根本没有可用的内存（内存和磁盘空间）。

2）连接或模拟了最大实际（实际允许）数量的客户机。

3）多个用户对相同的数据或账户执行相同的事务。

4）最繁重的事务量或最差的事务组合。

说明：强度测试的目标可表述为确定和记录那些使系统无法继续正常运行的情况或条件。

强度测试的一般完成标准为：所计划的测试已全部执行，并且在达到或超出指定的系统限制时，没有出现任何软件故障，或者导致系统出现故障的条件并不在指定的条件范围内。

强度测试的注意事项如下：

1）要对有限的资源进行测试，测试时尽量减少或限制服务器上的内存和磁盘空间。

2）对于其他强度测试，应使用多台客户机来运行相同的测试或互补的测试，以产生最繁重的事务量或最差的事务组合。

3）如果要增加网络工作强度，可能需要使用网络工具来给网络加载消息或信息包。

4）应暂时减少用于系统的磁盘空间，以限制数据库可用空间的增长。

5）使多个客户机对相同的记录或数据账户同时进行的访问达到同步。

5.4.3 系统测试的技术与工具

系统测试涉及的技术主要以黑盒测试技术为主，白盒测试技术为辅。黑盒测试技术虽然在第 4 章已经做了介绍，但这些方法还远远不能满足实际工作的需要，所以还要根据项目测试的实际情况不断地进行方法的总结和提炼。

很多系统测试都离不开工具的支持，其中压力类工具（WAS、ROBOT VU、LOAD RUNNER 等）、资源管理类工具（微软计数器等）、数据库类工具（SQL 自带工具等）都可以使用。

5.4.4 系统测试实例

下面对某媒体播放软件进行系统测试。

1．测试任务描述

当前的媒体播放软件功能较多，通常此类软件对于特定格式的支持还是比较好的，但是现在的软件都想支持多格式文件。所以，同一功能对于某格式的文件是正常的，对于其他格式的文件往往会出错。因此，在测试时采用较多种类的音频和视频文件可以发现更多的问题。

2．测试步骤

1）设计测试用例表，具体见表 5-19～表 5-21。

表 5-19 测试用例表

序号	被测功能描述	输入数据/运行要求	操 作	预期结果	评判标准	注意内容	备注说明
01	主界面的显示刷新		移动界面，在不同的窗口下切换，移动其他界面掠过主界面	界面显示正常，各窗口不会互相影响	界面移动过程中整个界面平滑运动，无抖动，无非正常的色块阴影，被掠过的界面无花屏等	出现问题经常是在播放的同时进行窗口移动，当界面为多部分构成时，还要注意各部分的位置关系	很多软件播放窗口与控制窗口都是分离的
02	打开	多媒体文件	打开（打开单个/打开多个）	弹出打开对话框，如果存在多种打开方式（单个/多个），则依照该方式打开	界面显示正确，按钮排列符合常规习惯，可选文件类型正确，且关联正确（正确的目录下正确的文件被合适地显示出来等）	部分软件存在多种打开方式，不同的打开方式会对各种操作起到不同的影响	很多功能只在打开多个时有效
03	打开URL	指定网络地址存在需要的媒体文件	打开URL	弹出可输入 URL 的对话框	地址正确，应能打开对应文件；地址不正确，不应出现非预料性的不良后果	网络上某文件的地址往往都很长，因此 URL 输入框应当可以适应长地址的输入	RealPlayer、Quicktime 等都有此功能，在测试时还要考虑局域网和 Internet 等不同情况
04	关闭已打开的文件	有媒体文件已打开	关闭（关闭一切）	打开文件被关闭，播放器各状态随之改变	文件被关闭后，各对应功能（如播放等）变为不可用状态，对应按钮或菜单等也都显示为不可用状态	除对应的功能状态外，对应的播放窗口是否也有相应的显示处理	
05	播放	有媒体文件已打开	播放	媒体文件正常播放，效果良好，播放完整，符合默认条件（如播放视频时不应让屏保启动）	图像色彩、亮度正确，播放画面无抖动、毛刺、闪烁、扭曲、断续等现象，画面原始尺寸播放清晰、完整，声音输出正确，音质良好无噪声，声音播放连贯无断续，音量正常，不过大或过小，音频、视频播放速度正常，视频与音频播放同步等	很多软件都支持多种格式文件，但是通常某类软件只能很好地支持某种格式的文件，对于其他格式的文件往往不能很好地支持。除播放外，其他操作，如快进等，都很可能出现问题	RealPlay 播放 ram、rm 等文件；QucikTime 播放 mov、qt 文件；WinDVD 、PowerDVD 播放 vob 文件；Media Player 播放 wmv、mpeg 文件

（续）

序号	被测功能描述	输入数据/运行要求	操　作	预期结果	评判标准	注意内容	备注说明
06	播放各种影碟	各种格式的影碟	播放	执行此操作后，能够自动播放影碟	软件是否能够认出如CD、VCD、DVD等特定格式的影碟光盘	当有多光驱时，是否能够正确的自动识别	对于支持自动播放mp3文件的软件，可能会搜寻多层目录，光盘也不会有固定格式
07	弹开/关闭光驱		弹开/关闭光驱	光驱依照选定操作弹开/关闭；或依照光驱现有情况反向操作，如开启时关闭，关闭时开启	光驱的响应与操作一致（建议空光驱测试，否则一些坏盘可能影响光驱弹出操作）	当同时存在多个光驱时，程序判断是否正确，各光驱开启/关闭状态不同时的判断是否正确	多数软件都采用弹出/关闭切换方式，但也有将此操作分为多个功能的软件
08	暂停	正在播放媒体文件	暂停	播放处于暂停状态，再次播放从暂停处继续	各功能状态对应，按钮、菜单等显示状态对应，显示画面保持在暂停处		部分软件暂停与播放为播放/暂停切换功能，某些软件将暂停功能称为停止
09	停止	正在播放媒体文件	停止（或播放完后的自动停止）	播放处于暂停状态，再次播放从播放时的媒体文件开头处重新播放（或从多个文件的第一个开始播放）	各功能状态对应，按钮、菜单等显示状态对应，显示画面正确	在全屏播放状态下停止时，应当能够自动恢复到窗口状态，方便用户继续操作	播放完后的自动停止与手动停止可能会由于具体设置，表现不完全相同，如播放完自动弹出光驱，关闭程序等
10	慢放/快放	有媒体文件已打开	慢放/快放	按照选定倍速播放	实际播放速度与选定倍速相同，画面较连续，播放稳定，可以方便地切换到正常播放	在慢放/快放各种速率播放状态切换时可能会有所限制，如必须回到暂停状态后才可进行其他切换等，慢放/快放时可能也会禁止其他操作，但是程序经常忽略了快捷键，所以要注意快捷键的对应状态是否可用	慢放/快放时通常不支持声音，所以没有声音是正常情况
11	单帧	有媒体文件已打开	单帧（前进/后退）	画面随操作单帧变化，画面稳定在此帧直到继续执行其他操作	各功能状态对应，按钮、菜单等显示状态对应，显示画面正确		这里的单帧不同于慢放，某些软件将慢放/单帧定义为同一功能
12	快进/快退	有媒体文件已打开	快进/快退	播放进度向前或向后依照操作一次性跳过多帧画面	播放进度跳跃幅度相同，在边界处（影片的前端和末端）处理正常	进度指示是否同实际进度	有时称此功能为向前跳/向后跳
13	上一节/下一节	有多个媒体文件已打开	上一节/下一节	依照操作直接跳到上一媒体文件或下一媒体文件播放	如果操作有效，则立即停止当前播放，而去播放相邻媒体文件，如果正在播放的文件已经处于列表中的头或尾时，相应功能应当失效	媒体播放器的很多操作需要耗费很多资源和时间，因此连续多次执行某操作时可能会出现很多异常情况，其他操作同	当只播放一个文件时，上一节/下一节的功能应当失效

（续）

序号	被测功能描述	输入数据/运行要求	操　作	预期结果	评判标准	注意内容	备注说明
14	音量大小调节	有声音的媒体文件在播放	音量大小调节	随调节，音量正确地变大或变小	音量变化应当连续，最终音量应当准确，判断时可以参考音量的极大和极小时的情况	音量调节在零值计算时可能会出现溢出等判断错误，因此要注意各音量调节时的极小值	Windows 的音量调节种类有很多，如主音量、music、wav、cd 等。因此，要注意软件所控制的是哪种音量
15	声道选择	播放双声道或多声道媒体	依次选择左/右声道，立体声，立体混合声或其他声音方式	声音播放方式采用所选的方式	通常所说的左右声道同听到的情况（即左声道声音来自左侧，右声道声音来自右侧），立体声为左右声道同时独立播放，立体混合声是左右声道的声音合成为同一声音后播放	在卡拉 OK 的情况下还会有卡拉OK的左右声道选择，即同时麦克风也会起作用，因此此时除普通的声音设置外，还要注意麦克风设置	除常规左右声道外，还会有AC3 等多声道媒体文件，因此要依据实际情况判断。另外，像 DVD 等会有多配音选择，这与常规的声道选择是不同的
16	静音	有声音的媒体文件在播放	静音/非静音切换	播放时随时可以静音，静音后可以随时恢复到非静音状态	在静音情况下，各声道的声音都被静音，即在任何声道选择的情况下都能正确被静音，且恢复非静音时音量大小为静音前大小	如果软件静音是通过改变 Windows 音量控制实现的，则可能会与其他软件或 Windows 声音的自身设置有冲突	
17	音质选择	高音质媒体文件	音质选择	音质随选择变化	在媒体文件所能达到的音质范围内，播放的音质选择应当是有效的	音质的变化通常并不明显，所以测试时尽量保持环境清静，音箱等外设较好	各音质的播放测试最好采用相同的软硬件环境
18	均衡器设置	有声音的媒体文件在播放	设置均衡器	播放音质随调节变化		均衡器调节内容较多，通常单击确定后才生效，而且通常还有复位、还原、清零等功能	均衡器设置种类也很多，这里仅指声音均衡调节，包括回音等
19	亮度调节	有视频文件在播放	调节亮度	亮度随调节变化	播放亮度在可调范围内连续平滑变化，变化情况同调节		
20	修改色差	有视频文件在播放	修改色差	色差随调节变化	色差在可调范围内连续平滑变化，变化情况同调节	色差调节可能是几个参数共同控制，所以除单个调节的效果外，还要注意共同作用的效果	色差调节指的是红、绿、蓝等颜色变化
21	全屏/窗口方式播放并切换	播放视频文件	全屏/窗口切换	依照操作在全屏和窗口模式下播放，能在两种状态下自由切换	在全屏和窗口模式下都能正常播放，各功能均正常，切换方便、顺利	涉及全屏播放，在全屏下的许多操作是通过鼠标右键菜单或快捷键完成的，因此要注意全屏下功能是否可实现	
22	缩放窗口大小	播放视频文件	缩放窗口大小	窗口大小随调节变化	窗口大小变化时，播放画面也同时平滑变化，在窗口缩放状态下，画面不会出现严重失真	窗口大小变化到极大或极小时可能会出现问题	窗口调节时要考虑是否有画面 16:9 或 4:3 的约束，有些还有恢复原始尺寸的功能

（续）

序号	被测功能描述	输入数据/运行要求	操　作	预期结果	评判标准	注意内容	备注说明
23	截取单张图片	播放视频文件	截取单张图片	当前画面被截取并保存到指定目录或默认目录下	截取画面大小同影片大小，画面质量同或者高于观看质量		
24	连续截取多张图片	播放视频文件	连续截取多张图片	当前连续画面被分别截取并保存到指定目录或默认目录下	截取画面大小同影片大小，画面质量同或者高于观看质量	由于画面会被连续保存，而且是bmp格式，所以会非常大，因此在选择保存路径时要注意	
25	录像	播放视频文件	播放并录像	所选区域在播放的同时被录制并保存为单独的视频文件	录像区域与选定区域相同，效果相当，甚至为指定格式	在未指定录制区域时，或仅指定开端或末端时，程序应当能作出合理的判断	有些软件的录像功能是对整个影片的
26	黑白/彩色切换	播放彩色视频文件	黑白/彩色切换	能在彩色/黑白两种模式下正常播放，能轻松地进行切换	彩色状态下，影片颜色同实际颜色；黑白状态下，影片变为黑白片，除黑白外无其他颜色	黑白状态下和色彩有关的操作，如色差调节，抓屏后得到的图片的效果，甚至亮度的调节等	
27	循环	播放媒体文件	循环/非循环播放切换	依照设定，播放采用循环或非循环方式	在循环播放状态下，始终循环播放选定区域或整个曲目列表	当选择循环区域时，多次改变端点设定，甚至将起点时间设置到终点时间之后，观察软件处理效果，当曲目重复播放时，注意和随机播放之间的关系	这里的循环包括指定区域循环和整个文件列表循环，在软件中通常对应两种设定，而且指定区域的循环通常还对应多步操作
28	播放列表	多个媒体文件	建立、修改、删除播放列表，并播放	播放列表能够方便地建立，修改，删除等，播放器可以依照列表正确播放媒体文件	播放内容与列表中的内容相同，列表显示内容正确，能够保存列表，添加、删除列表内容等操作正确	播放列表应当对最多曲目数进行限制，或足够大，而且要考虑软件可以一次性播放的曲目数量	
29	可视音乐	播放带音频的文件	启动可视音乐	可视效果显示连贯，能与音乐合理搭配，可视效果不应影响其他的正常操作，可以方便地取消可视效果	可视效果应当与音乐配合，在无音乐的情况下应该无显示内容；各种可视效果不会引起播放质量的下降	可视效果经常注重显示算法。在全屏状态下，可能会忽略状态切换、返回程序等操作	
30	更换界面或皮肤		更换界面或皮肤	各种界面或软件皮肤下的功能齐全，功能运行正常	各种界面或皮肤下的界面显示均正确，所有功能均有实现途径，各功能运行正常	各种界面下对应功能的实现方式应该相似，以方便用户的使用	

（续）

序号	被测功能描述	输入数据/运行要求	操　作	预期结果	评判标准	注意内容	备注说明
31	联机帮助		各种方式启动联机帮助	帮助可以方便地被启动，帮助的内容正确且准确	帮助内容全面覆盖软件功能，描述正确，容易理解，能够对用户起到帮助作用	注意帮助内容应当同当前测试版本的实际内容一样，不要出现软件版本更新，但帮助的内容和图片没有更新的情况	
32	察看媒体信息	多媒体文件	通过软件提供的途径察看媒体信息	提供的信息正确，主要信息完整	同一软件在显示同一媒体文件时的信息是相同的，内容是正确的	当对部分内容不清楚时，可以和其他软件进行比较	部分参数，软件不同，说法上也会有出入，但像分辨率、声音频率等基本信息是不应出现不同说法的
33	版权信息		察看各处有关软件名称、版本、版权等的信息	所有信息内容均正确、合法	软件各处的名称、版本、版权标识一致，内容合法、正确，描述准确	直接察看可执行软件属性中的版权信息描述，以及在程序运行过程中，任务管理器中的信息描述	对于 OEM 产品、定制产品或底层调用的一些动态库等，要特别注意是否有原厂商的残留信息。所以除常规位置外，相关文件的信息也要注意
34	进度条	播放媒体文件	正常播放，拖动进度条到指定位置，鼠标单击进度条，其他方式调节进度	在正常播放或其他各种进度调节的情况下，进度条均能正确地显示当前进度，进度条可以平滑地被拖动，松开鼠标后进度定位准确，鼠标单击进度条时，进度跳跃要均匀	拖动进度条时，滑块随鼠标平滑移动，当在某处暂停较长时间时，显示进度滑块所在处的图像（音频文件无此功能），快进、快退等各种可以改变进度的操作（包括快捷键），进度条都能正确反应	在播放不能良好支持的媒体格式时，拖动进度条会造成程序失去响应等问题。播放质量不好的坏碟也常会造成进度条失效	虽然对于坏碟出现进度条失效，不算是软件的严重 BUG，但也反映了软件的纠错能力以及对异常情况的处理能力
35	歌词	播放音频文件	对音频文件添加歌词，再次播放此音频文件，删除歌词	歌词可以方便地添加和删除，歌词显示内容正确		如果歌词的显示随播放变化，则应当注意歌词与音乐的同步	
36	声音语言选择	播放 DVD	选择不同语言的音频	播放时采用指定的语言，其他语言自动停止播放	声音清晰（原始声音要清晰）		DVD 的很多功能是在播放整个 DVD 光盘内容时才有效，单独播放 vob 文件不能实现
37	字幕语言选择	播放 DVD	选择不同语言的字幕	播放时采用指定的字幕，字幕显示在指定的位置	字幕显示清晰（不仅是能辨别出来，而且不能出现毛刺等）		
38	角度选择	播放 DVD	选择不同的角度	播放时采用指定的角度			

（续）

序号	被测功能描述	输入数据/运行要求	操　作	预期结果	评判标准	注意内容	备注说明
39	主题和章节选择	播放媒体文件	选择不同的主题和章节	播放选定的主题或章节，在允许情况下可以返回到选择点处继续播放		除普通的播放外，主题往往还包含菜单功能，如语言选择等	选择主题功能仅在播放 DVD 时存在
40	书签功能	播放DVD	设置书签（快速定位并播放曾经浏览过的内容），从书签处开始播放，预览书签	书签方便地建立，时间定位准确，可以删除已建立的书签		同其他列表类似，也要考虑书签设置的数量问题	
41	格式转换	被转换格式文件	格式转换	文件格式转换为预期的新格式，播放效果符合转换时设定的参数。是否具有声音或图像符合新格式的特点，播放长度与转换前相当	转换后的文件可以被指定打开该格式的播放器，正确地识别并播放，播放效果同预期效果（此功能察看输出文件播放效果是否良好，是测试重点）	除常规格式转换外，经常还伴有文件合并功能，合并后的文件经常会在两文件过渡处开始丢失声音，甚至不能继续播放	对于验证转换后的文件播放情况，要采用恰当的播放器
42	背景播放功能	选定的播放文件	采用作为背景方式播放（作为一种视频活动桌面，可以在背景全屏播放时，继续执行其他的桌面操作）	播放效果良好，不影响其他功能的正常操作和实现			

表 5-20　界面测试用例表

用例编号	检查项	评　价
01	窗口能否基于相关的输入或菜单命令适当地打开	能
02	窗口能否改变大小、移动和滚动	能
03	窗口中的数据内容能否用鼠标、功能建、方向箭头和键盘访问	能
04	当窗口被覆盖并重用后，窗口能否正确地再生	能
05	需要时能否使用所有窗口的相关功能	能
06	所有窗口的相关功能是可操作的吗	是
07	是否有相关的下拉式菜单、工具条、滚动条、对话框、按钮、图标和其他控制可为窗口所用，并适当地显示	有
08	显示多个窗口时，窗口的名称是否被适当地表示	是
09	活动窗口是否被适当地加亮	有
10	如果使用多任务，是否所有的窗口被实时更新	是
11	多次或不正确按鼠标是否会导致无法预料的副作用	否

（续）

用例编号	检查项	评价
12	窗口的声音和颜色提示与窗口的操作顺序是否符合需求	是
13	窗口是否正确地关闭	是
14	菜单栏是否显示在合适的语境中	是
15	应用程序的菜单栏是否显示了系统的相关特性（如时钟显示）	是
16	下拉式操作能否正确工作	能
17	菜单、调色板和工具条是否工作正确	是
18	是否适当地列出了所有的菜单功能和下拉式子功能	是
19	是否可以通过鼠标访问所有的菜单功能	是
20	文本字体、大小和格式是否正确	是
21	是否能够用其他的文本命令激活每个菜单功能	是
22	菜单功能是否随当前的窗口操作加亮或变灰	是
23	菜单功能是否正确执行	是
24	菜单功能的名字是否具有自解释性	是
25	菜单项是否有帮助，是否与语境相关	是
26	在整个交互式语境中，是否可以识别鼠标操作	是
27	如果要求多次单击鼠标，是否可以在语境中正确识别	是
28	如果鼠标有多个按钮，是否能够在语境中正确识别	是
29	光标、处理指示器和识别指针是否随操作恰当地改变	是
30	菜单栏是否显示在合适的语境中	是
31	字母数字数据项是否能够正确地回显，并输入到系统中	是
32	图形模式的数据项（如滚动条）是否正常工作	是
33	是否能够识别非法数据	是
34	数据输入消息是否可理解	是

表 5-21　文档测试用例表

用例编号	检查项	评价
01	文档是否精确描述了如何使用各种使用模式	是
02	交互顺序的描述是否精确	是
03	例子是否精确	是
04	术语、菜单描述和系统响应是否与实际程序一致	是
05	是否能够很方便地在文档中定位指南	是
06	是否能够很方便地使用文档排除错误	是
07	文档的内容和索引是否精确完整	是
08	文档的设计（布局、缩进和图形）是否便于信息的理解	是
09	显示给用户的信息是否有更详细的文档解释	是
10	如果使用超链接，超链接是否精确完整	是

2）执行测试。

3）执行系统测试。选择不同的平台执行回归测试。

4）跟踪 BUG 解决情况。跟踪 BUG 管理系统中的 BUG 信息，在开发人员解决以后，再次进行验证。

习　题

一、选择题

1. 软件测试类型按开发阶段进行划分，可分为（　）。
   A. 需求测试、单元测试、集成测试、验证测试
   B. 单元测试、集成测试、确认测试、系统测试
   C. 单元测试、集成测试、验证测试、确认测试
   D. 调试、单元测试、集成测试、用户测试
2. 通常，在编码阶段进行测试，是整个测试工作基础的是（　）。
   A. 系统测试　　B. 确认测试　　C. 集成测试　　D. 单元测试
3. 在单元测试时，调用被测模块的是（　）。
   A. 桩模块　　B. 通信模块　　C. 驱动模块　　D. 代理模块
4. 如果一个产品的严重的缺陷已基本完成修正并通过复测，这个阶段的成品称为（　）。
   A. Alpha 版　　B. Beta 版　　C. 正版　　D. 以上都不是
5. 以下属于软件性能测试范畴的是（　）。
   A. 接口测试　　B. 压力测试　　C. 单元测试　　D. 易用性测试
6. 根据软件需求规格说明书，在开发环境下，对已经集成的软件系统进行的测试是（　）。
   A. 系统测试　　B. 单元测试　　C. 集成测试　　D. 验收测试

二、简答题

1. 描述测试流程的整体框架。
2. 简述单元测试的目标和内容。
3. 解释驱动模块和桩模块的概念。
4. 集成测试通常有哪些策略？
5. 归纳确认测试阶段的工作。
6. 在整个软件生命周期中，需要进行哪几项测试？
7. 简述集成测试和系统测试的区别。
8. 系统测试的策略有哪些？

第 6 章　软件测试管理

本章主要从测试流程管理、测试资源管理、测试技术管理和测试风险管理 4 个方面来描述对软件测试的全方位管理。通过对软件测试的有效管理，可以快速提高测试的效率，从而全面提高整个软件的质量，达到事半功倍的效果。

本章要点：

1）测试流程管理。

2）测试资源管理。

3）测试技术管理。

4）测试风险管理。

6.1　测试流程管理

软件测试管理与项目管理都是通过对“流程”“资源”“技术”的管理来提高测试工作的质量和效率，其中“资源”包括测试人才和其他测试资源。有效的测试流程、高水平的测试人员和业界较好的测试技术的融合必将建立一流的测试团队，如图 6-1 所示。

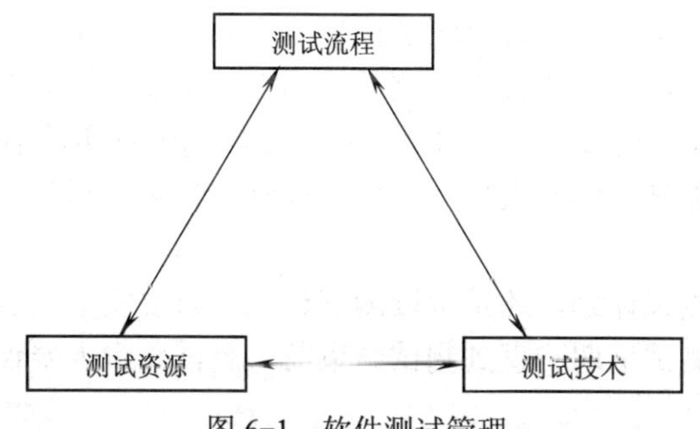

图 6-1　软件测试管理

一个好的测试流程是文档化的，这样测试工作就具有较强的可重复性；一个好的测试流程是可重复的，这样比较容易度量；一个好的测试流程是可度量的，这样有利于测试工作的持续改进。因此，流程的管理非常重要。

软件测试流程是一些测试活动的集合，这些活动有相互的依赖关系，如因果关系或时间上的先后关系。对应软件开发的生命周期，测试阶段虽然为其中的一个或几个阶段，但这并不代表测试工作只局限于测试阶段，而是几乎在整个开发过程中都有测试活动，只是在测试阶段是以测试活动为主而已。

软件测试活动有各种类型，可以根据各种测试类型的不同，把测试活动生命周期划分为若干阶段。不同的阶段，工作的侧重点不同，测试流程也不同。之所以这样划分，是为了在时间的维度上将软件生产活动“分而治之”。

6.1.1 测试准备

“良好的开始等于成功的一半”，测试前的准备工作对于测试实施质量至关重要，但在测试人员缺乏的情况下往往会被忽略掉。

测试前的准备工作包括：

1）测试计划的制订。

2）用户需求的分析和理解。

3）测试用例的设计与编写。

4）测试技术、工具、环境的准备。

以上主要是确认测试和系统测试的测试准备活动，对于集成测试，还需要对项目概要设计进行分析和消化，单元测试则要理解代码的具体实现细节。

1. 测试计划的制订

测试计划主要是测试资源的准备和估计、测试任务的划分和测试实施的安排。测试计划有项目测试计划和阶段测试计划两种。

项目测试计划的计划范围为项目的所有测试阶段（单元测试除外），它主要关心测试资源的计划和准备，关心测试各阶段的输入/输出准则。制订项目测试计划一般是在项目策划时，和其他计划同时完成，关键时间点和资源分配要与项目计划一致。另外，项目测试计划的制订越早越好，这样就有更充足的时间来进行测试准备活动。

阶段测试计划与项目测试计划相比，虽然也是测试工作的计划，但它更关心测试阶段具体实施工作的安排、工作策略等，阶段测试计划要遵从项目测试计划的安排。制订阶段测试计划虽然可以很早开始，但一般建议阶段测试计划在测试实施快要开始时批准入库，这样阶段测试计划的科学性和可行性就更好。因为项目从立项到测试实施前，会有或多或少的变化，并会直接影响测试后期测试工作的安排，如果阶段测试计划过早完成并归档，那么测试实施前还要进行变更。

另外，无论是项目测试计划，还是阶段测试计划，只要实际情况发生了改变，一般都需要进行变更。所以，从测试早期一直到测试结束前，测试负责人要保证所制订的测试计划能真正起到计划作用。

对于测试计划的检查和审核，一般要包括以下内容：

1）正确定义被测对象和测试目标。

2）严格确定测试阶段，划分测试周期。

3）测试计划已分配了所有的需求。

4）制订测试人员、软硬件资源和测试进度等方面的计划、任务、分配与责任划分。

5）规定软件的测试方法、测试标准以及输入/输出准则。

6）建立了充分的测试准则和测试覆盖率。

7）支持环境和测试工具等。

8）回归测试需求在适当之处已被标明。

9）测试限制已被陈述清楚。

10）性能测试已被陈述清楚。

11）所有测试活动都有时间表和资源等预算。

在制订测试计划时，测试负责人还要考虑测试工作的风险，并决定要执行哪些测试，以及放弃哪些测试。由于测试会发现问题，在解决问题后还要重新测试，因此测试的时间可能会比预计的更长些，这一点在做计划时一定要考虑进去。

2. 用户需求的分析和理解

制订了有效的测试计划对于测试准备工作还远远不够，确认测试和系统测试还需要测试人员在测试前期分析和理解用户的需求，这是设计和编写测试用例的前提。软件测试的最终目的是判断软件是否满足用户的需求，没有真正了解用户需求的测试实际上是没有意义的。

对用户需求的分析和了解并不是从需求规格归档后才开始，而是在项目启动和立项期间，测试人员就开始了解被测软件的产品定位、用户群特征以及主要需求。

到了需求分析阶段，测试人员就要参与到需求分析小组中，与需求开发人员一起讨论需求。这样，一方面能更深刻地理解需求，另一方面，测试人员可以从中发现需求文档的缺陷，从而避免这些缺陷遗留到项目后期。在需求分析阶段的后期，测试人员需要详细地检查需求规格说明书中的需求，并参加需求规格说明书的同行评审活动。同时，测试人员开始编写测试说明。

需求分析结束到测试阶段开始前，测试人员还要关注产品的设计和编码过程，确保自己对需求的理解与其他开发人员是一致的。

3. 测试用例的设计与编写

在测试准备工作中，制订好了测试计划，准备好了测试资源，并对软件需求有了较深的了解，但这些对于科学的软件测试过程还是不够的。因为要排除测试实施的随意性，所以需要编写测试说明文档。

测试说明以测试语言描述测试实施内容，并以需求或设计为依据，包含了测试策略、测试用例的设计和细节，是测试准备工作中最重要的文档。测试说明全方位考虑了测试实施的内容，使测试实施工作能够按计划、有秩序地进行。

（1）测试策略

测试策略需要由有技术和经验的老员工制订，一般包括测试采用的方法、测试重点与非重点、测试执行顺序和测试环境应用策略。

1）测试采用的方法。测试方法的制订主要参考现有的测试方法（包括一些通用的测试方法和具体应用测试方法等）和项目的实际应用情况，一般黑盒测试会采用等价类划分、边界值分析等方法。

2）测试重点与非重点。测试重点与非重点也需要在测试说明中进行明确。测试重点与非重点的制订有很重要的意义。测试工作要以满足用户需求为根本出发点，但有的功能并不完全是用户常用的功能，用户的使用环境和使用习惯也会有一定的倾向性。所以，测试重点要与用户的使用程度和功能的重要程度相结合，要与用户的使用习惯相结合。另外，测试要以发现 BUG 为直接目标，所以软件设计和实现较为复杂的部分，无疑也是测试的重点。

测试重点与非重点的制订需要测试人员对用户的实际需求有较为透彻的了解，在制订时应尽量采用科学的方法，一般可以采用 ALAC 测试理念和用户剖面相结合的方法。同时，在判别重点与非重点时要有量化的结论，不能只凭“感觉”轻易下结论。

另外，在判别测试重点程度时，测试人员要广泛吸收项目组各角色的意见，尤其是项目经理和需求开发人员，因为他们对用户需求的理解往往比测试人员更深刻。测试人员还要听取编码人员的意见，因为他们更清楚代码实现的复杂度，这样有利于后期更有效地发现软件中的 BUG。

3）测试执行顺序。测试执行顺序主要是指在测试实施时，某些测试用例必须先执行，或是按用例优先程度来安排在各个测试时期测试实施的顺序。执行顺序的安排一方面是为了使某些必要的测试用例能够执行到，另一方面也是提高测试效率的重要手段。

4）测试环境应用策略。如果用户对软件的使用环境有较多需求，则测试环境的精心布局是非常必要的。但测试环境安排既要考虑用户实际使用的环境及其配置，又要考虑如何充分利用有限的资源和进度最大化地满足用户需求。

对于测试环境具体应用策略，还需要根据项目的实际情况来进一步制订，如哪些测试环境为主要测试环境、哪些为次要测试环境、哪些只用来测试安装/卸载、哪些用来测试性能、哪些用来测试软件界面等。

总体来说，测试策略的制订是一项高水平的工作，它既要满足项目的需要，又要合理地使用测试资源。

（2）测试用例的设计

测试用例的设计对于测试过程改进至关重要，因为它能够有效地发现整个开发过程的缺陷。测试用例设计的内容包括以下 4 部分：

1）测试用例的编写结构与层次的设计。测试用例的编写结构从某种意义上讲，表明了测试执行的策略和关注点。如果测试用例是按功能模块编写的，那么这些模块一般相互独立，容易分配执行任务，便于管理；如果测试用例是按软件质量特性结构编写的，那么一般是把软件作为一个整体考虑，系统地进行测试分工和实施。

测试层次的设计表示测试用例描述的级别。如果需求比较确定，编码实现变化不大，那么测试用例尽量按标准编写，并且要考虑周全，这样在执行时，完全按照测试用例执行即可；但如果需求和设计不确定或者变更频繁，那么测试用例就没有必要写得过于实例化，而且设计时不要考虑程序是如何实现的，在这种情况下，一般只要写到检查点即可；对于升级项目，往往会在重用老版本测试说明的基础上，根据升级需求进行变更即可；对于 OEM 或临时测试任务，甚至可以不写测试用例，只要在测试前确定好测试策略就可以。

2）业务流程测试设计。有些软件主要应用在企业、政府、教育等机构，业务流程一般比较复杂，所以测试要重视业务流程的实现。其实，即使是消费类软件，用户完成一个任务所执行的功能或操作的一系列组合，也可以称为一个业务流程，只是它并不复杂罢了。

为什么要强调业务流程测试设计呢？主要有 4 个原因。第一，业务流程对于用户使用非常重要，它强调了用户完成所需任务的过程；第二，测试人员容易忽略对业务流程的测试，因为测试人员（尤其是经验较少的测试人员）往往会把主要精力放在各个局部功能点的测试上，认为各个功能点既然没有问题，那么功能点之间对应的流程就不会有问题，这是一种认识上的错误；第三，业务流程比较复杂，测试人员有时要随着测试的不断深入才能逐渐总结出针对业务流程测试的脉络；第四，开发人员在业务流程上容易犯错，而且出现的缺陷又比较严重。因为开发人员的任务划分是依据模块、开发层次或不同的技术，一个流程的实现需要开发人员的协同开发才能完成，所以容易出现流程类错误。

一般来说，业务流程测试的设计要遵循以下几条原则：

① 业务流程的设计要以验证用户实际需求是否实现为根本目标。

② 业务流程的设计要尽可能发现软件中的缺陷。

③ 业务流程的设计不要太简单，也不要过于复杂。

④ 业务流程尽量以图、表和说明 3 种方式的结合形式来表示。

⑤ 业务流程图的设计要以测试为出发点，不要随意使用需求分析的流程图。

3）需求满足度设计。需求满足度设计是指测试用例的设计要能体现出对用户需求的满足程度。例如，需求与测试用例的一致性、测试用例与重点需求之间的对应等，还包括业务流程对用户需求的满足、测试环境的搭建与用户实际使用环境需求的对应。

4）回归测试的选择。一般情况下，回归测试用例要尽量清楚且仔细地进行描述，非回归测试用例要覆盖完全，但可以粗略描述。

（3）测试用例的编写

前面介绍过测试用例的概念和内容，这里不再重复，只介绍一些编写技巧：

1）测试用例要尽量与用户需求的实质部分相关。软件实现最终要追溯到用户需求，所以测试用例的重点要放在“用户需求是否得到了满足”这一点上。

2）选择的测试用例应该不容易受到应用程序改变的影响。在描述测试用例时，尽量少描述实现方式，否则，实现方式一旦改变就会造成测试用例的大面积修改。

3）对于重要的需求，测试用例描述应尽量仔细；对于不太重要的需求，测试用例可以简化表述，但一定要把需求覆盖完整，以免遗漏。

对于测试说明文档，一般都要进行同行评审，以提高测试说明的质量。

6.1.2　测试实施

测试实施主要包括两方面工作：测试用例执行和 BUG 跟踪与管理。

1. 测试用例执行

从科学的角度来看，测试实施只需要严格按照测试计划和测试说明来执行就可以了，但事实上没有这么乐观。在实际工作中，经常遇到以下情况：

1）需求发生变更。项目中需求发生变更是完全正常的情况，但需求发生变更就意味着测试说明，甚至是测试计划都要变更。所以，测试人员在完成测试说明后，要做好随时修改测试说明的准备。另外，在测试用例的设计和描述上，测试人员要考虑当需求发生变更后，如何可以方便地修改测试用例。

2）设计和实现方式发生改变。测试说明是参照需求规格说明书编写的，但设计和实现方式在一定程度上影响着测试用例的实用性和可行性。所以，测试人员在后期要跟踪设计和实现方式。测试用例的编写要尽量脱离具体的实现方式，有时甚至没有必要描述具体的测试步骤。

3）被测产品的质量与预期差距过大。这点是测试人员经常遇到的现象。当测试版本的质量比预期低很多（即 BUG 较多）时，测试负责人必须与项目经理协商有效的解决途径，不要指望开发人员会把 BUG 迅速解决掉。解决途径可以是降低软件质量的预期目标、延长测试周期、增加人员投入，或是改变测试策略（减少测试重点或缩小主测环境范围）。

4）测试工作量比预想的要大。在不成熟的项目管理中，对测试工作量往往会预估错误，而到测试实施时才会发现，在现有人力和进度状况下，不能100%完成测试任务。这时，测试负责人要与项目经理协调应对措施，或调整测试策略，或延长测试周期（意味着项目延期），或紧急调用测试资源。从目前的经验来看，延长测试周期和紧急调用测试资源都不是很合适的应对措施，一般会调整测试策略，缩短非重点功能的测试时间。

2．BUG 跟踪与管理

BUG 跟踪与管理是测试流程管理最重要的内容之一，下面进行详细介绍。

（1）BUG的定义与理解

BUG 主要是指在测试阶段，测试人员发现的软件中的缺陷。对 BUG 的判定一般认为，被测产品不满足下列任何一条，即认为是软件 BUG。

1）最终不满足用户需求或隐含需求。

2）与前期需求或设计不符合或不一致。

BUG 由测试人员提出，存在异议时，一般以项目经理的判定为准。如果项目经理认为不是 BUG，测试人员可以把 BUG 注销或删除（注销的 BUG 不参与 BUG 统计）。如果存在严重争议，则建议项目组协商解决或汇报高层解决。

对于软件中的 BUG，不同的人有不同的心理表现。下面列出各个角色针对 BUG 信息的沟通和管理。

对于测试人员，发现 BUG 后可能的心理：

1）是否要报告这个 BUG？

2）把很多类似现象的 BUG 描述为一个还是多个？

3）是否要把 UI 方面的缺陷报告出来？

4）对于微小 BUG，是不是不报告？

5）对于 BUG 的分析，要花多长时间？

测试人员对 BUG 的判断对测试人员自己的影响很大，而且会逐渐对测试人员的可信赖度产生影响。测试人员对 BUG 报告的可理解性和对 BUG 的分析能力对测试人员的可信赖度有潜在的影响。

对于测试负责人，可能会想：

1）对于存在异议的 BUG，如何处理？

2）如果 BUG 比较微小，是否一定坚持要求开发人员修改？

3）如果 BUG 无关紧要，怎样要求测试小组处理这类问题？

4）如果项目经理对 BUG 也存在异议，那么该如何处理？

对于开发人员，可能的心理有：

1）这个 BUG 是否由我来负责修改？

2）是修复 BUG 还是遗留到以后？

3）BUG 很多时，先修改哪些 BUG？

4）需要花费多少时间来完成这些 BUG 的修改？

对于项目经理，可能更关心：

1）如果软件的 BUG 非常多，怎么办？

2）如果某一个模块或者某个开发人员负责的内容的 BUG 特别多，那么该如何调整？

3）是否要批准遗留或延迟修复 BUG？

4）如果 BUG 存在争执，如何处理？

对于高层经理，可能关心：

1）对于项目经理要遗留的 BUG 应采取什么态度？

2）关于项目经理和测试人员对于 BUG 的争执，该如何处理？

对于客户方代表（一般是客户方产品经理），比较关心：

1）是否要求项目经理修复遗留的 BUG？

2）是否要花时间来搞清楚 BUG 的来龙去脉？

3）是否要把遗留的 BUG 向用户说明，或以何种方式说明？

4）为了修改遗留的 BUG，软件发布延期怎么办？

（2）BUG管理原则

1）测试人员要有技术能力并准确地发现 BUG。

2）测试人员能够精准、求实地报告 BUG。

3）促使开发人员愿意花费时间改正 BUG。

4）项目组内要有良好的沟通机制，最终能使 BUG 更快、更有效地解决。

对于软件中出现的 BUG，不同人员往往会存在一些争执。对于管理者，要注意以下问题：

1）任何人不能因为测试人员大量地提交 BUG 而打消测试人员的士气，也不能认为测试工作是无意义的或无关紧要的，或者想方设法不让测试人员提交 BUG。

2）不要让 BUG 的数目影响开发或测试人员的考核成绩或对他们的评价。

3）不要让 BUG 使开发或测试人员受窘。

4）不要随意修改或删除测试人员发现的 BUG。

5）因为 BUG 也可能是虚报或是测试错误导致，所以不要轻易、完全地相信 BUG。

（3）BUG跟踪流程

具体的 BUG 跟踪流程如图 6-2 所示。具体流程描述如下：

1）测试人员通过执行测试用例，出现问题后判断是否为 BUG，如果是，则把 BUG 信息输入到 BIM 系统，此时 BUG 状态为待修复。

2）开发人员通过 BIM 系统查看到有新的待修复 BUG，则应采取相应措施。如果进行程序修改，则在修改后，标为“已经修改”，确认后，BUG 状态自动变为待验证。如果暂时不做修改，则在 BUG 回执中说明，此时状态仍为待修复。

3）如果 BUG 状态为待验证，则需要测试人员在下一版本完成后进行验证。如果此 BUG 确实已修复，则把 BUG 状态选择为“已解决”。如果没有修复，则测试人员需要把 BUG 状态改为“未修复”。

4）如果此 BUG 最终未修改或未修改成功，或对该 BUG 存在争议，则由项目经理决定是否遗留，或注销。

5）测试人员可以自主地把待修复的 BUG 改为注销。

注意：注销的 BUG 不参与统计。

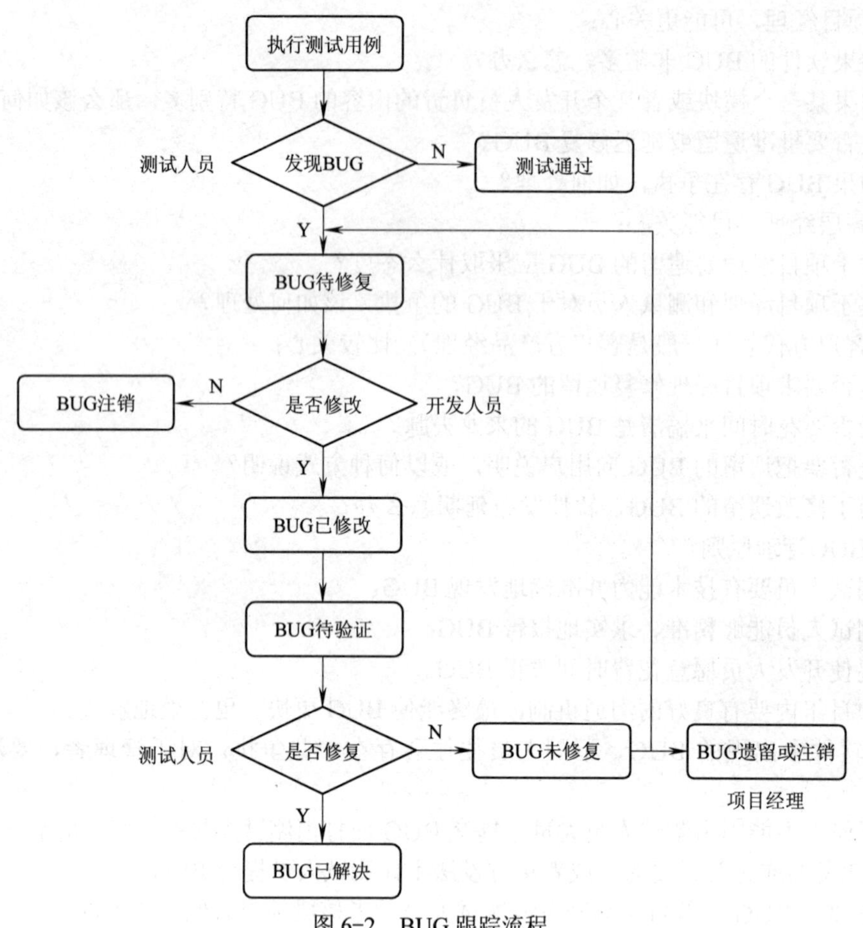

图 6-2 BUG 跟踪流程

（4）BUG的描述准则

一条优秀的 BUG 信息，要求测试人员做到以下几点：

1）尽量把 BUG 信息描述的清楚、具体，这样便于程序员更快捷、准确地找到问题的位置和原因，即要解释清楚如何产生的 BUG。

2）对 BUG 进行分析，以最少的步骤描述 BUG。

3）描述步骤不能缺失。

4）描述以事实为准。

5）每条 BUG 对应一条 BUG 表。

6）必要时，附加附件来帮助阐明 BUG。

7）检查 BIM 系统，查看是否有类似的缺陷并加以分析。

8）如果时间充裕，要进一步对 BUG 进行分析。

9）如果暂时不能复现此 BUG，就要尽量回忆自己做过的每一步并及时加以记录，以免忘记更多。

10）某一 BUG 的出现可能是因为之前的操作导致了延迟而发生的，所以最好记下之前做过的一系列操作。

11）如果测试操作可能导致缺陷不能复现，那么可以适当地使用录制/回放工具。

12）BUG 描述清晰，无二义性。

13）有时，有经验的测试人员凭借直觉就可以发现一些问题，这可称为“错误猜测”。测试人员可以把错误猜测结果也进行说明，但一定要标明是“猜测”的。

对于遗留 BUG 的描述更为重要，因为项目经理会将这些 BUG 的报告带到封样评审会，而且客户代表和高层经理会特别关注这些 BUG 的现象和严重级别。所以，预计遗留 BUG、编写高质量的 BUG 信息描述能够给相关人员带来充分的信息，以使他们对这些 BUG 有一个大概的了解。具体内容应包括：

1）尽量简短、清晰地描述，使相关人员能知道该 BUG 的现象如何。

2）指明该 BUG 发生的关键条件，包括测试环境和其他因素。

3）指明该 BUG 的严重程度和质量特性等。

（5）BUG的交流技巧

从某种意义上讲，开发人员是“创造者”，而测试人员是“破坏者”，所以测试人员与开发人员的 BUG 沟通存在争执和异议是正常的，那么如何进行有效的沟通呢？首先，双方愿意以一种坦诚的心态讨论 BUG 信息，如果开发人员不喜欢测试人员对 BUG 信息的表达方式，那么应对他们的建议保持理解。测试人员进行 BUG 沟通的目的在于，一方面要迫使开发人员修改 BUG，另一方面要策略地驳回开发人员不想修改 BUG 的各种理由。那么，知道开发人员在什么情况下很想修复 BUG，在什么情况下不想修复 BUG，这样测试人员在进行 BUG 信息描述时，就有技巧可言了。

在下列情况下，开发人员很想修复 BUG：

1）BUG 描述得很严重。

2）该 BUG 会影响很多人的工作。

3）BUG 修复起来很容易。

4）该 BUG 严重影响软件品质和品牌形象。

5）该 BUG 使开发人员或其他人员感到难堪。

6）管理层要求修复。

7）测试人员与开发人员有良好的人际关系，开发人员对测试人员有充足的信任。

在下列情况下，开发人员不想修复 BUG：

1）开发人员不能复现 BUG。

2）需要频繁复杂的步骤导致的 BUG。

3）出现 BUG 的描述步骤不清楚。

4）BUG 表现描述不清楚。

5）修复 BUG 花销大。

6）修复 BUG 会给整个程序带来一定的风险。

7）BUG 严重级别低。

8）管理层对该 BUG 持无所谓的态度。

9）开发人员对测试人员没有好感，对测试人员不信任。

（6）其他工作

测试实施工作主要以测试用例执行和 BUG 跟踪为重点，但是以下工作还是不能忽略的。

1）测试计划与测试说明的变更。由于计划经常会与现实存在差异，所以测试计划需要及时调整才能更好地进行测试工作的管理。测试说明更是如此，有时测试用例的变更量会超过最初的测试用例的数量。

2）项目组内部的沟通。项目组在测试阶段的沟通不止是 BUG 沟通，还包括测试阶段约定（主要指 BUG 定义约定和测试版本约定）、每一测试版本集成的沟通工作以及与项目经理预计遗留 BUG 的沟通等。

3）测试工作检查，具体包括：

① 测试执行策略与计划是否一致。

② 有多少需求经过了测试。

③ 哪些需求得到了满足，哪些需求没有通过。

④ 测试工作的进度与效率如何。

6.1.3 测试结束

测试实施结束，可以说完成了 90%的测试工作，但是“行百里者半九十”，项目中的软件测试任务虽然已经结束，但是在测试工作改进方面，最后一部分工作往往至关重要。

一个项目完成了测试工作，如果不及时进行技术与经验的总结，那么实践中得到的宝贵财富就没有得到系统的总结，达不到“诚信共享”的目的，那么测试人员能力的提升速度就会减缓。所以，测试负责人要重视收尾工作，把测试报告和测试总结工作做好。

大家容易把测试报告与测试总结相混淆，它们都是项目测试工作的总结，但不同之处在于，测试报告的侧重点是被测产品质量的报告，而测试总结是针对测试工作本身的技术和经验的总结。也就是说，测试报告是属于项目层面的，而测试总结是属于测试层面的。

1. 测试报告

测试报告主要用于提供项目的各种测试结果，它有两种文档形式，即项目测试报告和阶段测试报告。项目测试报告是针对整个项目最终的测试结果，而阶段测试报告为每个测试阶段的测试结果报告。

对于有两个以上测试阶段的项目来讲，软件研发规范一般要求既要有阶段测试报告，又要有项目测试报告。如果某一测试阶段为最后一个测试阶段，那么该阶段的测试报告可以合并到项目测试报告中。

测试报告主要包括测试概要，输出说明，遗留 BUG 的现象、影响和解决方案，以及最终的测试结果等。

1）测试概要：简要描述测试计划和测试用例的执行情况，以及测试执行的步骤。

2）输出说明：与测试计划的输出准则对应的测试结果，主要是指测试遗留 BUG 的数量及严重程度分布。

3）遗留 BUG：描述遗留 BUG 的信息、严重程度、BUG 的影响、对应的质量特性和引入原因等，这样能对遗留 BUG 进行全面分析，以利于客户代表清楚地知晓 BUG 的影响和解决方法，也利于开发质量的分析和后期改进。

4）测试结果：以测试人员的角度分析项目最终的测试结果满足用户需求的程度，以及是否满足项目质量目标等。

测试报告一般要求以图形和表格相结合的方式来表示，以形象的方式表达出测试工作的结果，使阅读人能够很清晰地知道项目测试的最终质量状况。测试报告要求有以下几种图。

1）BUG 走势曲线图：反映 BUG 走势是否正常，BUG 走势主要是指新建 BUG 和未关闭 BUG 的走势，未关闭 BUG 后期下降趋势要比新建 BUG 下降趋势靠后。

2）遗留 BUG 的严重程度分布：反映遗留 BUG 的严重性，这样与预计质量目标相对应，就可以清晰地看出是否满足预计的质量目标。

3）遗留 BUG 模块分布：反映遗留 BUG 的具体分布，这样可以从侧面反映出各个模块之间的质量情况。

4）遗留 BUG 的质量特性分布：反映遗留 BUG 表现出的质量特性。

2．测试总结

测试总结主要是针对测试工作本身的总结，其作用不仅是为了测试小组的总结和后期改进，而且为了能够被其他测试人员共享，吸取经验和教训。具体内容在规范中并没有严格要求，但总结一定要实事求是、以事论事，这样才能更有实效性。总结内容一般包括测试计划效度、测试说明质量、测试实施效率、测试方法与测试应用情况以及其他工作等。对于测试工作的教训一定要分析出原因和后期改进办法。

另外，测试总结工作不能以测试总结文档完成而结束，还需要把测试过程中出现的 BUG 进行整理和归纳，并进行分析。还要把比较经典的测试用例总结出来，作为相关项目的参考，以便重用。

3．测试流程管理的 3 个策略

测试流程管理属于项目管理的一部分，也是项目经理的管理职责之一。但根据一些公司的实际情况来讲，项目经理一般是开发人员或产品人员，很多人对测试工作并不熟悉，所以很多测试管理工作都由测试负责人来做。下面介绍一些测试管理经验。

测试流程管理与其他过程相比，更强调流程的阶段化管理、量化管理和优化管理。

（1）阶段化管理

阶段化管理主要指测试过程需要划分为各个阶段，而且各个阶段要分工明确、职责细化。根据某公司软件的实际情况，把测试工作划分为单元、集成、确认、系统等测试阶段，虽然都是进行测试工作，但每个阶段发现 BUG 产生的原因、测试策略、测试工具都不尽相同。

对于各个测试阶段，仍然可以继续细化到子阶段。例如，在确认测试和系统测试阶段细分出粗测期和细测期，粗测期主要是测试主要功能或流程是否基本满足需求；细测期主要是全面测试所有功能点，并进行回归测试。当然，测试负责人可以根据项目的具体情况灵活地进行划分。

测试流程阶段化有利于进行进一步分工，可以更全面地发现软件中的 BUG，还可以更好地协调测试资源，更容易进行管理。

（2）量化管理

量化管理很重要，是进行优化管理的基础。测试流程量化管理不仅要求测试计划和目标可量化，而且还包括整个测试过程都能量化地记录下来，并进行量化跟踪和管理。例如，测试覆盖率量化管理、BUG 量化管理等都是测试流程量化管理的重点。

测试流程量化管理可以使整个测试过程的管理更加清晰、透彻，有利于推进测试工作的规划和改进。

（3）优化管理

优化管理是指分析测试过程中每部分所蕴涵的知识、经验和教训，并把这些资源共享给所有的相关人员。

优化管理是 CMM（能力成熟度模型）的终极目标，也是软件测试工作发展的长远目标。

6.2 测试资源管理

测试资源管理主要包括测试人员管理、测试团队管理、测试环境管理和测试工具管理。

1. 测试人员管理

测试人员的素质高低对软件质量的影响很大，所以必须关注测试人员的技能，关心测试人员的发展。

公司的企业文化应注重员工的平等、信任、欣赏、亲情，激励员工服务客户、精准求实、诚信共享、创业创新，把个人发展和企业的长远发展结合起来，并为每位员工提供“没有天花板”的舞台。这些举措本身就给“人”的管理营造了良好的文化氛围。

但是，要把管理工作做好，还要考虑软件测试工作本身的特点。目前在国内，“重开发，轻测试”的现象仍比较普遍，国内在测试方面的技术和经验也比较落后。这种大环境势必影响着很多人对测试工作的看法，甚至觉得测试工作本身没有什么发展。测试工作非常重要，只是测试工作的发展不是一朝一夕就能完成的，还需要软件工作者不断地努力。

从软件测试管理的相关经验来看，激励测试员工是管理工作的首要切入点。做好员工激励工作，测试经理和测试主管要注意以下几点：

1）倡导正确的测试工作事业观、价值观。测试经理和测试主管要跟测试员工强调软件测试的重要性，强调公司对软件测试的重视，使员工愿意做软件测试工作，还要认真帮助测试员工规划其职业生涯。

2）调动技术人员的工作积极性、主动性、创造性，使员工增强工作归宿感，做到敬业乐群。通过调动员工的创造性，可以使测试工作更快速、更健康的发展。

3）物质和精神方式相结合或交替使用，并针对不同的人、不同的时期有所侧重。不同的测试员工可能需要不同的激励，不同的时期需要不同的激励方式。所以，采取激励方式前，要适当咨询员工的真正意愿和想法。

4）激励必须以量化的工作效果和贡献为基础。对测试员工的激励，尤其是物质上的激励，必须与工作效果和贡献成正比，而且对测试工作要进行量化，这样能体现出员工激励的平等性和规范性。

5）提倡自我激励精神，超越自我，追求个人的崇高理想。测试工作有很大的发展空间，管理人员有义务把其与员工的个人发展结合起来，这样在员工后期发展中就可以进行自我激励，不断地超越自我，不断地进步。

6）应以现代心理学为指导，正确应用激励的理论和方法，而不是简单地与员工进行交谈来完成。

2. 测试团队管理

测试团队管理并非只是测试经理或测试主管的工作，对于所有的项目测试负责人都是适用的，而且以下介绍的内容主要是以项目为单位的测试团队的管理。

由于团队管理本身就是一门较深的管理学问，所以涉及很多方面，这里只列出与测试直接相关的部分注意事项，供大家参考。

首先是测试团队的建立。测试团队的规模如何，一般取决于项目规模、测试人员与开发人员的比例、项目经理对质量的认同和期望等，也取决于测试负责人提供的准确的测试工作量计划。

测试团队建立后，对小组员工的管理很重要，具体包括：

1）明确测试分工，为每位测试人员分配任务，明确工作责任和目标。

2）根据分配的任务评价测试人员的能力与工作表现，包括发现 BUG 的能力。

3）帮助测试人员养成良好的测试习惯，同时测试负责人要起到带头作用。

4）不断强调测试流程与约定。

5）强调 BUG 的记录与跟踪和与开发人员的沟通能力。

6）为测试团队或小组提供充分的资源和帮助，包括及时提供测试技能的培训，并保证测试队伍的团结和协调、沟通等能力。

7）尽量保证测试小组中每个人都有一定的专长，不要把实现相同功能的人分配到一个测试小组中，否则会造成资源的浪费。

从以上几点来看，大部分事项是测试经理和项目测试团队负责人共同的职责。一个测试团队，精诚团结、共同目标、反馈沟通和共同的工作风格往往是高效工作的重要保证。

3. 测试环境管理

测试环境的管理包括测试软硬件管理和测试实验室建设。对于测试环境的管理主要是为了保证测试使用的环境与最终用户使用的环境相似，尽量避免软件在用户实际使用过程中出现质量问题，以取得良好的质量效果和用户的满意。

测试环境的选择，一般需要遵守以下原则：

1）测试环境与用户使用环境尽量接近。这一点要求测试人员必须了解用户实际使用的软硬件环境和其他使用环境。虽然测试人员不可能直接去了解用户，但可以通过需求人员、市场人员、项目经理或类似的项目资料等获得，并得到项目经理和客户代表的认可。

2）测试环境要具有代表性。测试环境的代表性意味着测试最常使用的环境即为用户最常使用的环境，测试很少使用或是不使用的测试环境也是用户很少使用的环境。

3）测试环境配置要考虑是否实际可行。“可行”包含 3 方面含义，其一是要考虑测试环境不宜过少，一般要求测试环境能够代表大部分用户的使用环境；其二是考虑测试环境的各种配置对于测试人员能否遍历到，如果测试时间和人力都很有限，那么就没有必要准备过多的测试环境；其三是在测试环境基本能满足用户需求的前提下，尽量考虑测试环境的经济性，如果资源花费过多，就要与项目经理共同商定、采购。

另外，在测试初期或测试周期较短的情况下，测试环境要尽量“干净”，即尽量少地安装软件环境，以避免其他软件产生的 BUG 对被测软件产生影响。

对于测试硬件环境的管理，要求要有专门的测试用机，而且确认测试和系统测试的测试用机要具有一定的代表性。例如，测试消费类软件一般要求使用家用最新品牌；企业类或教育类软件一般要使用专配机型。

对于测试实验室的管理还是比较复杂的，测试实验室的建设不仅要达到机房建设的标准，还要考虑可扩充性和易改变性，以适应项目发展和不同项目的需要。

4. 测试工具管理

测试工具的管理主要是指测试工具的购买、保存、使用等管理工作。对于测试工具的保存，与软件测试环境管理办法相同，即在测试中心有统一的借用库，供大家随时借用。

对于测试工具的购买，软件测试中心一般有5个采购步骤。

1）定义工具原始需求，制订购买计划，具体包括：

① 工具需要满足当前的业务需求。

② 工具的具体使用者和使用环境。

③ 工具的兼容性问题，包括操作系统、编程语言的兼容等。

④ 能够接受的费用预算。

⑤ 制订后续计划。

2）测试工具的调研与比较，得出调研和同类工具的全面比较。

3）重新定义工具需求。根据工具实际的功能，对比原始需求，并重新整理对测试工具的具体需求。

4）选定测试工具。从同类工具中选择最符合期望的工具（包括功能、性能、价格等）。当然这个步骤的结果也可能是不购买该类测试工具。

5）评价测试工具。通过评测和试用实施，得出该工具的各种特点，包括优缺点，以利于后期进行工具的推广和培训使用。

6.3 测试技术管理

鼓励测试人员抓住各种学习机会和采用多种交流机制，使测试技术和测试支持技术能持续提高。这些技术的积累是测试中心最大的财富，也是软件测试得以发展的基础。

做好测试技术管理工作可以使技术积累取得事半功倍的效果。

通过测试技术管理，可以达到以下目标：

1）调动测试人员技术学习、技术传播和技术创新的积极性。

2）减少传递学习经验的费用和时间。

3）能够把测试中心的技术、经验有效地保存下来。

4）技术积累能够直接决定测试技术的推广和实际应用。

为了达到以上目标，首先要建立有效的测试技术管理机制，具体包括：

1）鼓励测试员工积极学习，参加各种技术培训。技术发展的前提就是要不断地学习，包括测试技术、开发技术、软件工程技术、行业知识等。

2）通过项目测试工作不断地总结与测试相关的技术。实践证明，测试人员的经验往往比理论上学到的技术更重要，实践的总结是技术积累最宝贵的财富。所以，在每个项目测试工作结束后，测试负责人都要组织进行技术和经验的总结，这对测试技术的发展非常有益。

3）建立和组织内部培训、技术讨论、技术小组等多种交流方式。技术共享有益于测试全体员工的共同进步。技术共享的方式可以灵活采用，包括正式的内部培训、技术交流会或直接把文档共享给大家学习。

4）建立测试中心技术构架。建立测试中心技术构架的意义在于，把零散的测试技术系统地归纳起来，使大家有统一的技术学习和访问方式。

另外，在推行测试管理机制的过程中，要注意以下问题：

1）分出各个技术方向，并进行技术分工。这样，每位员工既能沿某一方向精专发展，又可以直接学习其他方向的技术成果。

2）尽量发挥集体的力量和优势。

3）尽量把每位员工所掌握的技术固化和共享出来。

4）对于为测试中心技术发展有贡献的员工，要给予适当奖励。

总体来说，测试技术管理说起来容易，做起来却不是很快就能有成效的，需要长年累月地不断积累。测试技术发展本身是无止境的，需要不断地吸取测试技术与经验，以不断地创造出更合适的测试技术。

6.4 测试风险管理

1. 测试风险的表现

测试风险一般表现为以下几种：

1）测试版本质量风险。在实际测试中经常会碰到这样的事情：按计划到了测试阶段，但开发人员迟迟不提交测试版本，最后“千呼万唤”拿出的测试版本 BUG 非常多，甚至局部功能还没有完善。还有一种情况就是，测试过程中发现的很多 BUG 都没有修改完成，以致测试版本比计划低很多。这种风险表现为测试版本质量风险。

2）测试进度风险。测试计划本来要在测试几个版本后进入回归测试期，但因 BUG 修改力度不够或测试人员发现 BUG 的效率低，所以很多 BUG 都是测试后期才发现的。这无疑对测试进度产生了不良影响，即为测试进度风险。

3）测试资源风险。测试资源风险包括人力资源不充分、测试人员能力过低、测试环境不能满足预期需求、测试工作量比预期估计的高很多等，这些测试资源风险都会造成测试工作“告急”。

2. 引发测试风险的原因

引发测试风险的原因很多，但要避免风险发生或具有风险紧急处理能力，就一定要分析出风险的深层次原因。一般引发测试风险的根本原因有以下几方面。

1）组织因素。由于测试组织的独立性，使项目小组的开发人员与测试人员往往不属于同一部门，这样可能会在管理和沟通方面出现分歧。另外，组织的高层领导对测试资源的投入不充分同样会导致测试风险的出现。

2）客户需求。客户与项目组对需求理解的分歧和客户需求的不断变化，可能会导致项目开发的进度拖延，自然也会影响测试工作的进度。另外，客户对软件质量要求的更改会直接导致测试风险的出现。

3）测试资源投入不够。测试资源投入不够体现在以下几个方面：

① 测试前期人力投入不够，造成需求没有完全理解，从而导致测试策略不科学，测试实施效率低。

② 测试实施过程中，测试人员投入不够，或测试人员能力低，或测试工作量估计过少，这些都会导致测试资源风险的发生。

③ 测试工具和环境资源不充分。缺少测试工具会造成某些 BUG 手工测试不到，缺少测试环境资源会造成用户环境需求不能得到有效验证，这些都会造成软件的质量风险。

4）测试人员能力。测试人员的技术和管理能力是测试工作能否按计划完成的重要因素。

技术水平越高，越能发现更多的缺陷；测试管理水平越高，测试的工作效率就越高。

5）外部因素。外部因素来源于各种可能的情况，如其他工作的影响以及各种不可避免的事情的发生。

3. 测试人员如何做好测试风险管理？

测试风险作为项目风险的一部分，应由项目经理负责，但是测试人员也要积极做好风险管理和评估等工作。

测试人员的风险管理工作主要有以下两方面：

一方面，尽量避免由于自身原因造成的风险发生，所以测试人员要尽量投入足够的测试资源，在测试前期要把用户需求理解透彻，编写高质量的测试说明和测试计划，不断通过培训和学习提升发现、分析BUG的能力。

另一方面，测试人员和测试负责人要对项目的整个过程有所警觉，一旦发现某些不利因素可能会导致测试风险的发生，就要多与项目经理和测试经理沟通，共同避免测试风险的发生。一旦发生测试风险，要有解决风险的最优方案。

习　题

一、选择题

1. 据权威部门统计，在软件错误产生的原因分布图表中，导致软件错误的主要原因是（　　）。

   A. 软件需求规格说明错误　　B. 设计错误
   C. 编码错误　　D. 测试错误

2. 下面关于软件测试的说法，正确的是（　　）。

   A. 经过测试没有发现错误，说明程序正确
   B. 成功的测试是没有发现错误的测试
   C. 测试的目标是为了证明程序没有错误
   D. 成功的测试是发现了迄今尚未发现的错误的测试

3. 软件测试的目的是（　　）。

   A. 表明软件是正确的　　B. 评价软件质量
   C. 尽可能发现软件中的错误　　D. 判定软件是否合格

4. 为了提高测试的效率，正确的做法是（　　）。

   A. 选择发现错误可能性大的数据作为测试用例
   B. 在完成程序的编码之后再制订软件的测试计划
   C. 随机选取测试用例
   D. 使用测试用例测试是为了检查程序是否做了应该做的事

5. 以下不属于软件缺陷的是（　　）。

   A. 软件没有实现产品规格说明中所要求的功能
   B. 软件中出现了产品规格说明中没有要求出现的功能
   C. 软件实现了产品规格说明中没有提到的功能
   D. 软件实现了产品规格说明中所要求的功能，但受性能限制未考虑可移植性问题

6. 下面有关软件缺陷的说法，错误的是（　　）。
   A. 缺陷就是软件产品在开发中存在的错误
   B. 缺陷就是软件维护过程中存在的错误、毛病等各种问题
   C. 缺陷就是导致系统程序崩溃的错误
   D. 缺陷就是系统所要实现某种功能的失效和违背

二、简答题

1. 所有的软件缺陷都能修复吗？所有的软件缺陷都需要修复吗？
2. 当开发人员说不是 BUG 时，应该如何处理？
3. 简述测试管理的 3 个策略。
4. 测试人员如何做好测试风险管理？
5. 缺陷的管理原则是什么？

第 7 章　软件测试自动化和工具

本章将介绍软件测试自动化的概念，以及目前常用的白盒测试工具、黑盒测试工具和测试管理工具，重点介绍 LoadRunner、ClearQuest 和 JUnit 3 种测试工具。通过对本章的学习，能够对自动化测试和当前流行的测试工具有一个全面的了解和认识。

本章要点：

1）测试自动化的概念。

2）常用测试工具的介绍。

7.1　测试自动化和工具概述

测试自动化是一门技术，但与测试技术存在很大的差别。测试自动化只对测试的经济性和修改性有影响，它是测试技术的一种辅助方法。试想，无论测试自动化做得如何出色，如果测试本身是失败的，那么测试结果就是毫无意义的。

另外，为实现高效的自动化测试，必须要有好的测试工具作支撑。一般来说，这些测试工具都是由经验丰富的测试人员精心设计的，在此基础上再应用自动化技术实现自动化测试，这样就可以获得建立及维护的合理开销。

1. 测试自动化技术和测试工具的益处

如果在整个测试过程中不采用测试自动化技术和测试工具，结果会怎样呢？肯定是在反反复复的回归测试过程中，不断地手动执行测试用例。如果软件规模很大，就意味着测试用例的数量非常巨大；如果每一版本的回归测试周期非常短，就意味着不能在每一个版本上都执行完所有的测试用例。这样会带来较为严重的软件质量风险，降低这个风险最好的办法就是应用测试自动化技术和使用测试工具。

应用软件测试自动化技术和使用测试工具带来的优点有：

1）速度快。自动化测试工具执行测试用例的速度要比手工测试快很多，甚至是快成千上万倍。

2）效率高。反反复复的回归测试会占用很大的工作量，而如果由测试工具来完成这些重复性工作，那么测试人员就会有精力和时间去添加和修改测试用例。

3）准确度高。手动执行大量的测试用例难免会出现差错，测试工具却能毫无差错地自动执行测试用例和检查运行结果。

4）坚持不懈。测试自动化和工具能永远不知疲倦地工作。

当然，不能以为有了测试工具，测试人员就能得到“解放”。工具毕竟是工具，它只能帮助软件测试人员更好地完成工作，而不能完全替代测试人员。

2. 测试工具的划分

测试工具分为静态分析工具和动态分析工具。

（1）静态分析工具

静态分析工具根据被测程序的结构特性进行分析，并不考虑测试中程序的可执行性。静态分析工具的功能如下。

1）代码审查（Code Auditing）：代码审查是检查源程序是否遵循了程序设计规则。典型的规则有结构化设计与编码、使用可移植的语言子集、使用标准的编码格式等。这类工具称为代码审查器。

2）一致性检查（Consistency Checking）：一致性检查是检查程序正文的各单元在使用统一的记法或术语时，其内部是否一致。这类工具通常用以检查是否遵循了设计规格说明书。此类工具通常称为一致性检查器。

3）交叉索引（Cross Referencing）：交叉索引是由逻辑名为实体构成的字典。交叉索引工具通常是高级语言编译系统的功能部件，在排错中也要使用。

4）接口分析（Interface Analysis）：接口分析检查程序单元之间接口的一致性以及是否遵循了预先确定的规则或原则。典型的接口分析包括检查传送给子程序的参数和检查模块的完整性。此类工具称为接口检查器。

5）输入/输出规格说明分析（I/O Specification Analysis）：输入/输出规格说明分析的目标是借助于分析输入/输出规格说明生成输入数据。

6）数据流分析（Data Flow Analysis）：数据流分析最初是来源于编译系统的优化研究，包括顺序数据定义集的图形分析和决定约束的引用模式，使其在程序的各执行点得到赋值。这类工具称为数据流分析器。

7）错误检查（Error Checking）：错误检查是要确定差异和分析错误的重要性和原因。

8）类型分析（Type Analysis）：类型分析是要检验命名的数据项和操作是否得到了正确的使用。通常，类型分析用以检验某个实体的值域（或函数等）是否按正确且一致的形式构成。

9）单元分析（Unit Analysis）：单元分析是要检验单元或构成实体的物理诸元是否得到了正确的定义以及一致的使用。

静态分析工具可提供的信息如下：

1）语法错误信息。

2）各种类型的源语句出现的次数。

3）标识符使用的交叉索引。

4）标识符在每个语句中使用的各种情况，如数据源点、数据终点、调用参数和下标等。

5）每个程序所调用的子程序和函数。

6）未经初始化的变量。

7）未曾使用过的变量。

8）任何输入数据都执行不到的孤立代码段。

9）违背编码标准（包括违背语言标准以及所属开发机构制定的实用标准）。

10）错用的全程变量、公用变量及参数表（如参数个数有误、类型不匹配、输入参数未经初始化、输出参数未赋值、输出参数虽赋值但未使用、对输入和输出均无用的参数等）。

（2）动态分析工具

动态分析工具为直接执行被测程序提供测试支持，是从被测程序中提取信息的工具，可分为符号演算器、测试数据生成器、程序插装器及程序变异分析器 4 种。

动态分析工具的功能如下。

1）覆盖分析（Coverage Analysis）：对所涉及的程序结构元素进行度量，以确定测试运行的充分性。这类工具称为覆盖分析器。

2）跟踪（Tracing）：跟踪程序执行的历史记录，可以分为路径流程跟踪、断点控制、逻辑流程跟踪及数据流跟踪。这类工具称为跟踪器。

3）调谐（Tuning）：确定被测程序的哪一部分执行的次数最多。

4）模拟（Simulation）：借助计算机执行操作的方式表现为物理系统或是抽象系统的某些行为特性。

5）计时（Timing）：报告与程序或其部分程序相关的实际主机的运行时间。

6）资源利用（Resource Utilization）：分析与系统硬件或系统软件相关的资源的运行情况。

7）符号执行（Symbolic Execution）：沿程序路径，借助符号的执行来体现逻辑关系和运算，但是并不使用实际数值。具有这种功能的工具称为符号演算器。

8）断言检查（Assertion Checking）：检查为认定程序元素间某种关系而由用户嵌入的语句。断言是表明程序变量之间条件或关系的逻辑表达式。可以使用符号或运行时的数据进行这种检查。完成这一功能的工具称为动态断言处理器或断言检查器。

9）约束演算（Constraint Evaluation）：为确定测试输入或证明的正确性，生成并（或）解决路径输入的限制或路径输出的限制。这一功能通常作为符号演算器和测试数据生成器的一部分。

7.2 测试脚本技术

脚本技术是自动化测试中必不可少的一部分，大多数的测试工具都提供了相应的测试脚本语言，如 Robot 下的 SQA Basic、WinRunner 下的类 C 语言等，它们都是一套有效的编程语言，因此，自动化测试也是一门编程测试。

脚本是一种计算机程序形式，是一组测试工具执行的指令集合。它的语言十分丰富，能够表示控件的属性与操作，能够记录延时，还有相应的检测语句。当然，脚本的具体内容还依赖于相应的测试工具，不同的测试工具提供的语法格式是不同的。与编程语言一样，脚本也是非常灵活的，可以有许多方法来编写脚本以完成一个特定的任务。编写脚本的方式依赖于个人编程技术的好坏，也依赖于实现对象。其实，快速、粗略的方法是尽可能地录制或复制其他脚本，并拼凑到一起。

脚本技术大致可分为以下几种：

1）线性脚本。

2）结构化脚本。

3）共享脚本。

4）数据驱动脚本。

其实，这些技术并不是相互排斥的，而是相辅相成的。每种技术在支持脚本完成测试用例的时间和开销上都有长处和短处。使用哪种技术来完成测试并不是最主要的，主要的是要从整体考虑。

1. 线性脚本

线性脚本是录制手工执行的测试用例得到的脚本。这种脚本包含所有的鼠标单击操作和键盘操作。如果测试人员只使用线性脚本技术，即录制每个测试用例的全部内容，则每个测试用例可以通过脚本完整地回放。此外，在录制或回放的脚本中均可以添加比较指令（如果测试工具支持）。

线性脚本的优点如下：

1）不需要深入的工作或计划。

2）可以快速上手。

3）对实际执行的操作可以进行检查。

4）测试人员不必是水平很高的编程人员。

线性脚本的缺点如下：

1）过程烦琐，产生可执行的测试脚本通常要花费很长时间。

2）依赖于每次的捕获内容。

3）每次的测试输入是固定的。

4）如果测试对象发生了较大的改变，则脚本不能重用。

5）脚本的维护工作量较大。

6）如果在测试过程中发生意外或冲突，则会导致整个测试的失败。

2. 结构化脚本

结构化脚本类似于结构化程序，结构化脚本中含有控制脚本执行的指令，这些指令或为控制结构或为调用结构。

所有测试工具的脚本语言均支持 3 种基本控制结构。第一种控制结构为顺序脚本，也就是线性脚本，另外两种控制结构的脚本为选择和迭代。

选择控制结构使脚本具有判断功能。最普通的形式是 if 条件判断语句，可以实现不同条件下的测试。

迭代控制结构可以根据需要重复一个或多个指令序列，有时也将这种结构称为“循环”。在这种结构中，指令序列被重复指定的次数直到条件满足为止，如 for 循环和 while 循环语句。

除了这些控制结构外，一个脚本还可以调用另一个脚本，即将一个脚本的控制点转移到另一个子脚本的开始，执行完脚本后再将控制点返回到第一个脚本。这种机制可以将较大的脚本分为几个较小的易于管理的脚本，以便于脚本的维护。

3. 共享脚本

共享脚本是指脚本可以被多个测试用例使用，这意味着脚本语言允许一个脚本被另一个脚本调用。这种技术的思路是产生一个执行某种任务的脚本，而不同的测试要重复这个任务，但执行这个任务时只需要在每个测试用例的适当地方调用这个脚本。这样有两个好处，第一，可以节省生成脚本的时间；第二，当重复的任务发生变化时，只需修改其中的一个脚本。

共享脚本的优点如下：

1）以较少的开销实现类似的测试。

2）维护开销低于线性脚本。

3）可以删除明显的重复。

4）可以在共享脚本中增加智能功能。例如，注册时，如果网络忙，则等待两分钟后重试，不必在几百个脚本中都做这件事，只需在一个脚本中做一遍即可。

共享脚本的缺点如下：

1）需要跟踪多个脚本，如果管理不好，很难找出合适的脚本。

2）对于每个测试仍需要一个特定的测试脚本，因为维护成本比较高。

3）共享脚本通常是针对被测软件的某一部分。

4. 数据驱动脚本

数据驱动脚本技术是将测试的输入存储在独立的数据文件中，而不是存储在脚本中。脚本中存放着相应的调用文件控制信息。执行测试时，从文件中而不是直接从脚本中读取测试输入。这种方法的最大好处是同一个脚本可以运行于不同的测试中。

数据驱动脚本的优点是：数据文件的格式易于处理。例如，测试人员可以事先将各种格式的数据以文件的形式保存下来，以后只要调用就可以了，这样使得测试人员可以把大部分的精力放在数据的设计上，而且可以被他人重用。

数据驱动脚本的缺点如下：

1）需要测试人员手动编程，因此需要测试人员具有一定的编程知识背景，使得初始建立脚本时的开销较大。

2）不适用于大系统。

7.3 测试比较

测试验证是检验软件是否产生了正确的输出，是通过在测试的实际输出与预期输出之间完成一次或多次的比较实现的，而这部分也是非常容易实现自动化测试的。试想，如果将大量的比较数字、列表的功能交给计算机，将测试人员从数据的海洋中解放出来，何乐而不为呢？

通常，有如下的比较类型：

1）动态比较。在执行测试用例的过程中进行比较，通常是通过测试工具在脚本中添加一系列被称为验证点的代码或手动加入。当回放脚本时，脚本会自动去做相应的工作，最后产生比较信息。

2）执行后比较。在测试用例执行完后进行比较，主要以最后屏幕上的输出为主。

3）简单比较。也称为无智能比较，是指在实际输出与预期输出之间寻求完全相同的匹配，比较容易发现差异。

4）复杂比较。也称为智能比较，允许用已知的差异来比较实际输出和预期输出。如果正确指定了比较需求，复杂比较就会忽略一定类型的差异，并突出其他差异。

7.4 使用测试自动化和工具要考虑的因素

1）对于小项目而言，由于在学习和执行过程中需要花费很多时间，所以使用自动测试工具不一定值得。对于大项目或持续时间很长的项目来说，是值得的。

2）软件变更。需求的变更和软件实现方式的改变可能需要录制大量的宏，并且经常需要进行修改和重新录制，这在测试过程中是正常的情况。所以，编写自动化程序一定要具有灵活性，以便在必要时能快速地修改。

3）测试自动化和工具不是万能的，测试人员的直觉和经验是不可替代的。

4）验证难以实现。如果测试用户界面，验证测试结果最简单的方法是捕捉和比较屏幕画面。但是，屏幕画面是大型文件，而且这些屏幕画面在产品开发过程中会不断变化。因此，要保证测试工具只检查需要的画面，而且能够在产品开发过程中高效地处理变化。

5）不要过分依赖测试自动化和工具。不要因为执行了全部的自动测试而没有发现软件缺陷，就认为真的不存在缺陷了，事实上，软件缺陷肯定存在。

6）不要花费太多时间使用达不到测试软件目的的大型测试工具和自动化工具。测试自动化和工具的确能提高测试效率，但是如果很难发现软件中的缺陷，就没有必要使用。

7）编写脚本和开发测试工具都属于开发工作，测试人员要遵守程序员的标准和规范。

8）使用测试工具发现的软件缺陷并不一定完全是软件本身的缺陷，可能是测试工具不适用或其本身就有缺陷，所以测试人员要对缺陷现象仔细分析。

7.5　常用测试工具介绍

根据测试方法的不同，自动化测试工具可以分为白盒测试工具、黑盒测试工具和测试管理工具。这些工具主要是 Mercury Interactive（MI）、Segue、IBM Rational、Compuware 和 Empirix 等公司的产品。

（1）白盒测试工具

白盒测试工具一般是针对代码进行测试，测试中发现的缺陷可以定位到代码级。根据测试工具工作原理的不同，白盒测试工具又分为静态测试工具和动态测试工具。

1）静态测试工具。静态测试就是在不执行程序的情况下分析软件的特性。因此，静态测试工具一般是对代码进行语法扫描，找出不符合编码规范的地方，根据某种质量模型评价代码的质量，生成系统的调用关系图等。静态测试工具直接对代码进行分析，不需要运行代码，也不需要对代码编译链接或生成可执行文件。

静态测试工具的代表有 Telelogic 公司的 Logiscope 和 PR 公司的 PRQA 等。

2）动态测试工具。动态测试直接执行被测程序以提供测试活动。因此，动态测试工具需要实际运行被测系统，并设置断点，向代码生成的可执行文件中插入一些监测代码，以掌握断点这一时刻程序的运行数据。

动态测试工具的代表有 Compuware 公司的 DevPartner 和 IBM Rational 公司的 Purify 等。

常见的白盒测试工具见表 7-1 和表 7-2。

表 7-1　Parasoft 白盒测试工具集

工具名	支持的语言环境	简介
Jtest	Java	代码分析和动态类、组件测试
Jcontract	Java	实时性能监控以及分析优化
C++ Test	C，C++	代码分析和动态测试
CodeWizard	C，C++	代码静态分析
Insure++	C，C++	实时性能监控以及分析优化
.test	.NET	代码分析和动态测试

表 7-2 Compuware 白盒测试工具集

工 具 名	支持的语言环境	简 介
BoundsChecker	C++，Delphi	API 和 OLE 错误检查、指针和泄露错误检查、内存错误检查
TrueTime	C++，Java，Visual Basic	代码运行效率检查、组件性能的分析
FailSafe	Visual Basic	自动错误处理和恢复系统
Jcheck	MS Visual J++	图形化的线程和事件分析工具
TureCoverage	C++，Java，Visual Basic	函数调用次数、所占比率统计以及稳定性跟踪
SmartCheck	Visual Basic	函数调用次数、所占比率统计以及稳定性跟踪
CodeReview	Visual Basic	自动源代码分析工具

（2）黑盒测试工具

黑盒测试工具适用于系统功能测试和性能测试，包括功能测试工具、负载测试工具、性能测试工具等。黑盒测试工具的一般原理是利用脚本的录制/回放（Record/Playback）模拟用户的操作，然后将被测系统的输出记录下来，同预先给定的标准结果进行比较。黑盒测试工具可以大大减轻黑盒测试的工作量，在迭代开发的过程中，能够很好地进行回归测试。

黑盒测试工具的代表有 IBM Rational 公司的 TeamTest 和 Compuware 公司的 QACenter 等。常见的黑盒功能测试工具见表 7-3。

表 7-3 常见的黑盒功能测试工具

工 具 名	公 司 名	官 方 站 点
WinRunner	Mercury Interactive	http://www.merc-inc.com
Astra Quicktest	Mercury Interactive	http://www.merc-inc.com
LoadRunner	Mercury Interactive	http://www.merc-inc.com
Robot	IBM Rational	http://www-306.ibm.com/software/rational/
TeamTest	IBM Rational	http://www-306.ibm.com/software/rational/
QARun	Compuware	http://compuware.com
QALoad	Compuware	http://compuware.com
SilkTest	Segue Software	http://www.segue.com
SilkPerformer	Segue Software	http://www.segue.com
e-Test	Empirix	http://www.empirix.com
e-Load	Empirix	http://www.empirix.com
WAS	Microsoft	http://www.microsoft.com
WebLoad	Radview	http://www.radview.com
OpenSTA	OpenSTA	http://www.opensta.com

（3）测试管理工具

测试管理工具用于对测试进行管理。一般而言，测试管理工具负责对测试计划、测试用例、测试实施进行管理，还包括产品缺陷跟踪管理和产品特性管理等。

测试管理工具的代表有 IBM Rational 公司的 TestManager、Compuware 公司的 TrackRecord 和 Mercury Interactive 公司的 TestDirector 等。

除此之外，还有专门用于性能测试的工具，如 Radview 公司的 WebLoad 和 Microsoft 公司的 WebStress 等，还有针对数据库测试的 TestBytes 和对应用性能进行优化的 EcoScope 等。

常见的测试管理工具见表 7-4。

表 7-4　常用的测试管理工具

工具名	公司名	功能
TestDirector	Mercury Interactive	提供测试需求、测试计划、缺陷管理
TestManager	IBM Rational	测试管理工具。提供测试计划、测试评估、测试报告管理，以及链接测试用例与需求
ClearQuest	IBM Rational	缺陷和变更跟踪系统
Bugzilla	Mozilla	免费的缺陷管理工具
TrackRecord	Compureware	缺陷管理工具

表 7-5 是对常用测试工具从功能上的一个汇总。

表 7-5　常用的测试工具

工具名	公司名	功能
WinRunner	Mercury Interactive	功能测试工具，检测应用程序是否能够达到预期的功能及是否能够正常运行
Quicktest Pro	Mercury Interactive	Web 自动化测试工具，性能和负载压力测试
LoadRunner	Mercury Interactive	负载压力测试工具
TestDirector	Mercury Interactive	测试管理，提供测试需求、测试计划、缺陷管理
Robot	IBM Rational	功能测试、性能测试工具
Test Manager	IBM Rational	测试管理工具，提供测试计划、测试评估、测试报告管理，以及链接测试用例与需求
ClearQuest	IBM Rational	缺陷管理
Robot	IBM Rational	功能测试、回归测试和集成测试
Manual Tester	IBM Rational	手工测试自动化工具
Test RealTime	IBM Rational	实时测试
Functional Tester	IBM Rational	功能测试和回归测试
Rational performance tester	IBM Rational	负载和性能测试
QARun	Compuware	功能测试工具，类似于 WinRunner
TrackRecord	Compuware	缺陷管理工具
QACenter	Compuware	功能测试，性能测试和回归测试
QADirector	Compuware	测试管理
QALoad	Compuware	负载压力测试
TestPartner	Compuware	功能测试
SilkTest	Segue	功能和回归测试工具
SilkPlan Pro	Segue	测试管理
SilkPerformer	Segue	负载压力测试
Bugzilla	Mozilla	免费的缺陷管理工具
Logiscope	Telelogic	功能测试
TAU/tester	Telelogic	系统测试和集成测试

下面详细介绍其中的几个测试工具。

7.5.1　LoadRunner

LoadRunner 是 Mercury Interactive 公司的产品，主要用于性能和压力测试。

1. LoadRunner 简介

LoadRunner 是一种预测系统行为和性能的工业标准级负载测试工具，以模拟上千万用户实施并发负载以及实时性能监测的方式来确认和查找问题。LoadRunner 能够对整个企业架构进行测试。通过使用 LoadRunner，企业能最大限度地缩短测试时间、优化性能和加快应用系统的发布周期。目前，企业的网络应用环境都必须支持大量的用户，网络体系架构中都含有各类应用环境，且由不同的供应商提供软件和硬件产品。难以预知的用户负载和越来越复杂的应用环境使公司时时担心会发生用户响应速度过慢、系统崩溃等问题，这些都不可避免地导致了公司的收益受损。LoadRunner 能让企业保护自己的收入来源，无需购置额外的硬件而最大限度地利用现有的 IT 资源，并确保终端用户在应用系统的各个环节中对其测试应用的质量、可靠性和可扩展性都有良好的评价。LoadRunner 是一种适用于各种体系架构的自动负载测试工具，它能预测系统行为并优化系统性能。LoadRunner 的测试对象是整个企业系统，通过模拟实际用户的操作行为和实时的性能监测来更快地查找和发现问题。此外，LoadRunner 支持广泛的协议和技术，为用户的特殊环境提供特殊的解决方案。

2. LoadRunner 的组件

LoadRunner 包含下列组件：

1）虚拟用户生成器用于捕获最终的用户业务流程和创建自动性能测试脚本（也称为虚拟用户脚本）。

2）Controller 用于组织、驱动、管理和监控负载测试。

3）负载生成器用于通过运行虚拟用户生成负载。

4）Analysis 有助于查看、分析和比较性能结果。

5）Launcher 为访问所有 LoadRunner 组件的统一界面。

3. LoadRunner 术语

1）场景（方案）：场景是一种文件，用于根据性能要求，在每一个测试会话运行期间定义发生的事件。

2）Vuser：在场景中，LoadRunner 用虚拟用户 Vuser 代替实际用户。Vuser 模拟实际用户的操作来使用应用程序。一个场景可以包含几十、几百甚至上千个 Vuser。

3）Vuser 脚本：Vuser 脚本用于描述 Vuser 在场景中执行的操作。

4）事务：要度量服务器的性能，需要定义事务。事务表示要度量的最终用户业务流程。

4. 负载测试流程

负载测试通常由规划测试、脚本创建、创建方案、执行方案、监控方案和结果分析 6 个阶段组成，如图 7-1 所示。

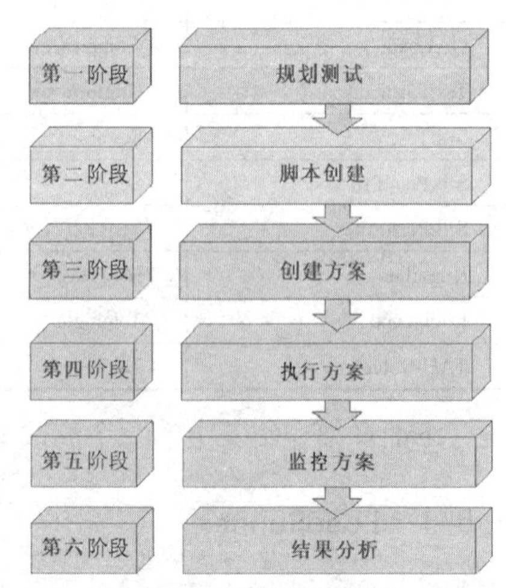

图 7-1 负载测试流程

1）规划测试：定义性能测试要求，如并发用户的数量、典型业务流程和所需响应时间。

2）脚本创建：将最终用户活动捕获到自动脚本中。

3）创建方案：使用 LoadRunner Controller 设置负载测试环境。

4）执行方案：通过 LoadRunner Controller 驱动、管理负载测试。

5）监控方案：监控负载测试。

6）结果分析：使用 LoadRunner Analysis 创建图和报告并评估性能。

5．需要下载的文件及下载源

这里使用目前比较流行的 LoadRunner 8.1 版本。需要下载的文件包括：

1）LoadRunner 8.1 ISO 镜像，文件名为 LR_8.1.iso。

2）中文补丁 ISO 镜像，文件名为 LR_8.1ChinesePack.iso。

3）LoadRunner 8.1 兼容 IE7 及以上版本的补丁 FP4，文件名为 LR81FP4.rar。

6．LoadRunner 的测试过程

（1）录制测试脚本

开始录制用户操作，打开 VuGen 并创建一个空白脚本。通过录制事件和手动添加增强内容来填充空白脚本。在本部分中，将打开 VuGen 并创建一个空白 Web 脚本。

1）启动 LoadRunner。单击“开始”→“程序”→“Mercury LoadRunner”→“LoadRunner”命令，打开“Mercury LoadRunner 8.1”窗口，如图 7-2 所示。

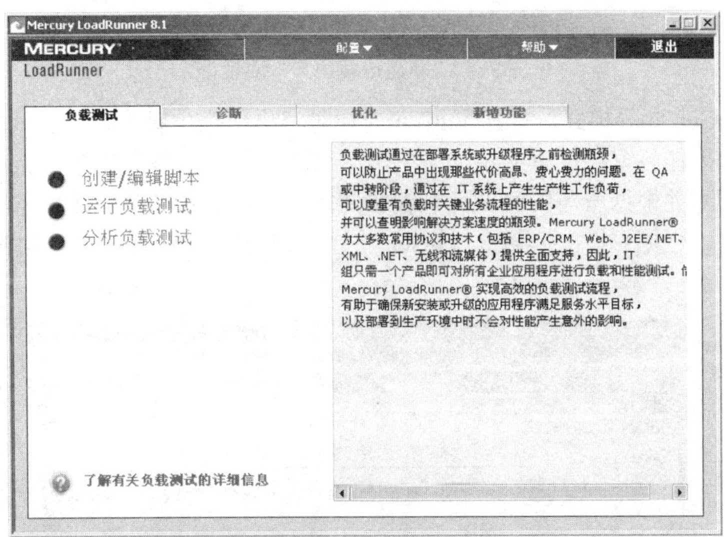

图 7-2 “Mercury LoadRunner 8.1”窗口

2）打开 VuGen，选择“负载测试”选项卡，单击“创建/编辑脚本”，打开 VuGen 开始页，如图 7-3 所示。

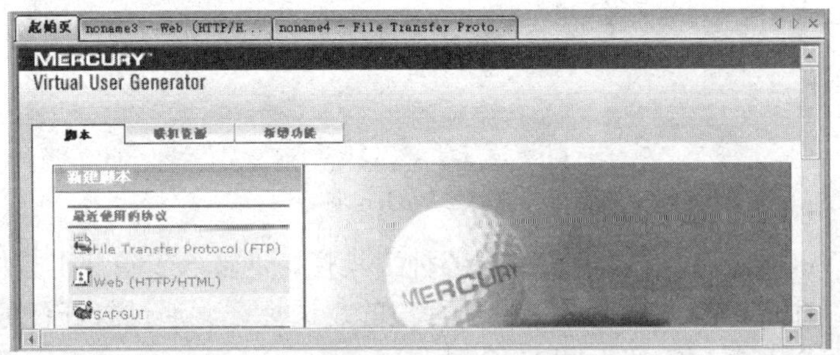

图 7-3　VuGen 开始页

3）创建一个空白 Web 脚本。在 VuGen 开始页的“脚本”选项卡中，单击“新建 Vuser 脚本”，打开“新建虚拟用户”对话框，其中显示用于新建单协议脚本的选项，如图 7-4 所示。协议是客户端用来与系统后端进行通信的语言，Mercury Tours 是基于 Web 的应用程序，因此将创建一个 Web 虚拟用户脚本。

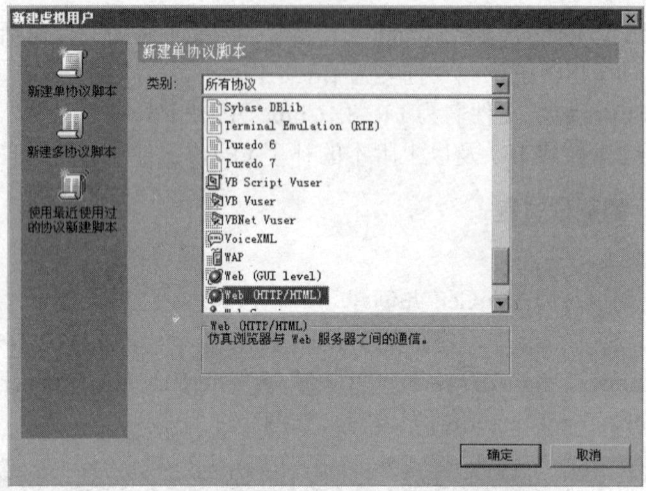

图 7-4 “新建虚拟用户”对话框

4）使用 VuGen 向导模式。打开 VuGen 向导时将出现空白脚本，并且该向导的左侧将显示任务窗格。如果任务窗格没有显示，请单击工具栏上的“任务”按钮，VuGen 向导将指示用户逐步创建脚本并根据所需的测试环境编辑此脚本。任务窗格列出了脚本在创建过程中的每个步骤或任务。在执行每个步骤时，VuGen 将在该窗口的主区域中显示详细的说明和规则，如图 7-5 所示。

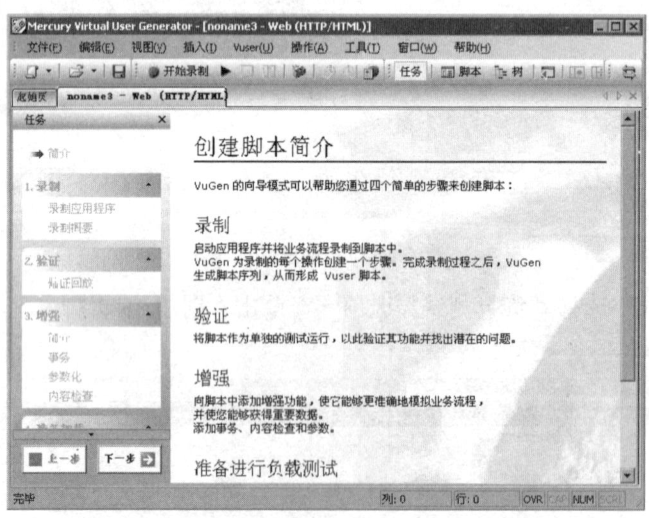

图 7-5 VuGen 向导

可以自定义 VuGen 窗口以显示或隐藏各种工具栏。要显示或隐藏工具栏，可以单击“视图”→“工具栏”命令，并切换所需工具栏旁边的复选标记。通过打开任务窗格并单击其中的一个任务步骤可以在任何阶段返回 VuGen 向导。

单击说明窗格底部的“开始录制”按钮，如图 7-6 所示，打开“开始录制”对话框，如图 7-7 所示。

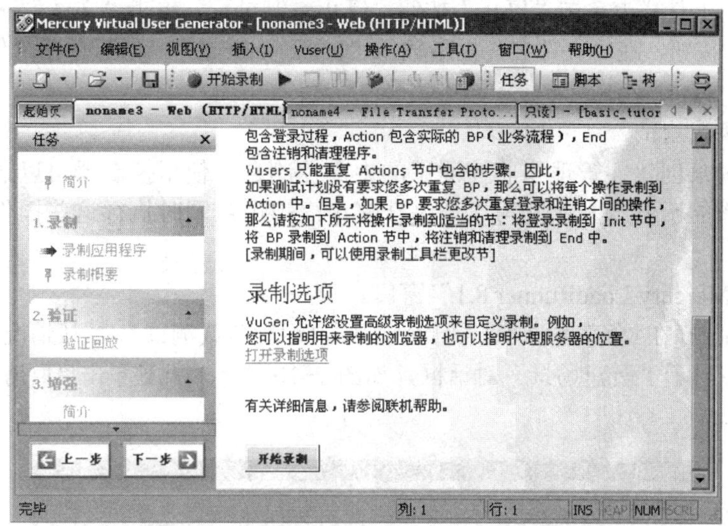

图 7-6　单击“开始录制”按钮

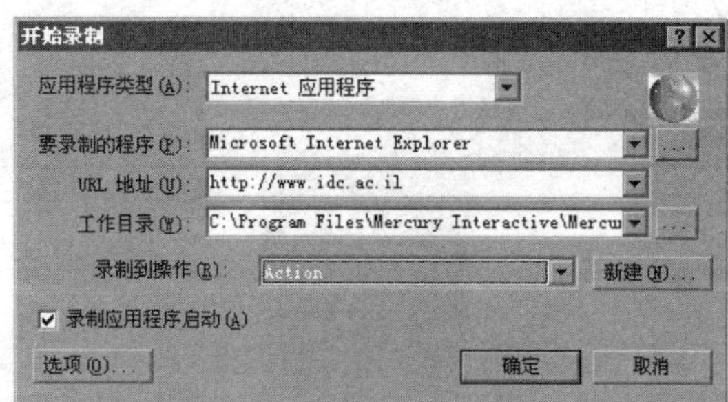

图 7-7　“开始录制”对话框

在“URL 地址”框中输入“http://localhost:1080/MercuryWebTours/”，在“录制到操作”下拉列表框中选择“操作”，然后单击“确定”按钮。将打开一个新的 Web 浏览器，显示 Mercury Tours 站点，打开浮动录制工具栏，如图 7-8 和图 7-9 所示。

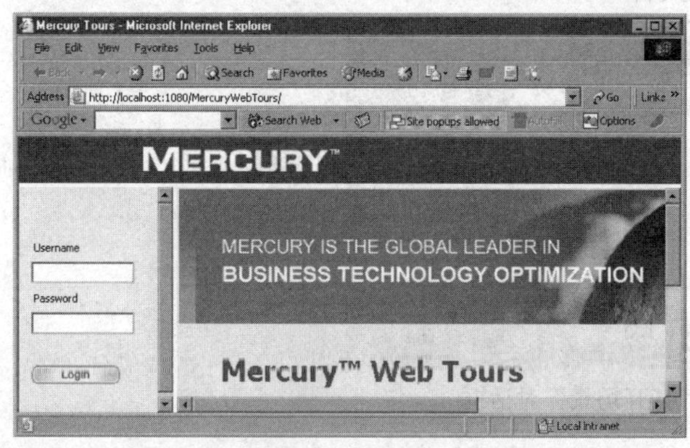

图 7-8　Mercury Tours 站点

图 7-9　浮动录制工具栏

在“Username”框和“Password”框中输入“admin”，单击“Login”按钮，将打开欢迎页面。将事件设置为 vuer_end，然后单击网站的“退出”按钮，完成登录后的退出。

在浮动录制工具栏上单击“停止”按钮，停止录制过程。单击“文件”→“保存”命令，或单击“保存”按钮，在“文件名”框中输入“basic_tutorial”，然后单击“保存”按钮完成录制工作。

（2）创建负载测试

控制器是用来创建、管理和监控测试的中央控制台。使用控制器可以运行用来模拟实际用户执行操作的示例脚本，并可以通过让多个虚拟用户同时执行这些操作在系统中创建负载。

1）打开“Mercury LoadRunner 8.1”窗口。

2）打开控制器，在“负载测试”选项卡中，单击“运行负载测试”。默认情况下，LoadRunner 控制器打开时将显示“新建场景”对话框，如图 7-10 所示。此处单击“取消”按钮关闭该对话框即可。

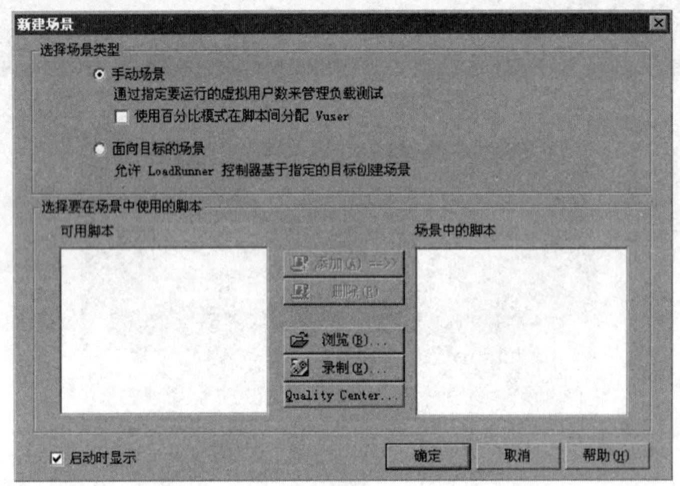

图 7-10 “新建场景”对话框

3）打开示例测试。在控制器菜单中单击“文件”→“打开”命令，并打开“LoadRunner 安装路径\Tutorial”目录中的 Scenario1.lrs 文件，如图 7-11 所示。

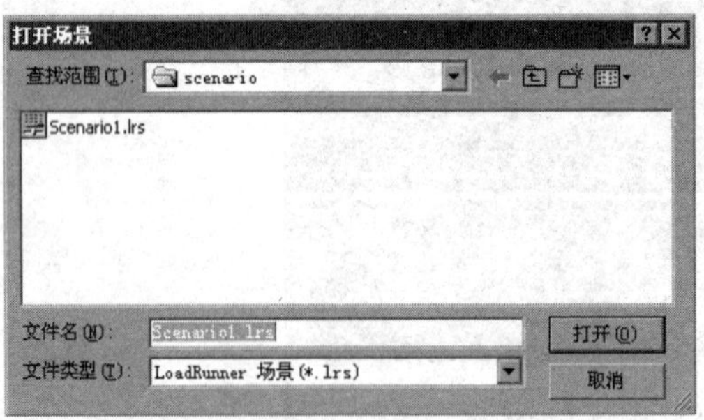

图 7-11 “打开场景”对话框

打开 LoadRunner 控制器的“设计”选项卡，demo_script 测试将出现在“场景组”窗格中，可以看到已经分配了 2 个 Vuser 运行测试，如图 7-12 所示。此时，可以准备运行测试了。

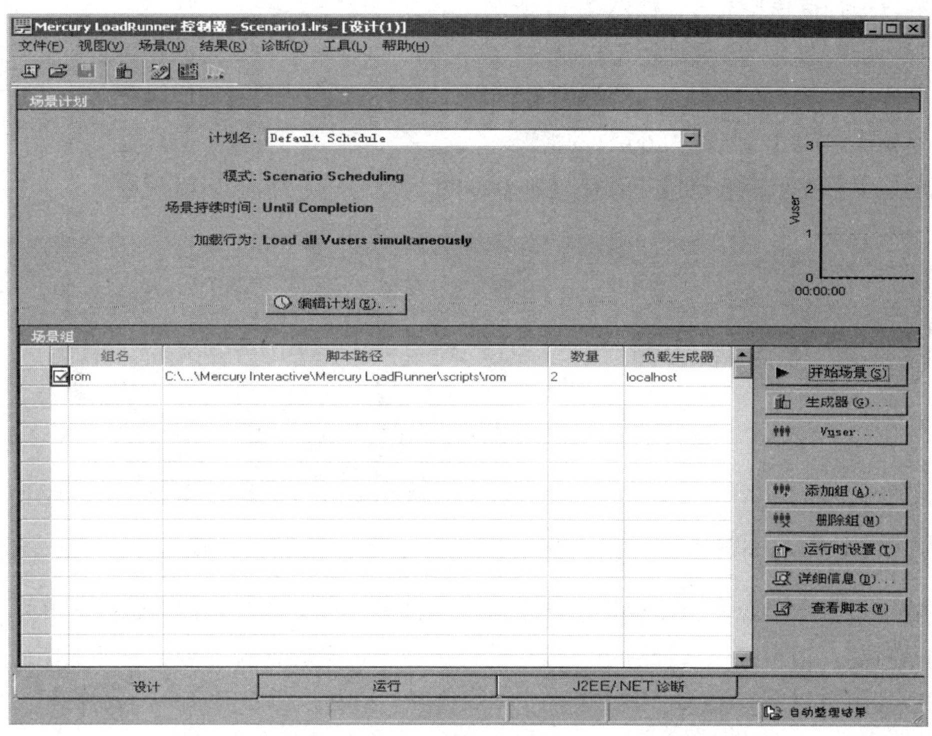

图 7-12　LoadRunner 控制器

4）运行时设置。确保显示“任务”窗格，在“任务”窗格中单击“验证回放”。在说明窗格中的“运行时设置”标题下单击“打开运行时设置”超链接，还可以按<F4>键或单击工具栏中的“运行时设置”按钮，打开“运行时设置”对话框，如图 7-13 所示。

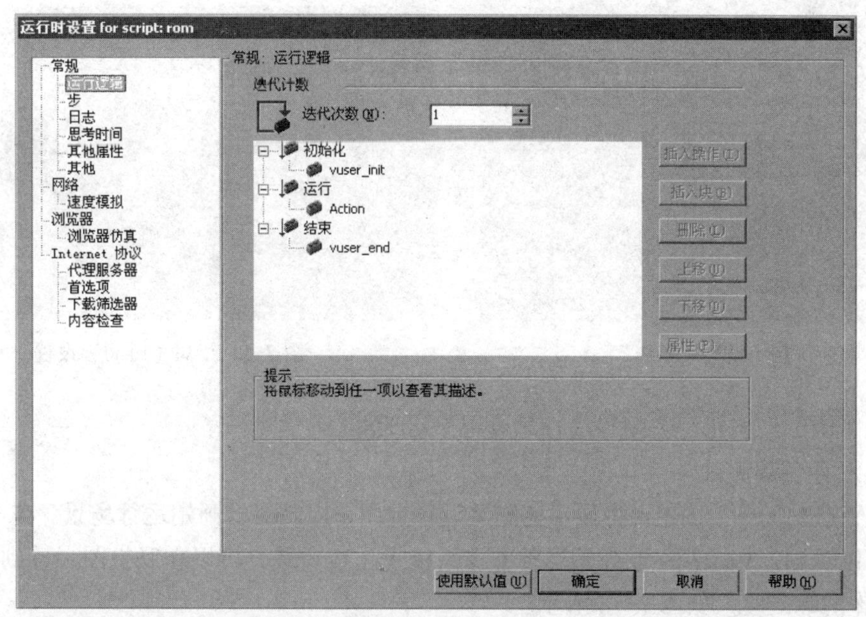

图 7-13　“运行时设置”对话框

展开“运行逻辑”节点，如图 7-14 所示。

选择“步”节点，该属性用于控制迭代之间的时间，可以将此时间指定为随机时间，这样可以准确模拟用户在操作之间等待的实际时间设置。但在随机时间间隔下，看不到实际用户在重复操作之间等待恰好为 60 秒的情况。

此处选中第 3 个单选按钮并设置为 60.000 到 90.000 秒，如图 7-15 所示。

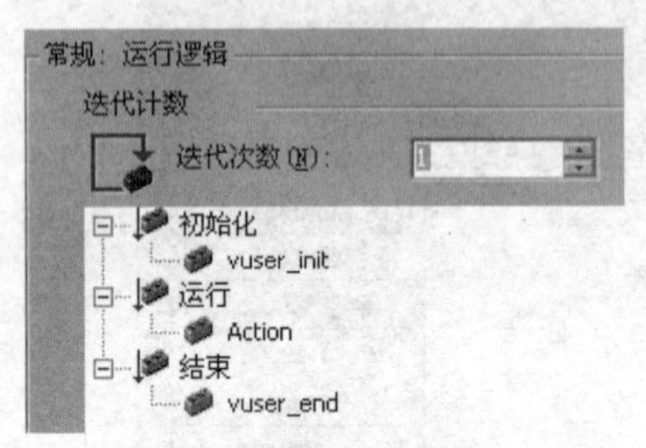

图 7-14　设置“运行逻辑”

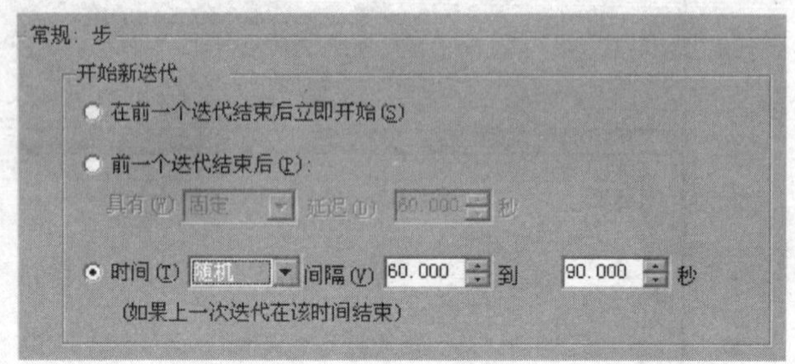

图 7-15　设置“步”

选择“日志”节点，该属性用于指示运行测试时要记录的信息详细级别。开发期间，出于调试目的，用户可以选择启用某级别的日志记录，但验证脚本可以正常工作后，仅可以启用或禁用错误日志记录。此处选中“扩展日志”单选按钮并勾选“参数替换”复选框，如图 7-16 所示。

查看“思考时间”设置，注意，此处不能进行任何更改，用户将通过控制器设置思考时间，如图 7-17 所示。在 VuGen 中运行脚本时，由于脚本不包括思考时间，因此脚本将快速运行。

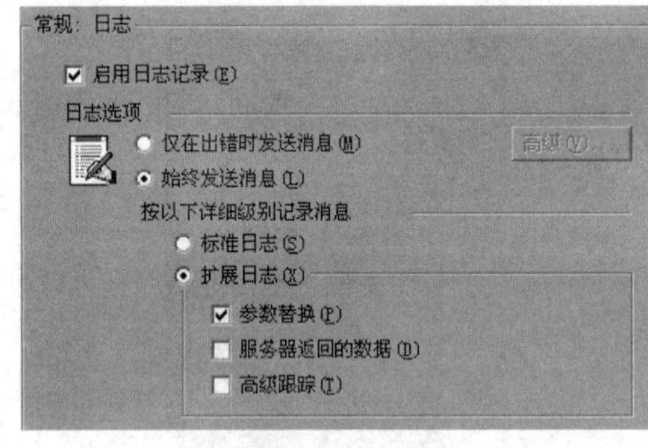

图 7-16　设置“日志”

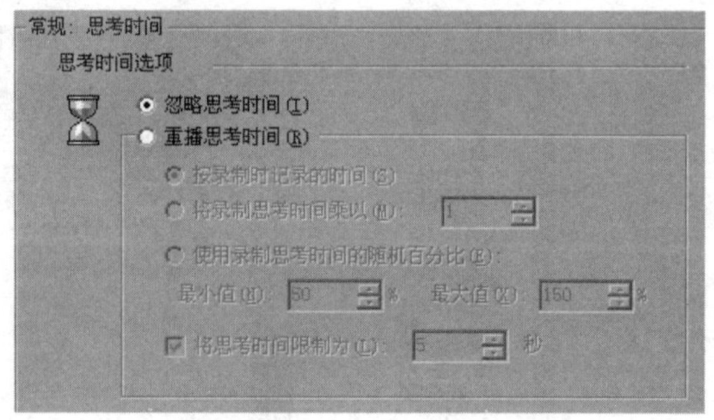

图 7-17　“思考时间”设置

单击“确定”按钮，关闭“运行时设置”对话框。

（3）运行负载测试

单击“启动场景”按钮，将显示控制器运行视图，控制器将开始运行场景。在“场景组”窗格中可以看到，Vuser 逐渐开始运行并在系统上生成负载。可以在联机图上看到服务器对 Vuser 操作的响应度，如图 7-18 所示。

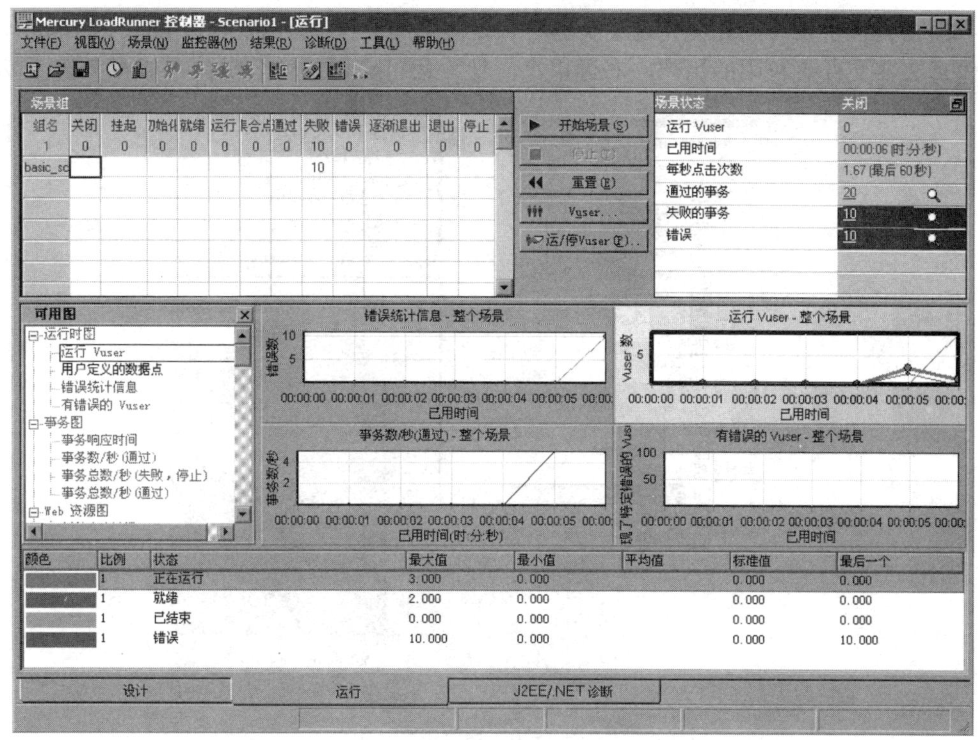

图 7-18　运行负载测试结果

7.5.2　ClearQuest

ClearQuest 是 IBM Rational 公司的产品，主要用于缺陷管理。

ClearQuest 提供基于活动的变更和缺陷跟踪，以灵活的工作流管理所有类型的变更要求，包括缺陷、改进、问题和文档变更；能够方便地定制缺陷和变更请求的字段、流程、用户界面、查询、图表、报告；开箱即用特性提供了预定义的配置和自动电子邮件的通知和提交；与 Rational ClearCase 一起提供完整的 SCM 解决方案，提供基于活动的变更和缺陷跟踪；拥有“设计一次，到处部署”的能力，从而可以自动地改变任何客户端界面（如 Windows、Linux、UNIX 和 Web）；可与 IBM WebSphereStudio、Eclipse 和 Microsoft .NET IDE 进行紧密集成，从而可以即时访问变更信息；支持统一变更管理，以提供经过验证的变更管理过程支持；易于扩展，因此无论开发项目的团队规模、地点和平台如何，均可提供良好的支持。

1. 操作界面简介

ClearQuest 的操作界面分为 3 个部分：菜单栏与工具栏、导航窗体、主窗体。

菜单栏与工具栏位于窗体的上部，在工具栏中，包含了很多命令，如创建新的查询和图表、保存查询、执行报表等，如图 7-19 所示。

图 7-19　菜单栏与工具栏

导航窗体位于窗体的左侧，通过双击导航窗体中的文件，打开相应的图表、报表和查询。具有管理公共文件夹权限的用户，右键单击文件，还可进行编辑等操作，如图 7-20 所示。

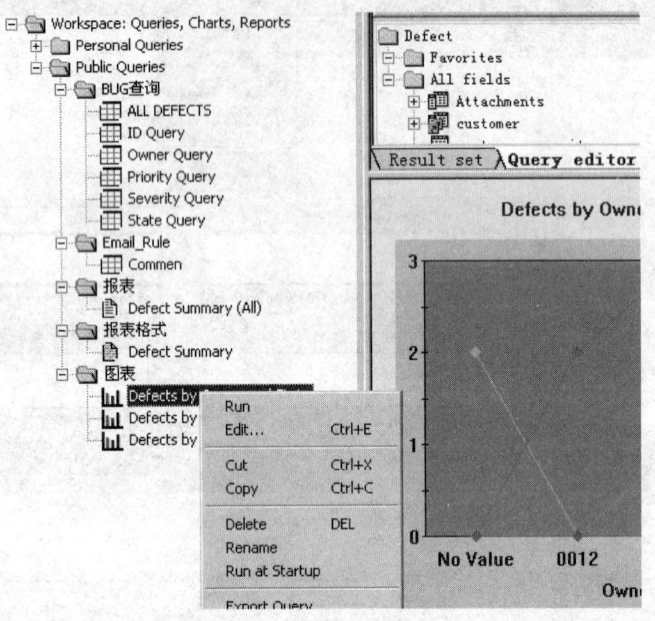

图 7-20 导航窗体

主窗体位于窗体的右侧，用来显示各种视图。

2. BUG 处理流程

ClearQuest 的 BUG 处理流程如图 7-21 所示。

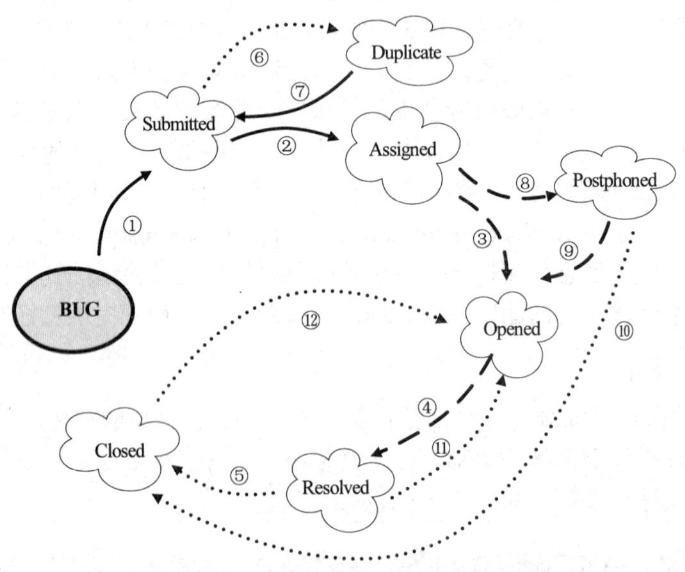

图 7-21 ClearQuest 的 BUG 处理流程图

其中，实线代表测试员与程序员均能执行的操作；点虚线代表只有测试员能执行的操作；虚线代表只有程序员能执行的操作。

1）测试员或程序员发现 BUG，单击工具栏中的“New Defect”按钮，填写 BUG 信息，如 HeadLine（标题）、Description（描述）、Severity（严重级）等（其中，红色字段为必填字段），如图 7-22 所示。还可根据需要在“Attachments”选项卡中单击“Add”按钮添加附件。此时系统设置 BUG 的状态为“Submitted”，即“已提交”状态。完成后单击“OK”按钮。

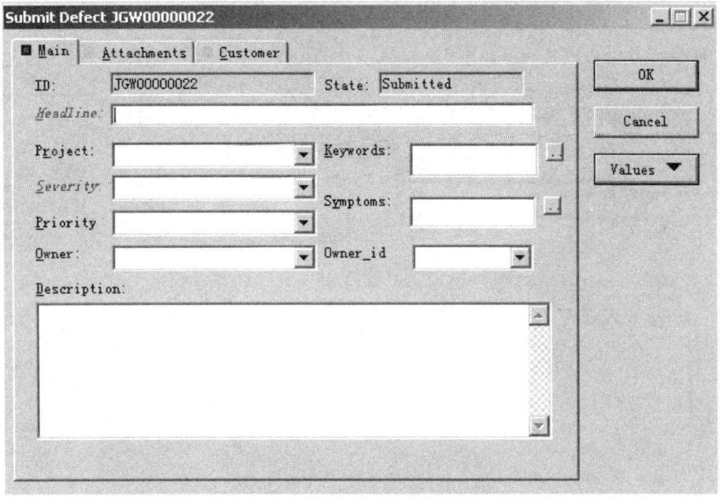

图 7-22　填写 BUG 信息

2）一个 BUG 被发现并提交后，测试员或程序员需要将它指派（Assign）给相关的程序员查看。单击“Actions”→“Assign”按钮，如图 7-23 所示。

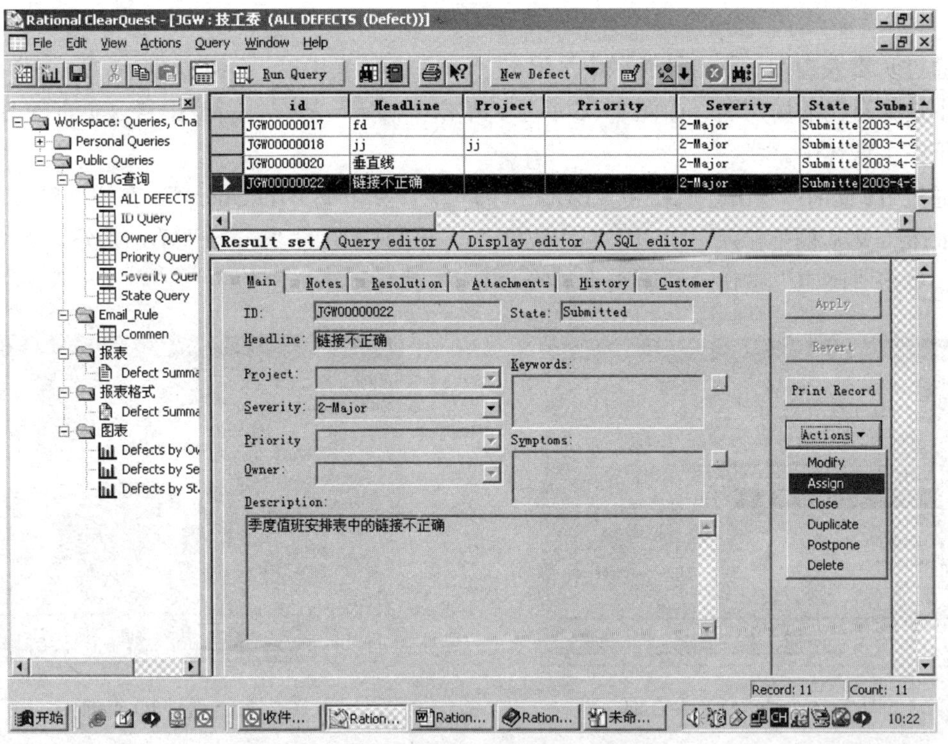

图 7-23　将 BUG 指派给相关程序员

3）此时 BUG 的状态为“Assigned（已提交）”，如图 7-24 所示。填写相关的必要信息，如 Priority（优先级）、Owner（负责人），还可根据需要单击“Notes”按钮添加备注。完成后，单击“Apply”按钮，形成历史记录，可在“History”选项卡中查看改变的动作。若想取消动作，可在单击“Apply”按钮之前单击“Revert”按钮。

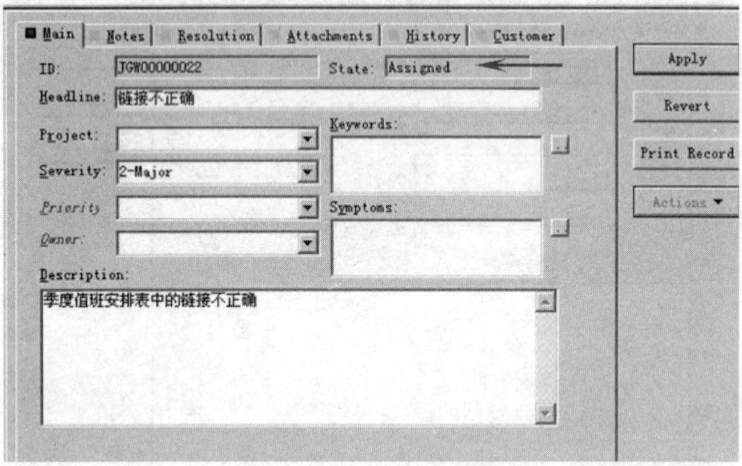

图 7-24　填写相关的必要信息

4）BUG 被指派后，程序员通过 OutLook 收到邮件通知，查看 BUG。根据邮件信息，程序员有多种方法可以找到由他负责的 BUG。这里介绍两种方法：通过负责人查询和通过 ID 查询。

通过负责人查询：双击导航栏中“BUG 查询”文件夹中的“Owner Query”，在弹出的对话框中选择自己的用户名，如图 7-25 所示。单击“确定”按钮，所有由自己负责的 BUG 都会显示在主窗体中。

通过 ID 查询：双击导航栏中“BUG 查询”文件夹中的“ID Query”，在弹出的对话框的“Criteria”文本框中输入 BUG 的 ID，选中“Operator”中的“Equal”单选按钮，如图 7-26 所示。单击“确定”按钮，则所查询的唯一 BUG 就显示在主窗体中。

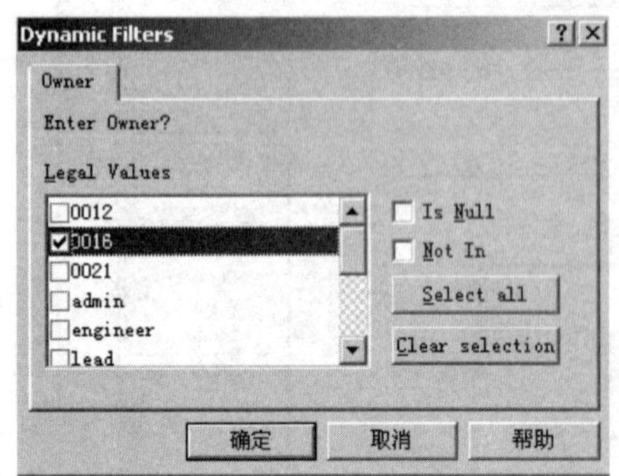

图 7-25　通过负责人查询

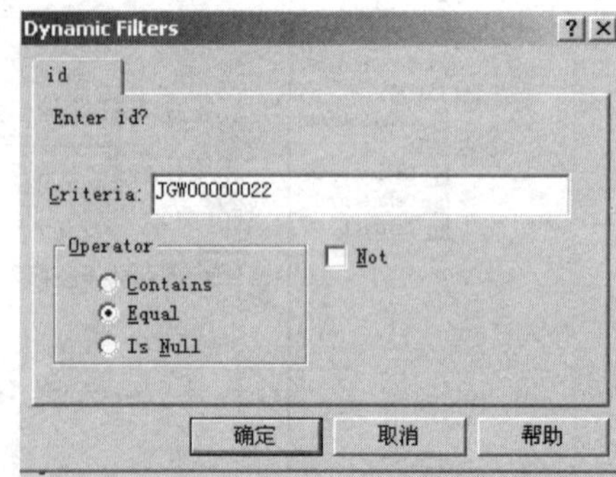

图 7-26　通过 ID 查询

查找到 BUG 后，程序员打开查看，单击“Actions”→“Open”按钮，如图 7-27 所示。

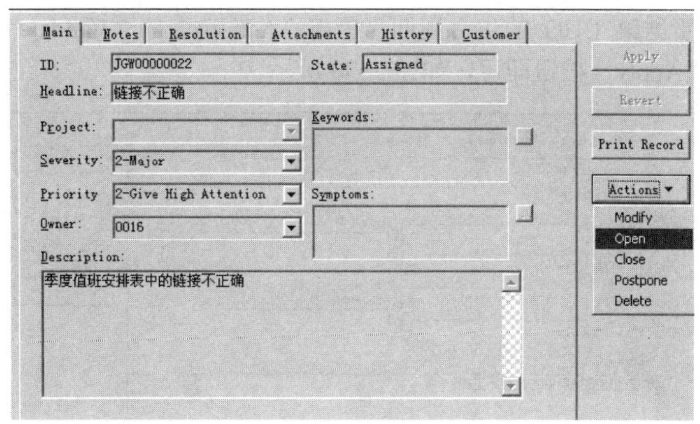

图 7-27　打开 BUG 查看

此时 BUG 的状态为“Opened”，即“已打开”。按要求填写相应信息，选择负责解决 BUG 的程序员，单击“Apply”按钮即可，如图 7-28 所示。

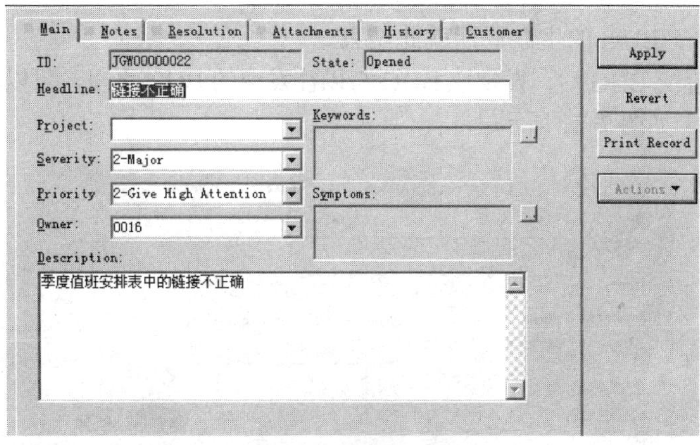

图 7-28　填写 BUG 信息

5）经过一段时间的修改，测试员提出的 BUG 已经被程序员处理。此时，程序员需要修改 BUG 的状态。单击“Actions”→“Resolve”按钮，填写解决方案，选择验证 BUG 的测试员，再单击“Apply”按钮即可，如图 7-29 所示。

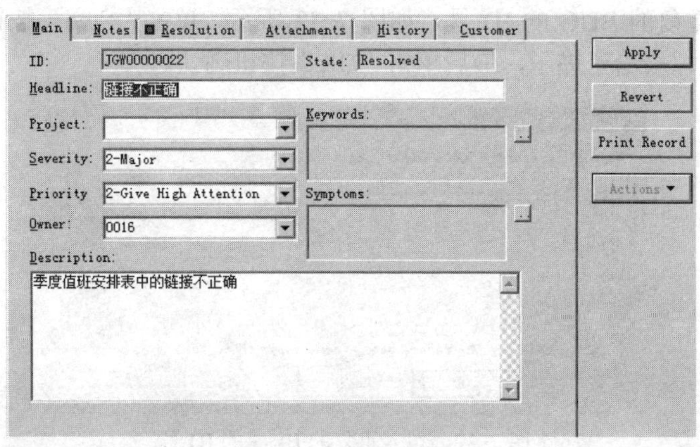

图 7-29　填写解决方案

6）测试员负责结束 BUG 的生命周期，单击“Actions”→“Validate”按钮，填写相应的信息，再单击“Apply”按钮即可，如图 7-30 所示。

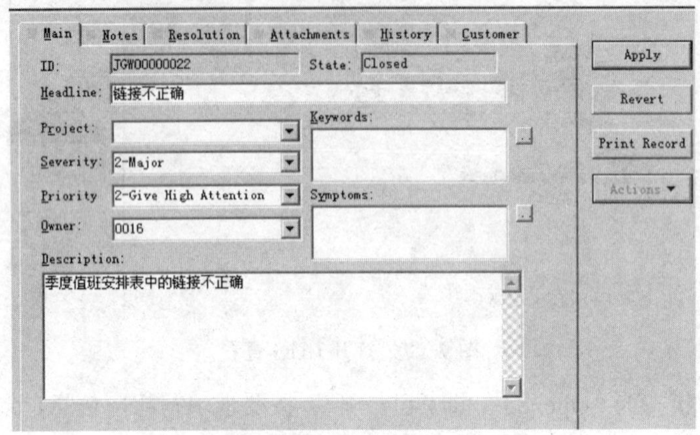

图 7-30　结束 BUG 的生命周期

在一般情况下，BUG 的生命周期就此结束。

7）当测试员提交 BUG 后，发现该 BUG 与以往发现的 BUG 重复，可以单击“Actions”→“Duplicate”按钮，如图 7-31 所示。

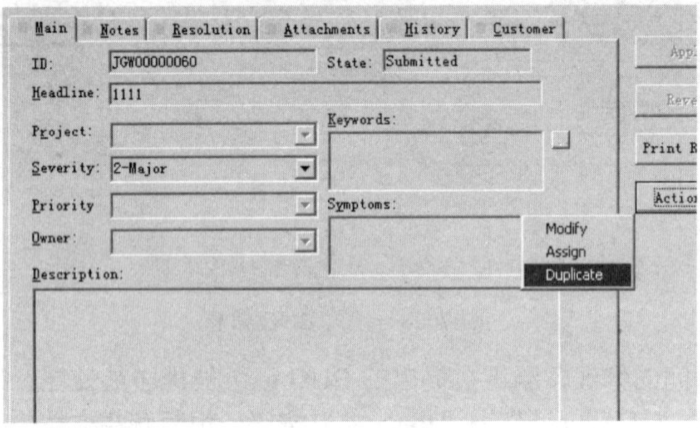

图 7-31　BUG 重复

填入与之相重复的 BUG 的 ID 号，如图 7-32 所示。单击“Find”按钮进行验证，若输入的 ID 号不存在，会给予提示，最后单击“OK”按钮确认。

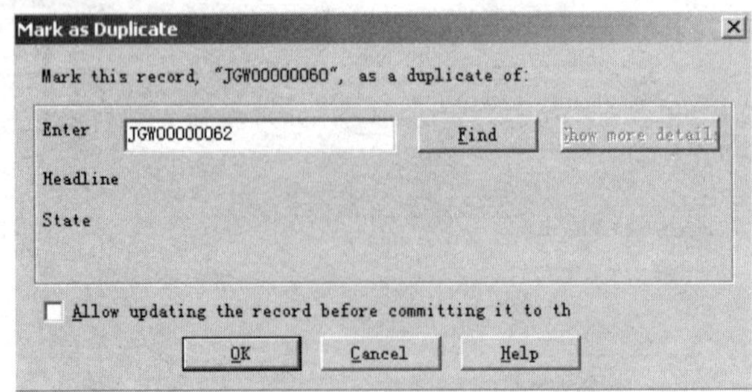

图 7-32　填入重复的 BUG 的 ID 号

8）一个 BUG 的终结状态有两种，“Duplicate”是其中一个。若要改变这一终结状态，可以单击“Actions”→“Unduplicate”按钮，即可回到“Submitted”状态，如图 7-33 所示。

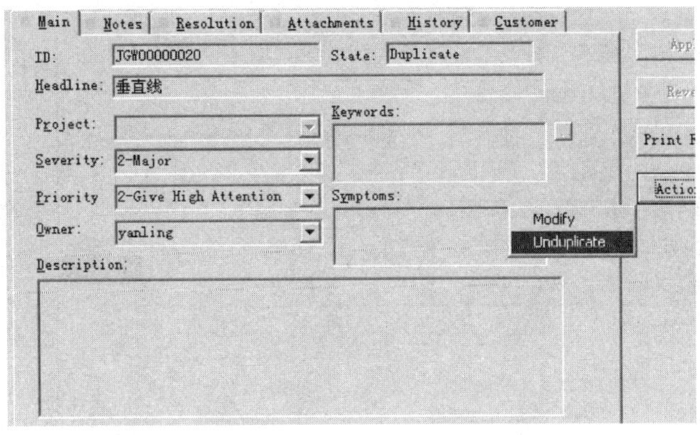

图 7-33　回到“Submitted”状态

9）对于已经提交的 BUG（状态为“Assigned”），程序员可能因为某种原因认为其暂时无法解决，这种情况下，可单击“Actions”→“Postphone”按钮，将 BUG 搁置挂起，如图 7-34 所示。

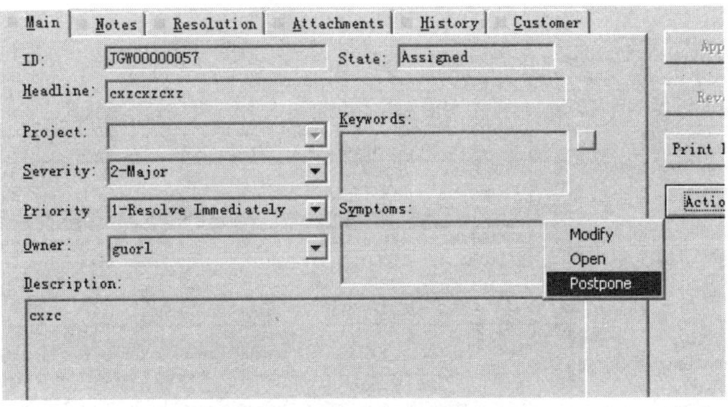

图 7-34　将 BUG 搁置挂起

10）被挂起的 BUG 有两种解决途径，其中一种就是由程序员本人再次打开该 BUG，即单击“Actions”→“Open”按钮，再单击“Apply”按钮，BUG 的状态即可转为“Opened”，如图 7-35 所示。

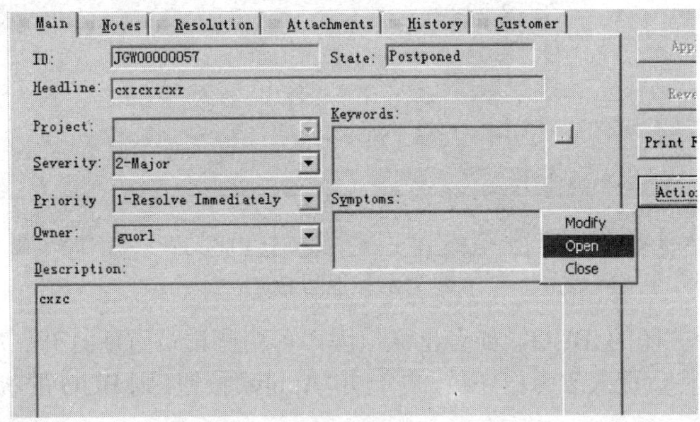

图 7-35　重新打开 BUG

11）如果被挂起的 BUG 始终无法得到解决，则程序员修改负责人为测试员，由测试员来进行关闭，单击“Actions”→“Close”按钮即可，如图 7-36 所示。

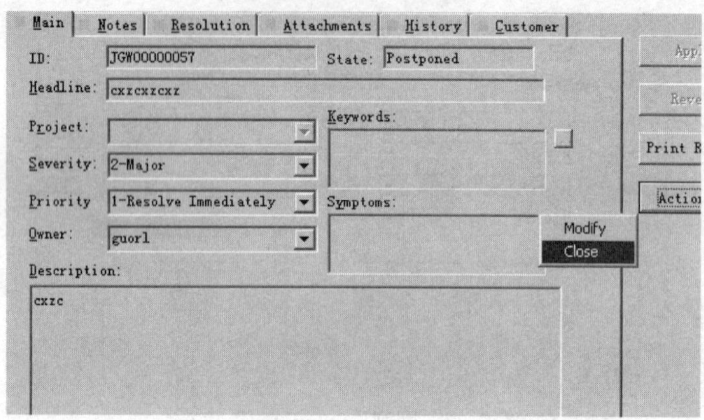

图 7-36　关闭 BUG

12）程序员解决好 BUG 后，等待测试员做最后的确认。如果测试员认为解决不合格，可单击“Actions”→“Reject”按钮，将负责人改为程序员，此时 BUG 回到“Opened”状态，如图 7-37 所示。

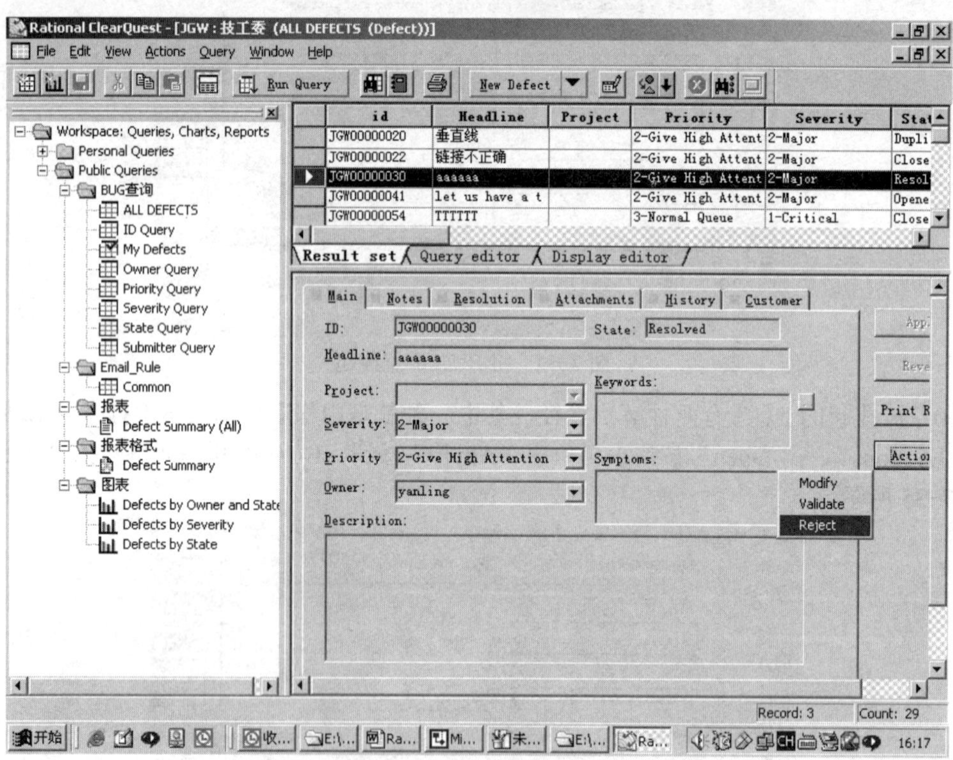

图 7-37　退回 BUG

13）对于已经关闭的 BUG，如有特殊原因，可由测试员重新打开。单击“Actions”→“Re_open”按钮，将负责人改为程序员，再单击“Apply”按钮，则 BUG 的状态改为“Opened”，如图 7-38 所示。

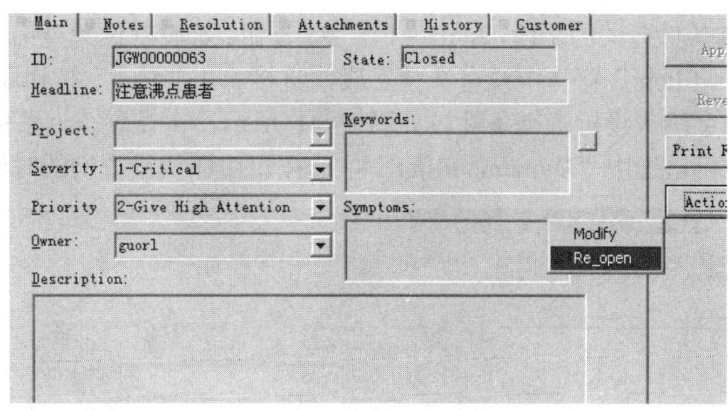

图 7-38　再次打开 BUG

3．BUG 的查询和统计

一般用户没有权限在 Public Queries 文件夹中新建各种查询表、图表、报表和邮件规则，但可以在 Personal Queries 中实现，供用户自己使用，其他用户无法查看。

（1）创建查询表

1）右键单击“Personal Queries”，在弹出的快捷菜单中单击“New Query”命令，在弹出的“Choose Record Type”对话框中选择“Defect”选项，单击“OK”按钮，如图 7-39 所示。

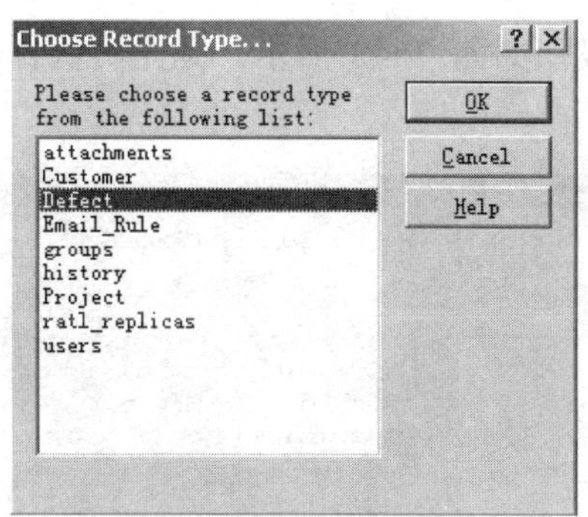

图 7-39　选择“Defect”选项

2）右键单击新建的查询表，在弹出的快捷菜单中单击“Edit”命令进行编辑。单击“下一步”按钮，选择要显示的字段，如图 7-40 所示，再单击“下一步”按钮。

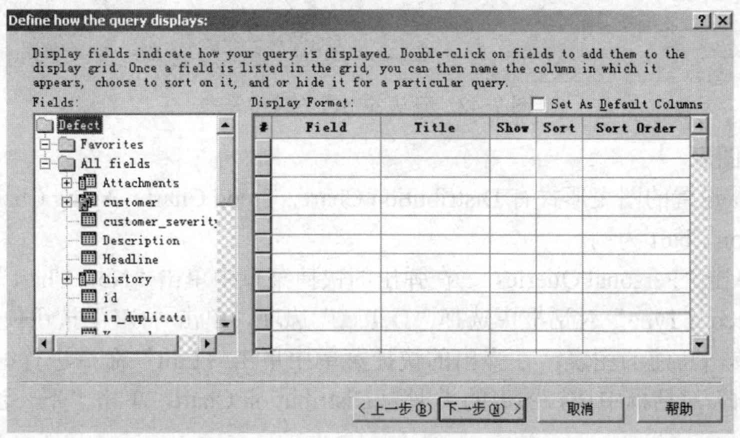

图 7-40　选择要显示的字段

3）选择与查询条件有关的字段，单击“下一步”按钮。若没有设置查询条件，即在“Select fields to use as query filters”窗体中没有选择字段，直接单击“Run”按钮即可。

若选择了一个字段来设置查询条件，如图 7-41 所示，在设置查询条件时，可以直接对字段进行赋值，也可以选中“Dynamic Filter”单选按钮，在执行查询的时候再输入值。

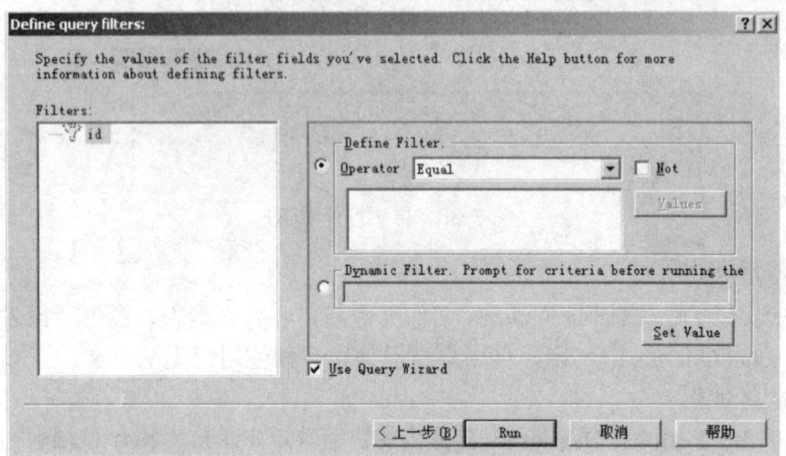

图 7-41　设置查询条件

若选择了一个以上的字段，如图 7-42 所示，则先确认各个字段的操作关系，再对每个字段设置查询条件。

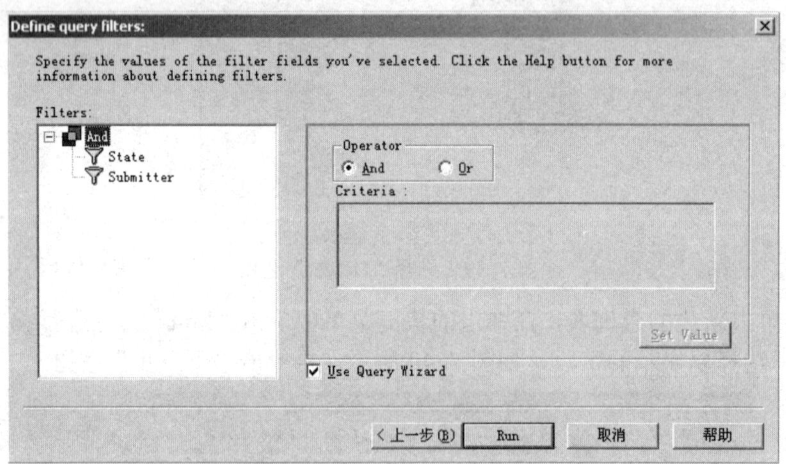

图 7-42　确认各字段的操作关系

（2）创建图表

ClearQuest 设置的图表形式有 Distribution Chart、Trend Chart、Aging Chart 3 种，这里以创建 Distribution Chart 为例。

1）右键单击“Personal Queries”，在弹出的快捷菜单中单击“New Chart”命令，在弹出的“Choose Record Type”对话框中选择“Defect”选项，单击“OK”按钮。

2）右键单击新建的图表，在弹出的快捷菜单中单击“Edit”命令进行编辑。在弹出的“Specify Chart”对话框中选择图表的类型为 Distribution Chart，单击“下一步”按钮，如图 7-43 所示。

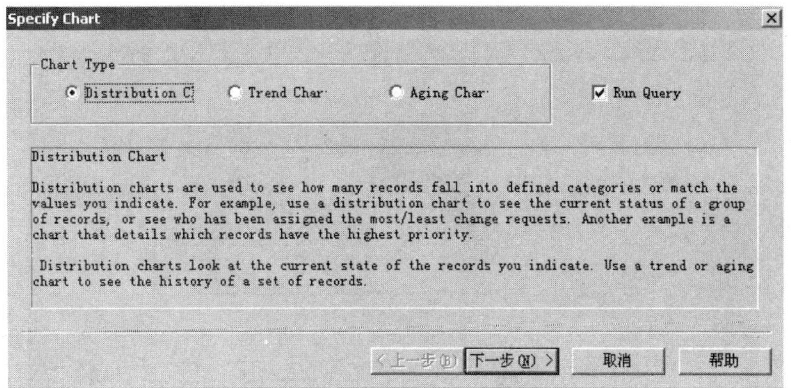

图 7-43　选择图表类型

3）在弹出的“Parameters”对话框中，选择水平轴表示的字段，即单击“Horizontal Axis”中的“Field”和“Sort”下拉列表框，假设选择“Submitter”选项和“Ascending（升序）”选项，单击“下一步”按钮，如图 7-44 所示。

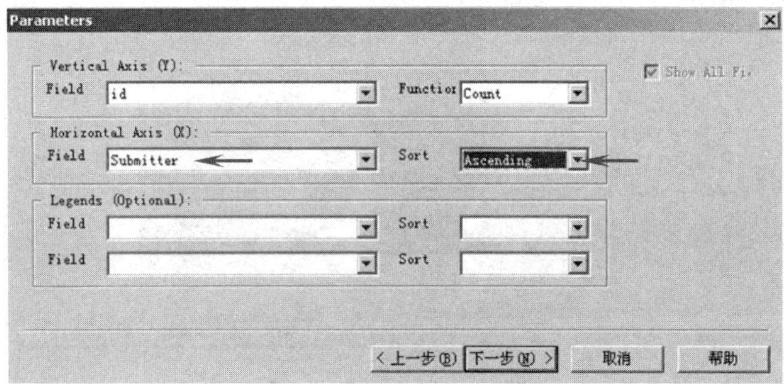

图 7-44　“Parameters”对话框

4）在弹出的“Labels”对话框中，填入图表的名称“Defects by Submitter”，单击“下一步”按钮，如图 7-45 所示。

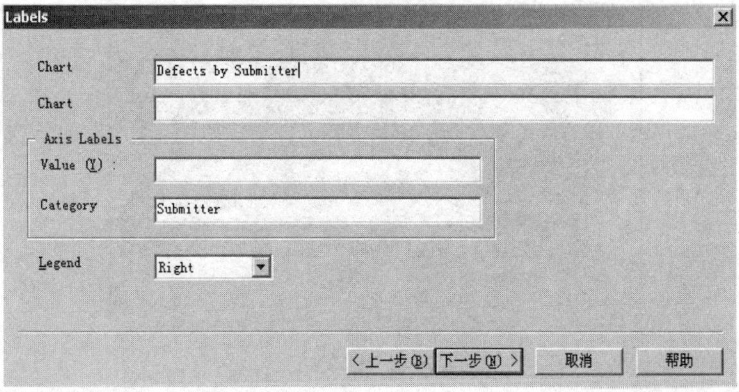

图 7-45　“Labels”对话框

5）在弹出的“Display Type”对话框中选择图表显示的类型，假设选择线形图“Line”，单击“下一步”按钮，如图 7-46 所示。

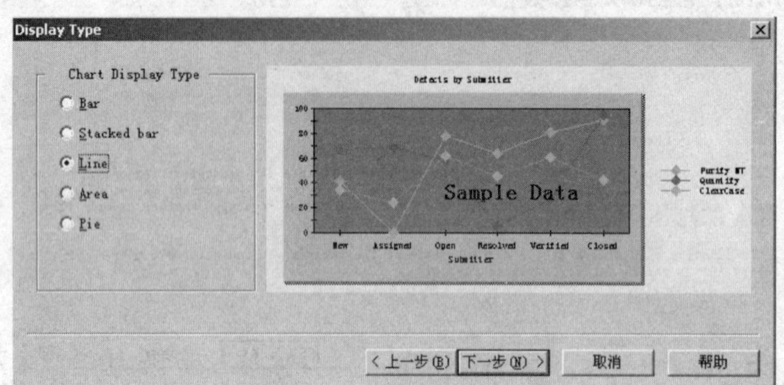

图 7-46 “Display Type”对话框

6）在弹出的“Style”对话框中，为图表选择样式，然后单击“完成”按钮，如图 7-47 所示。

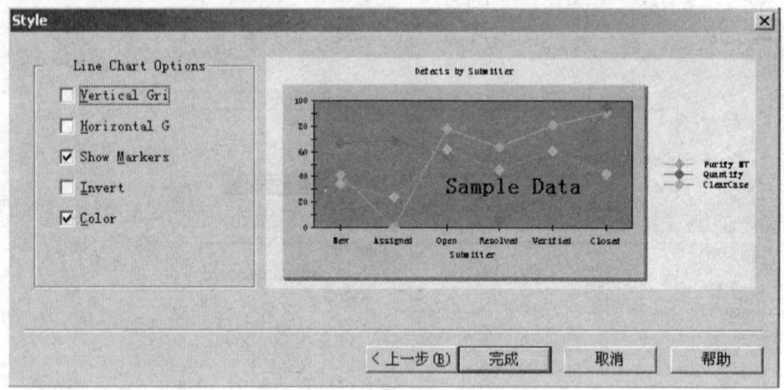

图 7-47 “Style”对话框

按上述步骤得到的图表如图 7-48 所示。单击图中的圆点，可以得到注释，如该图表最上面的圆点表示 yanling 提交的 BUG 有 21 个。

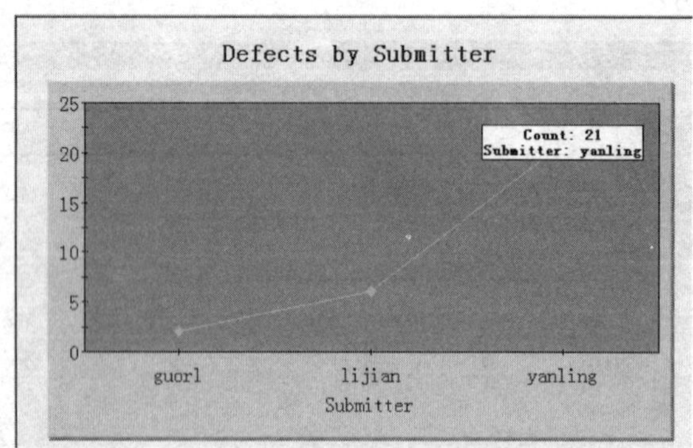

图 7-48 图表结果

7.5.3 单元测试工具 JUnit

目前较流行的单元测试工具是 xUnit 系列框架，根据语言的不同分为 JUnit（Java）、

CppUnit（C++）、DUnit（Delphi）、NUnit（.NET）、PhpUnit（PHP）等。JUnit 是目前知名度最高的单元测试工具之一。它诞生于 1997 年，由 Erich Gamma 和 Kent Beck 共同开发完成。其中，Erich Gamma 是经典著作《设计模式：可复用面向对象软件的基础》一书的作者之一，并在 Eclipse 软件开发中有很大的贡献；Kent Beck 是一位极限编程（XP）方面的专家和先驱。JUnit 工具如图 7-49 所示。

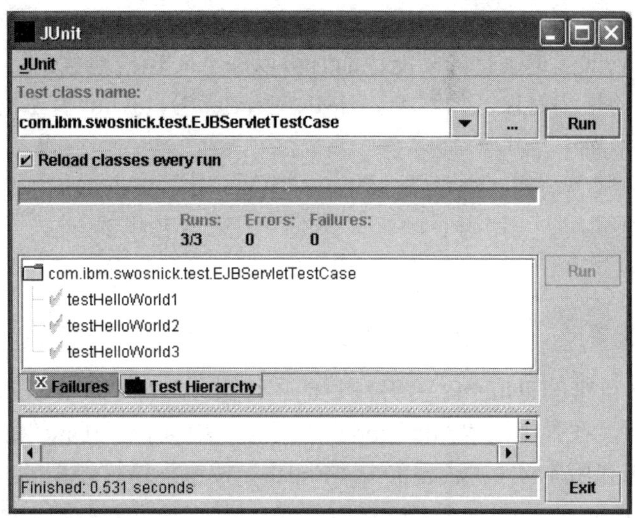

图 7-49　JUnit 工具

1. JUnit 简介

JUnit 是一个 Java 语言的单元测试框架，多数 Java 的开发环境都已经集成了 JUnit 作为单元测试工具。JUnit 主要用来帮助开发人员进行 Java 的单元测试，其设计非常小巧，但功能却非常强大。JUnit 可以将测试代码和业务代码分离开，使得代码比较清晰，测试起来更加方便。JUnit 的架构图如图 7-50 所示。

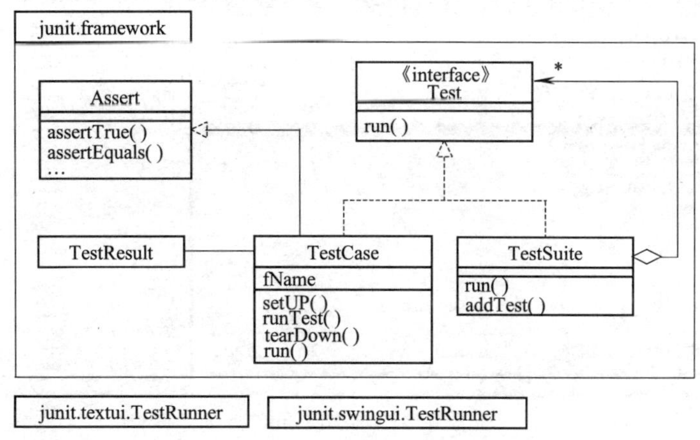

图 7-50　JUnit 架构图

JUnit 运行的软件要求如下：

1）Eclipse：较为流行的 IDE，它全面集成了 JUnit，并从版本 3.2 开始支持 JUnit 4。当然，JUnit 并不依赖于任何 IDE。可以从网站 http://www.eclipse.org/中下载最新版本的 Eclipse。

2）Ant：基于 Java 的开源构建工具，可以在网站 http://ant.apache.org/中得到最新的版本和丰富的文档。Eclipse 中已经集成了 Ant。

3）JUnit：官方网站是 http://www.JUnit.org/，可以获取关于 JUnit 的最新消息。

JUnit 的特性如下：

1）提供的 API 可以让开发人员写出测试结果明确并且可重用的单元测试用例。

2）提供了多种方式来显示测试结果，而且可以扩展。

3）提供了单元测试批量运行的功能，而且可以和 Ant 轻松地整合。

4）对不同性质的被测对象，如 Class、JSP、Servlet 等，JUnit 有不同的测试方法。

JUnit 的使用非常简单，共有 3 步。

第 1 步：编写测试类，使其继承 TestCase。

第 2 步：编写测试方法，使用 test+×××的方式来命名测试方法。

第 3 步：编写断言。

2. JUnit 环境配置

1）添加 Eclipse 自带的 JUnit 4。打开项目的属性页，选择“Java Build Path”选项，单击“Add Library”按钮，在弹出的“Add Library”对话框中选择“JUnit”选项，单击“Next”按钮。在下一页中选择版本 4.1，然后单击“Finish”按钮，这样便把 JUnit 引入到当前的项目库中，如图 7-51 所示。

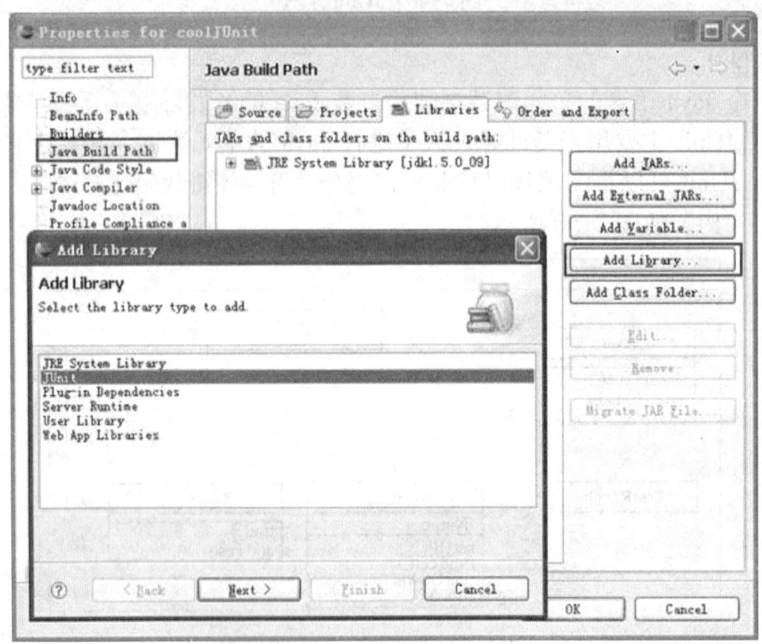

图 7-51　添加 JUnit 4

2）添加 JUnit 的其他方法。打开项目属性页，选择“Java Build Path”选项，单击“Add External JARs”按钮，选择 JUnit 地址后单击“打开”按钮，如图 7-52 所示。

3）修改代码目录。建议为单元测试代码和被测试代码创建单独的目录，并保证测试代码和被测试代码使用相同的包名。这样既保证了代码的分离，同时还保证了查找的方便。

图 7-52　选择 JUnit 地址

选择项目属性，选择“Java Build Path”选项，在根目录下添加一个新目录，并把它加入到项目的源代码目录中，如图 7-53 所示。

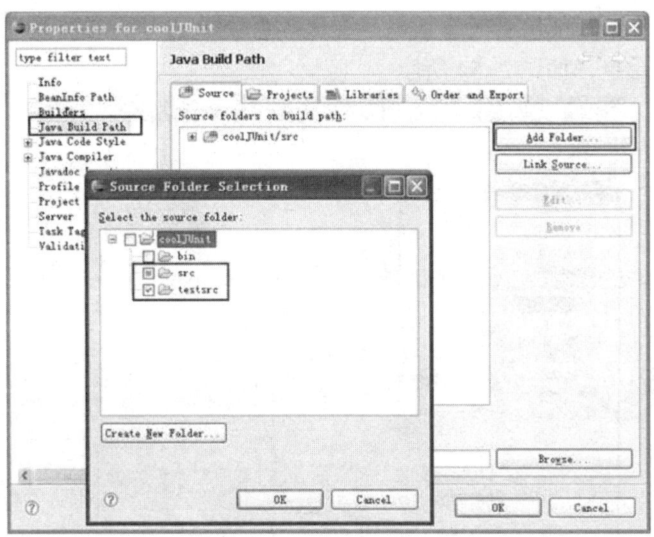

图 7-53　修改代码目录

一切准备就绪，则可以开始使用 JUnit 进行单元测试。

3. JUnit 单元测试实例

1）新建一个项目，命名为 JUnit_Test。在这个项目中编写一个 Calculator 类，这是一个能够简单实现加减乘除、平方、开方的计算器类，然后对这些功能进行单元测试。这个类并不是很完美，故意保留了一些 BUG 用于演示，这些 BUG 在注释中都有说明。该类的代码如下：

```
package andycpp;
public class Calculator ...{
    private static int result;    //静态变量，用于存储运行结果
```

```
    public void add(int n) ...{
        result = result + n;
    }
    public void substract(int n) ...{
        result = result - 1;   //Bug: 正确的应该是 result =result-n
    }
    public void multiply(int n) ...{
    }               //此方法尚未写好
    public void divide(int n) ...{
        result = result / n;
    }
    public void square(int n) ...{
        result = n * n;
    }
    public void squareRoot(int n) ...{
        for (; ;) ;              //Bug : 死循环
    }
    public void clear() ...{     //将结果清零
        result = 0;
    }
    public int getResult() ...{
        return result;
    }
}
```

2）将 JUnit 4 单元测试包引入该项目。在该项目上单击鼠标右键，在弹出的快捷菜单中单击“Properties”命令，如图 7-54 所示。

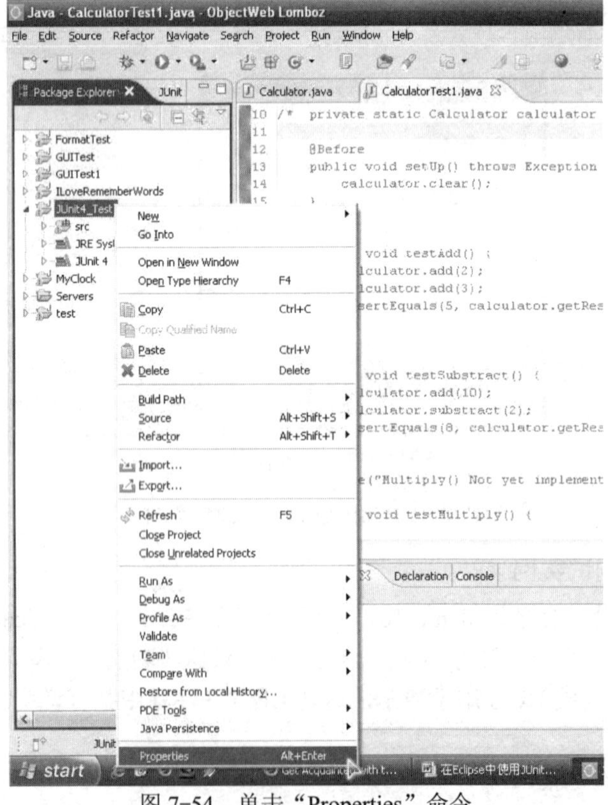

图 7-54　单击“Properties”命令

在弹出的属性对话框中，先在左侧选择“Java Build Path”选项，然后选择“Libraries”选项卡，单击“Add Library”按钮，如图 7-55 所示。

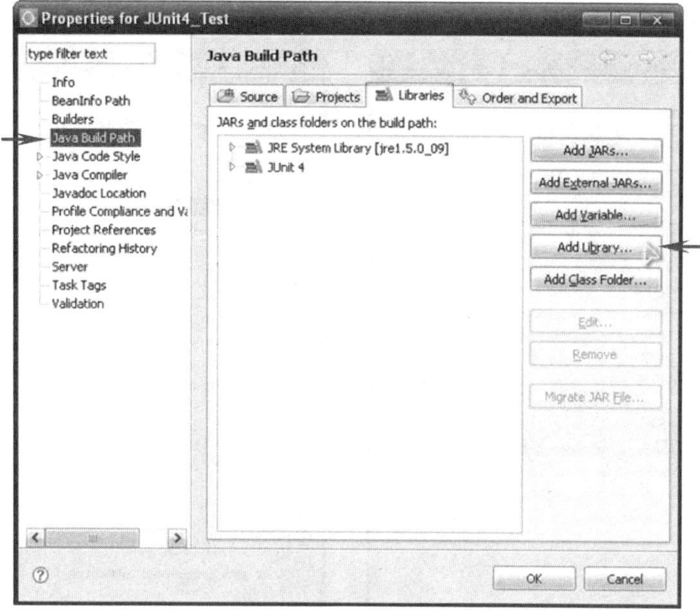

图 7-55 添加单元测试包

最后，在新弹出的对话框中选择 JUnit 4 并单击“OK”按钮，JUnit 4 软件包就添加到该项目中了。

3）生成 JUnit 测试框架。在 Eclipse 的 Package Explorer 中，右键单击该类，在弹出的快捷菜单中单击“New”→“JUnit Test Case”命令，如图 7-56 所示。

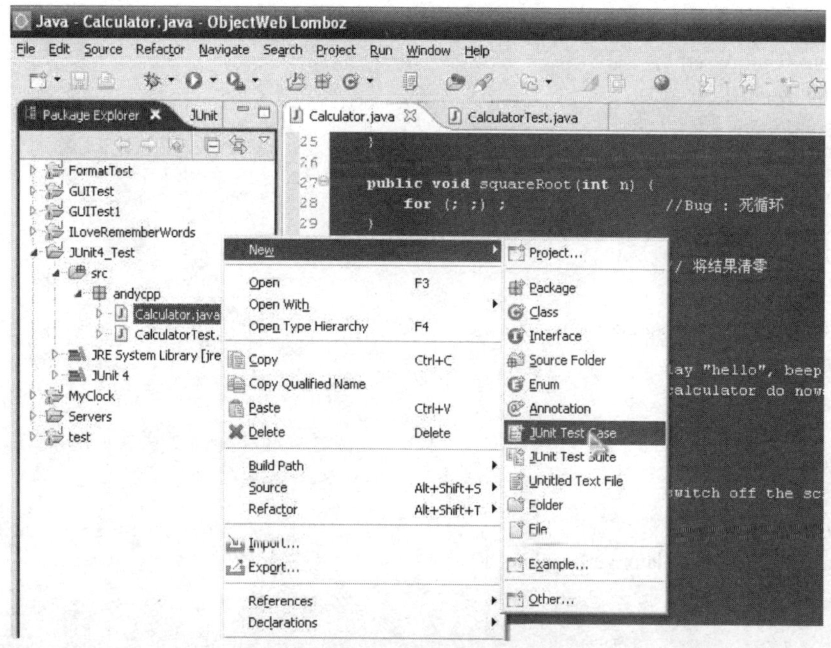

图 7-56 生成 JUnit 测试框架

在弹出的“New JUnit Test Case”对话框中，设置测试框架的属性，如图 7-57 所示。

单击“Next”按钮后，系统会自动列出这个类中包含的方法，选择要进行测试的方法。此例中，仅对加、减、乘、除 4 个方法进行测试，如图 7-58 所示。

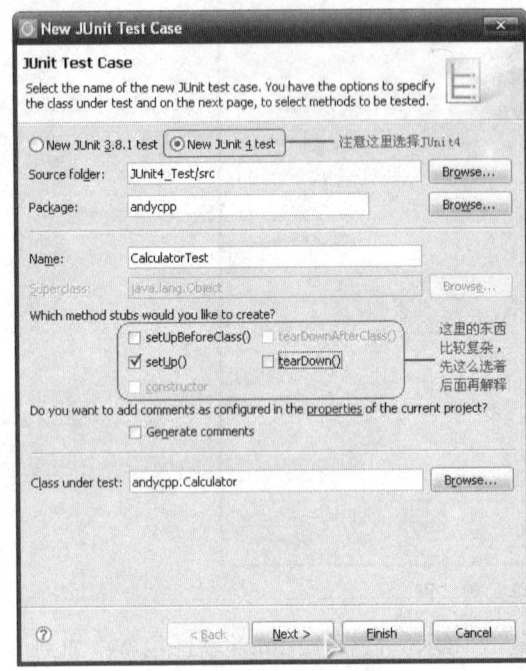

图 7-57 设置测试框架属性

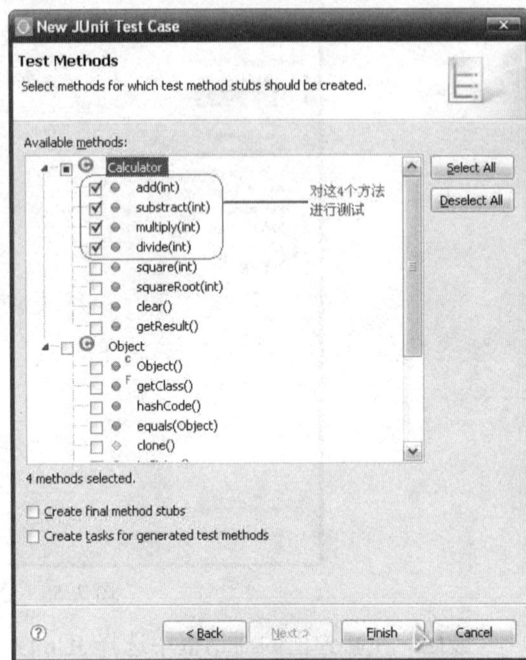

图 7-58 选择要进行测试的方法

然后，系统会自动生成一个新类 CalculatorTest，其中包含一些空的测试用例，只需要将这些测试用例稍作修改即可使用。完整的 CalculatorTest 类的代码如下：

```
package andycpp;
import static org.JUnit.Assert.*;
import org.JUnit.Before;
import org.JUnit.Ignore;
import org.JUnit.Test;
public class CalculatorTest ...{
    private static Calculator calculator = new Calculator();

    @Before
    public void setUp() throws Exception ...{
        calculator.clear();
    }
    @Test
    public void testAdd() ...{
        calculator.add(2);
        calculator.add(3);
        assertEquals(5, calculator.getResult());
    }
    @Test
    public void testSubstract() ...{
```

```
        calculator.add(10);
        calculator.substract(2);
        assertEquals(8, calculator.getResult());
    }
    @Ignore("Multiply() Not yet implemented")
    @Test
    public void testMultiply() ...{
    }
    @Test
    public void testDivide() ...{
        calculator.add(8);
        calculator.divide(2);
        assertEquals(4, calculator.getResult());
    }
}
```

4）运行测试代码。按照上述代码修改完毕后，在 CalculatorTest 类上单击鼠标右键，在弹出的快捷菜单中单击“Run As”→“JUnit Test”命令运行测试，如图 7-59 所示。运行结果如图 7-60 所示。

图 7-59 运行测试

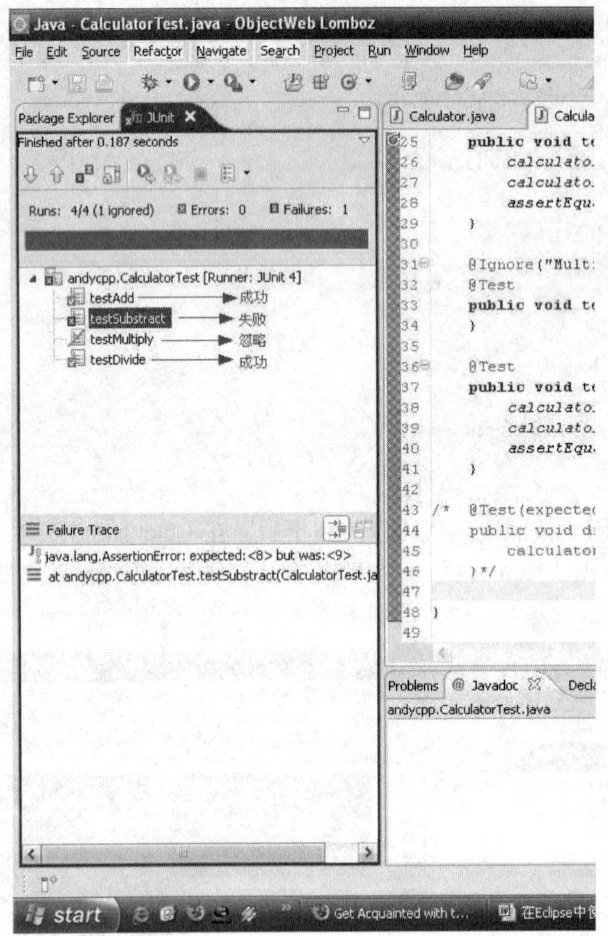

图 7-60　运行结果

若进度条是红颜色则表示发现错误，具体的测试结果在进度条上有显示：共进行了 4 个测试，其中 1 个测试被忽略，1 个测试失败。

至此，一个完整的在 Eclipse 中用 JUnit 进行单元测试的例子就结束了。

习　　题

一、选择题

1. 下列选项中，不是 Mercury Interactive 公司测试工具的是（　　）。

   A. LoadRunner　　B. WinRunner　　C. TestDirector　　D. Rebot

2. 下列关于正确选择自动化测试工具的说法，错误的是（　　）。

   A. 选择适合自己公司项目的自动化测试工具，可以从测试工具的功能、集成能力、操作系统和开发工具的兼容性等方面来考虑

   B. 引入工具时不需要考虑工具引入的连续性和一致性

   C. 尽量选择主流的测试工具

   D. 如果需要多种工具，则尽量选择同一公司的产品

3. 下列关于自动化测试的说法，正确的是（　　）。
   A. 一切测试过程都可以利用工具来实现自动化
   B. 引入自动测试工具后，能立刻减轻测试的工作量
   C. 商业自动测试工具比开源工具具有更为强大的功能
   D. 选择自动测试工具时，需考虑与开发工具和平台的兼容性
4. 关于手工测试和自动测试，下列说法错误的是（　　）。
   A. 手工测试是一个主动寻找软件缺陷的过程，而自动测试是需要人工干预的被动测试过程
   B. 自动测试执行速度比较快，它的效果肯定比手工测试好
   C. 目前，自动测试不能取代手工测试
   D. 手工测试和自动测试相结合可以在一定程度上提高测试的效率

二、简答题

1. 简述软件测试自动化的意义。
2. 软件测试工具主要分为哪两类？
3. 使用测试自动化和工具要考虑的因素有哪些？
4. 了解目前常用的自动化测试用具，并对这些工具进行针对性说明。

第 8 章　单机版五子棋游戏测试实例

本章通过一个完整的五子棋游戏测试例子，从单元测试、集成测试和系统测试 3 个方面详细地介绍各个测试阶段的流程和内容。本章的目的是将前面各章的内容串起来，从而对软件测试有一个感性的、全面的认识。

本章要点：

1）五子棋游戏的单元测试。

2）五子棋游戏的集成测试。

3）五子棋游戏的系统测试。

8.1　五子棋游戏简介

五子棋是中国古代的传统黑白棋种之一，现代五子也有“连五子”“五子连”“串珠”“五目”“五目碰”“五格”等多种称谓。五子棋不仅能增强人的思维能力、提高智力，而且非常富有趣味性和消遣性，被人们喜闻乐见。

1. 五子棋中的常用术语

1）棋位：棋盘的任意一个能放置棋子的位置。

2）空棋位：没有放置棋子的棋位。

3）阳线：棋盘上可见的横纵直线。

4）阴线：棋盘上无实线连接的隐形斜线。

5）活三：由一方走一步则在无子交叉点上形成一个“活三”的局面。

6）活四：在棋盘某一条阳线或阴线上有同色 4 子不间隔地紧紧相连，且在此 4 子的两端延长线上各有一个无子的交叉点与此 4 子紧密相连。

7）冲四：除“活四”外，再下一招棋便可形成五连，并且存在五连的可能性。

8）成五：同一色的五子连成一线，即胜利。

2. 规则及解释

五子棋是由两个人在棋盘上进行对抗的竞技运动。在对局开始时，先由执黑棋的一方将一枚棋子落在“天元”上，然后由执白棋的一方在黑棋周围的交叉点上落子。如此轮流落子，直到某一方首先在棋盘的横向、竖向或斜向形成连续的相同色的五子或五子以上，则该方获胜。但是五子棋的特点是先行的一方优势很大。因此，在职业比赛中对黑方做了种种限制，以实现公平竞争。黑白双方的胜负结果必须按照职业五子棋的规则要求来决定。

1）可以手动选择谁先开始。从“天元”开始相互顺序落子。

2）最先在棋盘的横向、竖向、斜向形成连续的相同色的五子或五子以上的一方胜利。

3）黑棋禁手判负、白棋无禁手。黑棋禁手包括“三、三”“四、四”“长连”。黑方只能用“四、三”方法取胜。

4）如分不出胜负，则定位平局。

5）对局中，拔子或中途退场均判为负。

6）五连与禁手同时形成，先五为胜。

7）黑方禁手形成时，白方应立即指出。若白方未发现或发现后不立即指正，反而继续落子，则不能判黑方负。

8.2　单机版五子棋游戏系统介绍

8.2.1　系统概述

单机版五子棋游戏软件采用 Java 语言设计，在 Windows 系统下为玩家提供五子棋游戏人机对战的基本功能。玩家可以通过鼠标在棋盘的相应位置下子，一方执白子，另一方执黑子，先落子的为黑方（主场）。游戏过程中，只要有一方先连成五子，不论横向、竖向或斜向，均会在屏幕上显示是谁赢了比赛，也可以是平局收场，从而进行下一场比赛。在比赛过程中，如果一方需要悔棋，先得通过对手的同意才可以。

8.2.2　系统运行环境

单机版五子棋系统的运行环境描述如下。

1）硬件环境：本系统适用于 Pentium 以上的计算机，最低内存容量要求为 128MB，应配备键盘、鼠标、显示器等外部设备。

2）软件环境：本系统采用 Java 语言编写，在 Windows 平台下都可以运行。

8.2.3　功能需求描述

1．功能需求

实现五子棋的基本功能，确保应用程序具有良好的系统性能、友好的用户界面、较高的处理效率，便于使用和维护。玩家在游戏时，可以选择谁先开始，可以悔棋一步，可以修改棋盘背景色。同时可以保存游戏结果，并进行排行。

2．设计分析

（1）游戏界面

计算棋盘中每一条线的间距，这里的棋盘是 15×15。棋盘总宽度和高度为 300 像素，每格为 20 像素，各边界为 10 像素。在棋盘上的鼠标单击位置，显示一个棋子。落子后重新更新界面。

黑子：用一个实心的黑圆表示。

白子：用一个实心的白圆表示。

（2）保存之前下过的棋子

通过一个二维数组保存之前下过的所有棋子。

（3）计算机下子

计算机下子前对当前棋盘格局进行评分，当前棋盘格局的分数等于“当前棋盘中空棋位分数的最大值”。当前棋盘中空棋位分数等于“在该空棋位放上棋子后所构成的棋子排列局面的分数，分数取值的大小顺序分别是成五、活四、双三和不构成以上 3 种情况的最佳走法”。

（4）判断游戏胜负

依据五子棋的基本游戏规则，判断是否有同一颜色的棋子连成 5 个。判断当前所下的棋子，这个棋子是否和它相连的棋子构成 5 连。

1）判断横向有多少个棋子相连，特点：纵坐标相同（用一个变量来存储共有多少个相同颜色的棋子相连）。通过循环进行棋子相连的判断。同理，判断竖直方向、左斜方向和右斜方向。

2）判断棋子连接的数量。

（5）处理鼠标响应

鼠标响应包括鼠标单击菜单、按钮的响应和鼠标单击棋盘的相应位置，完成落子功能的响应。

（6）按钮和菜单功能

1）按钮功能如下。

① 开始游戏：开始新游戏。

② 重新开始：重新开始新游戏。

③ 清空排行：弹出对话框，清空排行榜。

④ 退出游戏：结束游戏，关闭游戏窗口。

2）菜单功能如下。

① 新游戏：开始新游戏。

② 悔棋一步：回到上一步棋。

③ 最佳排行：记录游戏分数，进行排行。

④ 退出：结束游戏，关闭窗口。

⑤ 棋盘背景色设置：更改棋盘的背景颜色。

3．程序设计说明

（1）数据结构

使用一个 15×15 的二维数组 Table[15][15]（15×15 是五子棋棋盘的大小），数组的每一个元素对应棋盘上的一个交叉点，用 0 表示空位、1 代表己方的棋子、2 代表对方的棋子。这张表是后面分析的基础。

还要为计算机和玩家各建立一张棋型表（三维数组 Computer[x][y][4]和 Player[x][y][4]），用来存放棋型数据，即重要程度。为什么棋型表要使用三维数组呢？因为棋盘上的每一个点都可以与横、竖、左斜、右斜 4 个方向的棋子构成不同的棋型，所以一个点总共有 4 个记录，这样做的另一个好处是可以轻易地判断出复合棋型，如“双三”、“四、三”等。

（2）盘面分析与填写棋型表

具体实现方法如下：玩家在下五子棋时，一定会先根据棋盘上的情况，找出当前最重要的一些点位，如“活三”“冲四”等，然后再在其中选择落子点。但是，计算机不会像人一样分析问题，要让它知道什么是“活三”“冲四”，就得在棋盘上逐点计算，一步一步地教它。

先来分析己方的棋型。从棋盘的左上角出发，向右逐行搜索，当遇到一个空白点时，以它为中心向左逐个查找，如果遇到己方的子则记录，然后继续查找，如果遇到对方的子、空白点或边界就停止查找。左边完成后再向右进行同样的操作，最后把左右两边的记录合并起来，得到的数据就是该点横向上的棋型，然后把棋型的编号填入到 Computer[x][y][n]中即可（x、y 代表坐标，n=0、1、2、3 分别代表横、竖、左斜、右斜 4 个方向）。其他 3 个方向的棋型也可用同样的方法得到。当搜索完整个棋盘后，己方的棋型表也就填写完毕了。然后再用同样的方法填写对方的棋型表。

注意：所有棋型的编号都要事先定义好，越重要的编号数越大。

（3）计算机落子

有了填写好的两张棋型表，下面要做的就是让计算机知道在哪一位置落子了。其中，最简单的计算方法就是遍历棋型表 Computer[15][15][4]和 Player[15][15][4]，找出其中数值最大的一点，在该点落子即可。但这种算法的弱点非常明显，只顾眼前利益，不能顾全大局。

为了解决这个问题，引入“今后几步预测法”，具体方法如下。首先，让计算机分析一个可能的点，如果在这个点落子将会形成对手不得不防守的棋型（如“冲四”“活三”），那么下一步对手就会按照这个思路来进行防守，如此一来便完成了第 1 步的预测。这时，再调用模块 4 对预测后的棋进行盘面分析，如果出现了“四、三”“双三”或“双四”等制胜点，那么己方就可以获胜了（当然，对黑方而言，“双三”“双四”是禁手，另当别论）。否则照同样的方法向下分析，就可预测出第 2 步、第 3 步……，依此类推。

（4）胜负判断

某方形成五子连即获胜。若黑方走出“双三”“双四”或“长连”，即以禁手判负。

8.3　单机版五子棋游戏的测试要求

软件测试是保证软件产品质量的重要手段。在项目测试过程中，测试组需要在项目的不同阶段定义相应的任务，包括制订测试技术、设计测试用例、执行测试和编写测试报告等，以充分保证项目测试的完整性和充分性。单机版五子棋游戏的测试包括单元测试、集成测试和系统测试 3 个主要部分。整个测试过程要求严格遵守测试流程。测试过程以项目内部测试为主，尽可能多地发现各类缺陷，并尽最大可能保证系统的稳定性、健壮性、可重复性和兼容性。

8.3.1　测试范围

测试对象包括程序、相关文件、安装手册、使用手册等。

需要测试的产品功能如下：

1）系统的基本功能。

2）系统的安装、卸载。

3）系统的性能（易用性、兼容性、健壮性、稳定性等）。

8.3.2　测试任务

本次测试主要包括单元测试、集成测试和系统测试。单元测试由开发组成员完成，集成测试和系统测试由开发人员和测试人员协同完成。由测试人员编写测试计划、测试方案、测试用例和测试报告。

1. 制订测试计划

1）确定测试需求：根据需求文档收集和组织测试需求信息，确定测试需求。

2）制订测试策略：针对测试需求定义测试类型、测试方法以及需要的测试工具等。

3）建立测试通过准则：根据项目实际情况为每一个层次的测试建立通过准则。

4）确定资源和进度：确定测试需要的软硬件资源、人力资源及测试进度。

5）评审测试计划：根据同行评审规范对测试计划进行同行评审。

2. 设计测试

设计测试的目的是为每一个测试需求确定测试用例集，并且确定执行测试用例的过程。

1）设计测试用例：对每一个测试需求，确定测试用例。对每一个测试用例确定其输入、操作和预期输出结果，并确定用例的测试环境配置。

2）开发测试过程：根据界面原型为每个测试用例定义详细的测试步骤，为每个测试步骤定义详细的测试结果验证方法。为测试用例准备输入数据，编写测试过程文档。

3）设计驱动程序或桩：设计单元测试、集成测试需要的驱动程序和桩程序。

3. 实施测试

（1）实施单元测试

1）由开发人员执行单元测试的目的是验证单元的内部结果以及单元实现的功能。

2）执行单元测试，即按照测试过程运行测试脚本，自动执行单元测试或手工执行单元测试。

3）记录单元测试结果，即将单元测试结果进行详细记录，并将测试结果提交给相关组。

4）回归测试，即对修改后的单元执行回归测试。

（2）实施集成测试

1）执行集成测试的目的是验证单元之间的接口以及集成工作版本的功能、性能等。

2）执行集成测试，即按照测试过程，手工执行集成测试或运行测试脚本自动执行集成测试。

3）记录集成测试结果，即将集成测试结果进行详细记录，并将测试结果提交给相关组。

4）回归测试，即对修改后的工作版本执行回归测试，或对增量集成后的版本执行回归测试。

（3）实施系统测试

1）测试人员执行系统测试的目的是确认软件系统工作版本满足需求。

2）执行系统测试，即按照测试过程，手工执行系统测试或运行测试脚本自动执行系统测试。

3）记录系统测试结果，即将系统测试结果进行详细记录，并将测试结果提交给相关组。

4）回归测试，即对修改后的软件系统版本执行回归测试。

8.3.3 测试清单

分阶段对应不同的测试设计项和测试执行项，在需求阶段主要侧重设计功能测试用例，建立按业务流程和系统功能分类的测试内容（系统级测试），在设计阶段侧重设计界面测试用例，在编码或集成阶段侧重执行单元测试和集成测试。五子棋游戏系统测试清单见表 8-1。

表 8-1 五子棋游戏系统测试清单

测试阶段	测试设计项	测试策略	优先级	执行测试条件
单元测试	AutoPlay 类	使用 JUnit	中	编码完成
	Evaluate 类	使用 JUnit	中	编码完成
	Scan 类	使用 JUnit	中	编码完成
	Sort 类中各方法	使用 JUnit	中	编码完成
	FiveStone 类中各方法	使用 JUnit	高	编码完成
集成测试	FiveStone 类内各方法的集成	开发桩模块和驱动模块，使用 JUnit 进行测试	高	单元测试完成
	FiveStone 类与其他类之间的集成	使用 JUnit 进行测试	中	
系统测试	菜单功能	手工测试	高	系统编码完成并完成集成测试
	按钮功能	文档测试	高	
	下棋功能	文档测试	高	
	界面测试	文档测试	中	
	安装测试	文档测试	高	
	兼容性测试	文档测试	中	
	文档测试	文档测试	低	

8.4 单元测试案例

下面对五子棋主界面类（FiveStone 类）中的各方法进行单元测试。FiveStone 类的各方法功能说明见表 8-2。

表 8-2 FiveStone 类各方法介绍

方法名	功能说明
main(String args[])	主函数
init()	界面初始化
changepaihang(String strpai)	成绩排行
maopao(int[] x)	对排行榜的成绩进行排序
chucun(int[] x)	将成绩存储到文件中
itemStateChanged(ItemEvent e)	单选按钮事件响应函数
actionPerformed(ActionEvent e)	菜单和按钮事件响应函数
mouseClicked(MouseEvent e)	鼠标单击响应函数
set_Qizi(int x,int y)	棋盘落子操作
get_qizi_color(int x)	判断棋子颜色
get_qizi_color1(int x)	判断棋子颜色
draw_qipan(Graphics g)	绘制棋盘
game_start()	游戏开始
game_start_csh()	游戏开始，初始化
game_re()	游戏重新开始
game_btn_enable(boolean e)	设置组件状态
judge(int a,int b)	判断输赢
game_win_1(int x,int y)	判断输赢（横向）
game_win_2(int x,int y)	判断输赢（竖向）
game_win_3(int x,int y)	判断输赢（左斜）
game_win_4(int x,int y)	判断输赢（右斜）

8.4.1 单元测试计划

1. 单元测试策略

FiveStone 类的单元测试策略分析见表 8-3。

表 8-3 FiveStone 类的单元测试策略

测试策略项	FiveStone 类
测试类型	单元测试
测试技术	1）15%用手工测试，85%用 JUnit 测试工具自动测试 2）手工测试采用静态分析的方法 3）编码标准分析使用 eclipse plug_in CheckStyle 4）自动化测试覆盖率统计用 EMMA
测试通过失败标准	100%测试用例通过，并且最高级缺陷全部解决，代码覆盖率达到 95%，提交单元测试报告，且报告通过评审
测试挂起恢复标准	某个单元的挂起和恢复 挂起：超过 20%的单元测试挂起，整个测试挂起，需求、设计变化挂起 恢复：挂起条件解决
动态测试内容要求	1）被测试函数代码规模（行）>5 且圈复杂度>2，要求进行动态测试 2）界面测试 3）性能测试

2. 测试内容

在制订测试计划时，首先应根据软件设计文档评估测试的内容和范围，然后根据工作量来制订单元测试计划。本案例要测试的内容见表 8-4。

表 8-4 FiveStone 类单元测试的测试内容

标 识 符	名 称	代码规模（行）	圈 复 杂 度
U_FiveStone_01	代码规范检查	—	—
U_FiveStone_02	public void init()	45	1
U_FiveStone_03	public void changepaihang(String strpai)	21	4
U_FiveStone_04	public void maopao(int[] x)	27	8
U_FiveStone_05	public void paint(Graphics g)	3	1
U_FiveStone_06	public void chucun(int[] x)	15	2
U_FiveStone_07	public void itemStateChanged(ItemEvent e)	9	2
U_FiveStone_08	public void actionPerformed(ActionEvent e)	163	24
U_FiveStone_09	public void mouseClicked(MouseEvent e)	25	4
U_FiveStone_10	public void set_Qizi(int x,int y)	89	19
U_FiveStone_11	public String get_qizi_color(int x)	8	2
U_FiveStone_12	public String get_qizi_color1(int x)	8	2
U_FiveStone_13	public void draw_qipan(Graphics g)	66	18
U_FiveStone_14	public void game_start()	15	2
U_FiveStone_15	public void game_start_csh()	24	6
U_FiveStone_16	public void game_re()	4	1
U_FiveStone_17	public void game_btn_enable(boolean e)	6	1
U_FiveStone_18	public void judge(int a,int b)	150	
U_FiveStone_19	public boolean game_win_1(int x,int y)	36	8
U_FiveStone_20	public boolean game_win_2(int x,int y)	36	8
U_FiveStone_21	public boolean game_win_3(int x,int y)	36	8
U_FiveStone_22	public boolean game_win_4(int x,int y)	36	8
U_FiveStone_23	public static void main(String args[])	40	1

注：U——Unit。

3．测试环境

1）硬件环境：CPU，Intel 1.86 GHz，内存 1GB。

2）软件环境：Windows XP（SP2），Eclipse 3.2.0，JDK 1.6.7。

3）测试工具：JUnit 4，EMMA，Ant，CheckStyle。

8.4.2　单元测试的设计与执行

根据详细设计规格说明，建立单元测试环境，完成测试用例的设计和测试脚本的开发。在设计测试用例之前，为各个测试函数确定具体的测试项和测试方法，具体见表 8-5。

表 8-5　FiveStone 类单元测试的测试项目

标　识　符	测 试 对 象	测 试 内 容	测试方法及工具	测 试 脚 本
U_FiveStone_01	Class FiveStone 代码风格	根据 checklist 的要求	CheckStyle	否
U_FiveStone_02	Class FiveStone 逻辑结构检查	逻辑结构检查	walkthrough	否
U_FiveStone_02	public void init()		手动测试	否
U_FiveStone_03	public void paihang(String strpai)	用等价类方法设计测试用例	JUnit EMMA	设计测试脚本
U_FiveStone_04	public void maopao(int[] x)	正常数组长度的等价类方法： 1）数值全部一样 2）递增数组 3）递减数组 4）任意数据数组	JUnit EMMA	设计测试脚本
U_FiveStone_05	public void paint(Graphics g)	检查界面更新情况	手动测试	
U_FiveStone_06	public void chucun(int[] x)	检查输出文件的内容	JUnit EMMA	设计测试脚本
U_FiveStone_07	public void itemStateChanged (ItemEvent e)	检查黑子先、白子先单选按钮	手动测试	否
U_FiveStone_08	public void actionPerformed (ActionEvent e)	检查界面菜单和每个按钮	手动测试	否
U_FiveStone_09	public void mouseClicked (MouseEvent e)	检查成员变量 x1、y1 的值	JUnit EMMA	设计测试脚本
U_FiveStone_10	public void set_Qizi(int x,int y)	路径覆盖	JUnit EMMA	设计测试脚本
U_FiveStone_11	public String get_qizi_color(int x)		手动测试	
U_FiveStone_12	public String get_qizi_color1(int x)		手动测试	
U_FiveStone_13	public void draw_qipan(Graphics g)	路径覆盖	JUnit EMMA	设计测试脚本
U_FiveStone_14	public void game_start()	语句覆盖	JUnit EMMA	设计测试脚本
U_FiveStone_15	public void game_start_csh()		手动测试	
U_FiveStone_16	public void game_re()		手动测试	
U_FiveStone_17	public void game_btn_enable (boolean e)		手动测试	
U_FiveStone_18	public void judge(int a,int b)	条件覆盖	JUnit EMMA	设计测试脚本
U_FiveStone_19	public boolean game_win_1(int x,int y)	路径覆盖	JUnit EMMA	设计测试脚本
U_FiveStone_20	public boolean game_win_2(int x,int y)	路径覆盖	JUnit EMMA	设计测试脚本
U_FiveStone_21	public boolean game_win_3(int x,int y)	路径覆盖	JUnit EMMA	设计测试脚本
U_FiveStone_22	public boolean game_win_4(int x,int y)	路径覆盖	JUnit EMMA	设计测试脚本
U_FiveStone_23	public static void main (Stringargs[])		手动	

下面通过示例介绍上述部分测试项目的测试用例设计、脚本开发、测试执行和测试结果等测试过程。

1．代码规范检查

针对本项目开发的要求，自定义 CheckStyle 编码规范，文件名为 FiveStoneStyle.xml，然后对 FiveStone 类代码进行代码规范检查，具体见表 8-6。

表 8-6 单元测试用例 U_FiveStone_01

测试任务编号	U_Five Stone_01	测试任务描述	Class FiveStone 代码风格	
作者	×××	日期	yyyy-mm-dd	
预置条件				
设计方法	静态代码分析，代码走查		测试用例脚本文件	
用例编号	输入	预期动作	检查规范	备注
01	源码	检查注释规范	符合规范	Project style
02	源码	命名规范，包括变量和方法	同上	
03	源码	能否导出 API 帮助文档（.doc），帮助文档是否正确	同上	通过 Eclipse 导出帮助文档

2. 静态代码分析

静态代码分析的测试用例见表 8-7。

表 8-7 单元测试用例 U_FiveStone_02

测试任务编号	U_FiveStone_02	测试任务描述	逻辑结构检查，重点排序逻辑	
作者	×××	日期	yyyy-mm-dd	
预置条件				
设计方法	静态代码分析，代码走查		测试用例脚本文件	
用例编号	输入	预期动作	检查规范	备注
01	源码	检查循环结构，不能有死循环	不能出现死循环，且循环结构正确	
02	源码	检查全局参数的正确使用	排序数组使用正确	
03	源码	检查排序的停顿、等待显示等是否正确	每交换一次数据，需要停顿，并等待绘制	

3. 测试 public void maopao(int[] x)

（1）程序代码

程序的代码如下：

```
int score[] = new int[10];// 用于储存最佳排行（类成员变量）
 /**
   * 对排行榜的成绩进行排序
   * @param x 数组：存放成绩
   */
  public void maopao(int[] x) {
      int t;
      for (int i = 0; i < 10; i++) {
          for (int j = 0; j < 10 - i; j++)
              if (x[j] != 0 && x[j + 1] != 0) {
                  if (x[j] > x[j + 1]) {
                      t = x[j];
                      x[j] = x[j + 1];
                      x[j + 1] = t;
                  }
              }
      }
      for (int i = 0; i < 10; i++) {
          score[i] = x[i];
      }
}
```

（2）测试方法

1）静态分析。在检查中发现不合理的编码：预先假定数组长度为 11，循环次数使用的是常量 10，具有不安全性，数组容易溢出，不利于程序的维护。程序修改建议：将 for 循环中的循环次数由常量变为数组长度。程序修改如下：

```
public void maopao(int[] x) {
    int t;
    int l = x.length;
    for (int i = 0; i < l; i++) {
        for (int j = 0; j < l - i; j++)
            if (x[j] != 0 && x[j + 1] != 0) {
                if (x[j] > x[j + 1]) {
                    t = x[j];
                    x[j] = x[j + 1];
                    x[j + 1] = t;
                }
            }
    }
    for (int i = 0; i < l; i++) {
        score[i] = x[i];
    }
}
```

或者修改为更简洁的代码：

```
/**
 * 冒泡排序 2
 */
public  void maoppao2(int[] array){
    for(int i =0;i<array.length; i++){
        for(int j=i; j<array.length; j++){
            int temp;
            if(array[i]>array[j]){
                temp = array[i];
                array[i] = array[j];
                array[j] = temp;
            }
        }
    }
}
```

2）动态测试。根据测试计划的要求，采用等价类方法设计测试数据，使用 JUnit 执行测试，因此需要编写测试脚本。

（3）测试用例设计

为 public void maopao(int[] x)设计的测试用例见表 8-8。

表 8-8 单元测试用例 U_FiveStone_04

测试任务编号	U_FiveStone_04	测试任务描述	正常数组长度的等价类方法	
作者	×××	日期	yyyy-mm-dd	
预置条件	x.lenth=10;			
设计方法	动态测试	测试用例脚本文件	U_FiveStone_04Test.java	
用例编号	输入	执行动作	预期结果	备注
01	x[]={9,9,9,9,9,9,9,9}	运行用例	x[]={9,9,9,9,9,9,9,9}	数值全部一样
02	x[]={13,13,13,13,13,13,13,13,13,13}	运行用例	x[]={13,13,13,13,13,13,13,13,13,13}	数值全部一样
03	x[]={1,2,3,4,5,6,7,8,9,10}	运行用例	x[]={1,2,3,4,5,6,7,8,9,10}	递增数组

（续）

用例编号	输入	执行动作	预期结果	备注
04	x[]={1,5,6,45,52,56,65,75,82,90}	运行用例	x[]={1,5,6,45,52,56,65,75,82,90}	递增数组
05	x[]={10,9,8,7,6,5,4,3,2,1}	运行用例	x[]={1,2,3,4,5,6,7,8,9,10}	递减数组
06	x[]={71,65,54,42,31,10,9,6,4,1}	运行用例	x[]={1,4,6,9,10,31,42,54,65, 71}	递减数组
07	x[]={1,15,4,12,31,2,6,1,8,19}	运行用例	x[]={1,1,2,4,6,8,12,15,19,31}	任意数组
08	x[]={5,15,14,2,45,12,3,2,8,19}	运行用例	x[]={2,3,5,8,12,14,15,19,45}	任意数组

1）测试脚本。程序代码如下：

```
/**
 * 测试 FiveStone 类中的 maopao(int [])算法
 */

@Test
public void testMaopao(){
    FiveStone instance = new FiveStone();   //创建对象
    //构造测试输入数据
    int x1[] = { 9, 9, 9, 9, 9, 9, 9, 9, 9, 9 };
    int x2[] = { 13, 13, 13, 13, 13, 13, 13, 13, 13, 13 };
    int x3[] = { 1, 2, 3, 4, 5, 6, 7, 8, 9, 10 };
    int x4[] = { 1, 5, 6, 45, 52, 56, 65, 75, 82, 90 };
    int x5[] = { 10,9, 8, 7, 6, 5, 4, 3, 2, 1};
    int x6[] = { 71, 65, 54, 42, 31, 10, 9, 6, 4, 1 };
    int x7[] = { 1, 15, 4, 12, 31, 2, 6, 1, 8, 19 };
    int x8[] = { 5, 15, 14, 2, 45, 12, 3, 2, 8, 19 };

    //构造预期输出数据
    int result1[] = { 9, 9, 9, 9, 9, 9, 9, 9, 9, 9 };
    int result2[] = { 13, 13, 13, 13, 13, 13, 13, 13, 13, 13 };
    int result3[] = { 1, 2, 3, 4, 5, 6, 7, 8, 9, 10 };
    int result4[] = { 1, 5, 6, 45, 52, 56, 65, 75, 82, 90 };
    int result5[] = { 1, 2, 3, 4, 5, 6, 7, 8, 9,10 };
    int result6[] = { 1, 4, 6, 9, 10, 31, 42, 54, 65, 71 };
    int result7[] = { 1, 1, 2, 4, 6, 8, 12, 15, 19, 31 };
    int result8[] = { 2,2, 3, 5, 8, 12, 14, 15, 19, 45 };
    instance.maopao(x1);        //调用冒泡排序算法
    //判断预期结果与实际输出是否一致
    Assert.assertArrayEquals(x1, result1);
    instance.maopao(x2);
    Assert.assertArrayEquals(x2, result2);
    instance.maopao(x3);
    Assert.assertArrayEquals(x3, result3);
    instance.maopao(x4);
    Assert.assertArrayEquals(x4, result4);
    instance.maopao(x5);
    Assert.assertArrayEquals(x5, result5);
    instance.maopao(x6);
    Assert.assertArrayEquals(x6, result6);
    instance.maopao(x7);
    Assert.assertArrayEquals(x7, result7);
    instance.maopao(x8);
    Assert.assertArrayEquals(x8, result8);
}
```

2）执行测试。使用 JUnit 自动化测试工具进行测试，测试是为了发现新的缺陷。

4. 测试 public void chucun(int[] x)

（1）程序代码

程序的代码如下：

```
/**
 * 将数组的值存入文件
 * @param x   数组，用于存储排行榜成绩
 */
public void chucun(int[] x) {
        String str = "";
        String str1 = "";
        for (int i = 0; i < 10; i++) {
                str = String.valueOf(x[i]);
                str = str.concat("#");
                str1 = str1.concat(str);
        }
        try {
                FileOutputStream fo = new
                        FileOutputStream("resource/score.txt");
                fo.write(str1.getBytes());
                fo.close();
        } catch (Exception e) {
        }
}
```

（2）测试方法

1）静态分析。对代码进行逻辑分析，发现程序中存在以下问题：

① for (int i = 0; i < 10; i++)语句中，循环次数为常量 10，最好修改为 x.length。

② 在异常处理中（语句为 catch (Exception e) {}），捕获异常未给出提示信息，不满足实际需要。

2）动态测试。

① 打开游戏界面，玩游戏，游戏结束后，检查 score.txt 文件中的成绩表，发现没有存储当前的成绩。

② 清除文件中原有的成绩表，重新玩游戏，游戏结束后，检查 score.txt 文件，发现没有存储当前的成绩。

③ 删除此文件，重新玩游戏，游戏结束后，程序未创建一个新的 score.txt 文件。

根据以上现象，在 main()方法中直接调用 chucun()方法，程序功能执行正常，因此推测在其他方法中调用 chucun()方法时可能出现错误，这需要在集成测试中寻找问题。

5. 测试 public boolean game_win_1(int x, int y)

（1）程序代码

程序的代码如下：

```
int intgame_Body[][] = new int[16][16]; //类成员变量，用于设置棋盘棋子的状态，0表示无子、1表示黑子、2表示白子
        /**
         * 判断输赢（横向）
         * @param x 为棋盘横坐标
```

```
    * @param y 为棋盘纵坐标
    */
public boolean game_win_2(int x, int y) {
        int x1, y1, t = 1;   //t 计数器，计算有几个相连的同色棋子
        x1 = x;
        y1 = y;
        for (int i = 1; i < 5; i++) {
                if (x1 > 15) {
                        break;      //如果 x1>15，则结束 for 循环
                }
                if (y + i <= 15 && intgame_Body[x1][y1+i] == intgame_Body[x][y]) {
                        t += 1;
                } else {
                        break;
                }
        }
        for (int i = 1; i < 5; i++) {
                if (x1 <= 0) {
                        break;
                }
                if (x - i > 0 && intgame_Body[x1][y1-i] == intgame_Body[x][y]) {
                        t += 1;
                } else {
                        break;
                }
        }
        if (t > 4) {
                return true;
        } else {
                return false;
        }
}
```

（2）程序控制流图

game_win_1()程序控制流图如图 8-1 所示。

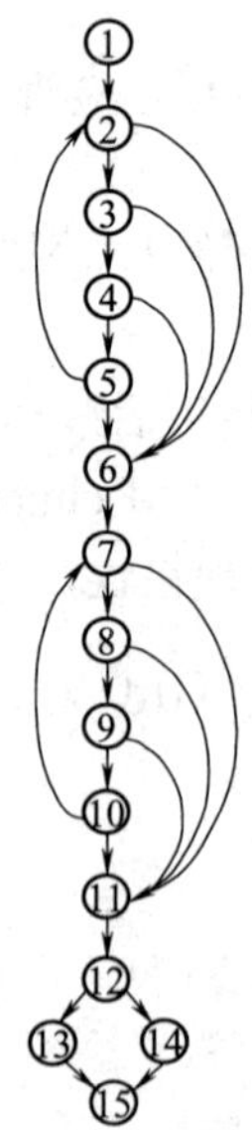

图 8-1　game_win_1()程序控制流图

（3）测试方法

1）静态分析。根据程序业务功能和程序结构，发现语句 if (x1 > 15)和语句 if (x1 <= 0)存在逻辑不合理的地方，如 x=18，执行时直接从 if (x1 > 15)语句跳出，进入第二个 for 循环，此时将依次执行 for 循环后面的代码，这与实际需求不符，因为 x =18 已经超出了棋盘的大小。因此两个 if 语句需要修改为：

```
if (x1 > 15 || x1 <=0 || y1 > 15 || y1 <= 0)
```

在 if (x-i > 0 && intgame_Body[x1][y1-i] == intgame_Body[x][y])语句中，除判断紧邻的两个数是否相等外，还必须保证这两个数同时是 1 或 2，不能为 0，因为每个元素的初始值都为 0。因此需要修改，可直接增加一个判定条件，代码如下：

```
intgame_Body[x][y] == 1|| intgame_Body[x][y] ==2
```

2）动态测试。根据测试计划的要求，采用基路径方法和循环测试方法设计测试数据，并补充一定的特殊值测试数据。使用 JUnit 执行测试，因此需要编写测试脚本。

（4）测试用例设计

1）首先采用基路径方法进行测试。计算圈复杂度：

① 流图中区域的数量对应于圈复杂度。从控制流图中可以很直观地看出，其区域数为 8，因此，圈复杂度为 8。

② 通过公式 $V(G)=E-N+2$ 进行计算。其中，E 是流图中边的数量，在本例中 E=21，N 是流图中节点的数量，在本例中 N=21，因此 $V(G) = 21-15+2 =8$。

③ 通过判定节点数计算 $V(G)=P+1$，其中 P 是流图中判定节点的数量。本例中，判定节点有 7 个，即 P=7，因此 $V(G)=P+1=7+1=8$。

找出基本路径。

path1：1，2，6，7，11，12，13，15

path2：1，2，3，6，7，11，12，13，15

path3：1，2，3，4，6，7，11，12，13，15

path4：1，2，3，4，5，2，6，7，11，12，13，15

path5：1，2，3，4，5，2，6，7，8，11，12，13，15

path6：1，2，3，4，5，2，6，7，8，9，11，12，13，15

path7：1，2，3，4，5，2，6，7，8，9，10，7，11，12，13，15

path8：1，2，3，4，5，2，6，7，8，9，10，7，11，12，14，15

以上路径是循环 0 次或 1 次的情况，对于循环多次，其路径长度将增加（上述路径只是其中一种，还有其他方案）。设计的测试用例见表 8-9。

表 8-9　game_win_1()的测试用例

用例编号	路径/循环	输入数据	预期输出	备注
1	path1，path4，path5，path6，path7，path8	不可达，除非将两个 for 循环的循环变量 i 的初始值修改为符合循环测试要求的值	false	pass
2	path2	x=18，第二个 for 循环的 i=5	false	pass
3	path3	x=1 int game_Body[1] = {0,0,0,0,0,0,0,1,0,0,0,0,0,0,0}	false	pass
4	第一个 for 循环 4 次	x=2, y=6 int game_Body[2] = {0,0,0,0,0,0,0,1,1,1,1,1,0,0,0}	true	pass

（续）

用例编号	路径/循环	输入数据	预期输出	备注
5	第一个 for 循环 2 次	x=3，y=6 int game_Body[3] = {0,0,0,0,0,0,0,1,1,1,0,0,0,0,0}	false	pass
6	第一个 for 循环 1 次	x=4，y=6 int game_Body[4] = {0,0,0,0,0,0,0,1,1,0,1,0,0,0,0}	false	pass
7	第一个 for 循环 0 次	x=5，y=6 int game_Body[5] = {0,0,0,0,0,0,0,1,0,0,0,0,0,0,0}	false	pass
8	第二个 for 循环 4 次	x=6，y=6 int game_Body[6] = {0,0,0,1,1,1,1,1,0,0,0,0,0,0,0}	true	pass
9	第二个 for 循环 2 次	x=7，y=6 int game_Body[7] = {0,0,0,0,0,1,1,1,0,0,0,0,0,0,0}	false	pass
10	第二个 for 循环 1 次	x=8，y=6 int game_Body[8] = {0,0,0,0,0,0,1,1,0,0,0,0,0,0,0}	false	pass
11	第一个 for 循环 1 次 第二个 for 循环 2 次	x=9，y=6 int game_Body[9] = {0,0,0,0,1,1,1,1,1,0,0,0,0,0,0}	true	pass

注：game_win_1()的返回类型是布尔型。

2）测试脚本的设计。测试脚本的程序代码如下：

```
/**
 * 测试 FiveStone 类中的 game_win_2(int x, int y)方法
 */
@Test
public void testgame_win_2() {
        FiveStone instance = new FiveStone(); // 创建对象
        int x;
        int y = 6;
        boolean t = true;
        boolean f = false;
        boolean result = false;
        // 构造测试输入数据
        int array[][] = { { 0, 0, 0, 0, 0, 0, 0, 0, 0, 0, 0, 0, 0, 0, 0 },
                        { 0, 0, 0, 0, 0, 0, 0, 1, 0, 0, 0, 0, 0, 0, 0 },
                        { 0, 0, 0, 0, 0, 0, 1, 1, 1, 1, 1, 0, 0, 0, 0 },
                        { 0, 0, 0, 0, 0, 0, 0, 1, 1, 1, 0, 0, 0, 0, 0 },
                        { 0, 0, 0, 0, 0, 0, 0, 1, 1, 0, 1, 0, 0, 0, 0 },
                        { 0, 0, 0, 0, 0, 0, 0, 1, 0, 0, 0, 0, 0, 0, 0 },
                        { 0, 0, 0, 1, 1, 1, 1, 1, 0, 0, 0, 0, 0, 0, 0 },
                        { 0, 0, 0, 0, 0, 1, 1, 1, 0, 0, 0, 0, 0, 0, 0 },
                        { 0, 0, 0, 0, 0, 0, 1, 1, 0, 0, 0, 0, 0, 0, 0 },
                        { 0, 0, 0, 0, 1, 1, 1, 1, 1, 0, 0, 0, 0, 0, 0 },
                        { 0, 0, 0, 0, 0, 0, 0, 0, 0, 0, 0, 0, 0, 0, 0 },
                        { 0, 0, 0, 0, 0, 0, 0, 0, 0, 0, 0, 0, 0, 0, 0 },
                        { 0, 0, 0, 0, 0, 0, 0, 0, 0, 0, 0, 0, 0, 0, 0 },
                        { 0, 0, 0, 0, 0, 0, 0, 0, 0, 0, 0, 0, 0, 0, 0 },
                        { 0, 0, 0, 0, 0, 0, 0, 0, 0, 0, 0, 0, 0, 0, 0 } };
```

```
        instance.set_intgame_Body(array);
        x = 0;
        result = instance.game_win_2(x, y);
        Assert.assertEquals(f, result);
        x = 1;
        result = instance.game_win_2(x, y);
        Assert.assertEquals(f, result);
        x = 2;
        result = instance.game_win_2(x, y);
        Assert.assertEquals(t, result);
        x = 3;
        result = instance.game_win_2(x, y);
        Assert.assertEquals(f, result);
        x = 4;
        result = instance.game_win_2(x, y);
        Assert.assertEquals(f, result);
        x = 5;
        result = instance.game_win_2(x, y);
        Assert.assertEquals(f, result);
        x = 6;
        result = instance.game_win_2(x, y);
        Assert.assertEquals(t, result);
        x = 7;
        result = instance.game_win_2(x, y);
        Assert.assertEquals(f, result);
        x = 8;
        result = instance.game_win_2(x, y);
        Assert.assertEquals(f, result);
        x = 9;
        result = instance.game_win_2(x, y);
        Assert.assertEquals(t, result);
}
```

3)执行测试。使用 JUnit 自动化测试工具，对修改后的程序代码进行测试。测试未发现 BUG。

6. 测试 public static void main (String args[])

(1) 程序代码

程序的代码如下：

```
...
Button b1 = new Button("开 始 游 戏");
Button b2 = new Button("重 新 开 始");
Button b3 = new Button("退 出 游 戏");
Button b4 = new Button("清 空 排 行");
Label steplab = new Label("步数:");
Label message = new Label("提示:");
Label choose = new Label("选择:");
Label lblWin = new Label(" ");
Label label = new Label(" ");
Checkbox ckbHB[] = new Checkbox[2];
CheckboxGroup ckgHB = new CheckboxGroup();
static JFrame frame = new JFrame();
static MenuBar mb = new MenuBar();
static Menu menu0 = new Menu("游  戏 ");
static Menu menu1 = new Menu("设  置 ");
static Menu menu2 = new Menu("帮  助 ");
static Menu mi1_0 = new Menu("棋盘背景");
```

```
static MenuItem mi0 = new MenuItem("新 游 戏");
static MenuItem mi1 = new MenuItem("悔棋一步");
static MenuItem mi2 = new MenuItem("最佳排行");
static MenuItem mi3 = new MenuItem("退   出");
static MenuItem mi2_0 = new MenuItem("内   容");
static MenuItem mi2_1 = new MenuItem("关   于");
static MenuItem mi1_0_0 = new MenuItem("蓝色");
static MenuItem mi1_0_1 = new MenuItem("橘黄");
static MenuItem mi1_0_2 = new MenuItem("绿色");
static MenuItem mi1_0_3 = new MenuItem("灰色");
static MenuItem mi1_0_4 = new MenuItem("自定义");// 菜单栏
static ImageIcon icon = new ImageIcon("resource/FiveStone.jpg");
static JDialog dlg_1 = new JDialog(frame);
static JDialog dlg_2 = new JDialog(frame);
static JDialog paihang = new JDialog(frame);
static JTextArea paihangtext = new JTextArea();
static JTextArea dlg_1_text = new JTextArea();
static JTextArea dlg_2_text = new JTextArea();
static String colorSign = "lightgray";
static Color newColor;
//以上为类成员变量
@SuppressWarnings("deprecation")
/**
 * main()函数
 */
public static void main(String args[]) {
    FiveStone fs = new FiveStone();
    mb.add(menu0);
    mb.add(menu1);
    mb.add(menu2);
    menu0.add(mi0);
    menu0.add(mi1);
    menu0.add(mi2);
    menu0.add(mi3);
    menu1.add(mi1_0);
    menu2.add(mi2_0);
    menu2.add(mi2_1);
    mi1_0.add(mi1_0_0);
    mi1_0.add(mi1_0_1);
    mi1_0.add(mi1_0_2);
    mi1_0.add(mi1_0_3);
    mi1_0.add(mi1_0_4);
    frame.setMenuBar(mb);// 加载菜单
    mi0.addActionListener(fs);
    mi1.addActionListener(fs);
    mi2.addActionListener(fs);
    mi3.addActionListener(fs);
    mi2_0.addActionListener(fs);
    mi2_1.addActionListener(fs);
    mi1_0_0.addActionListener(fs);
    mi1_0_1.addActionListener(fs);
    mi1_0_2.addActionListener(fs);
    mi1_0_3.addActionListener(fs);
    mi1_0_4.addActionListener(fs);// 给菜单栏增加监听器

    fs.init();
```

```
        frame.add(fs);
        frame.setSize(600, 380);
        frame.setResizable(false);
        frame.setIconImage(icon.getImage());
        frame.setTitle("五子棋 V1.1");
        frame.setLocation(250, 150);
        frame.setDefaultCloseOperation(JFrame.EXIT_ON_CLOSE);
        frame.show();
    }

    /**
     * 界面初始化
     */
    public void init() {
        setLayout(null);
        addMouseListener(this);
        add(steplab);
        steplab.setBounds(340, 15, 30, 20);
        add(label);
        label.setBounds(390, 15, 160, 20);
        label.setBackground(Color.white);
        add(message);
        message.setBounds(340, 45, 30, 20);
        add(lblWin);
        lblWin.setBounds(390, 45, 160, 20);
        lblWin.setBackground(Color.white);
        paihangtext.setBackground(Color.green);
        add(choose);
        choose.setBounds(340, 75, 30, 20);
        ckbHB[0] = new Checkbox("人        先", ckgHB, false);
        ckbHB[0].setBounds(390, 75, 70, 20);
        ckbHB[1] = new Checkbox("电 脑 先", ckgHB, false);
        ckbHB[1].setBounds(390, 105, 70, 20);
        ckbHB[0].addItemListener(this);
        ckbHB[1].addItemListener(this);
        add(ckbHB[0]);
        add(ckbHB[1]);
        add(b1);
        b1.setBounds(390, 180, 160, 25);
        b1.addActionListener(this);
        add(b2);
        b2.setBounds(390, 210, 160, 25);
        b2.addActionListener(this);
        add(b3);
        b3.setBounds(390, 240, 160, 25);
        b3.addActionListener(this);
        add(b4);                                //测试后补充的
        b4.setBounds(390, 270, 160, 25);        //测试后补充的
        b4.addActionListener(this);
        game_start_csh();
        try {
                FileInputStream io = new FileInputStream("resource/score.txt");// 得到路径
                byte a[] = new byte[io.available()];
                io.read(a);
                io.close();
```

```
                String strpai = new String(a);
                changepaihang(strpai);
            } catch (Exception g) {
            }
        }
```

（2）测试方法

1）静态分析。根据设计要求，分析程序的逻辑结构，发现定义了变量 b4（清空排行按钮），并注册了监听器，但未加入主界面。在后面的动态测试中，当运行程序时，发现确实缺少清空排行按钮。需要补充以下两条语句：

```
add(b4);                              //加入主界面
b4.setBounds(390, 270, 160, 25);      //设置按钮位置和大小
```

2）动态测试。对 main()方法进行动态测试，由于各方法主要是实现初始化和五子棋的主界面，因此采用手动测试方法进行测试。测试用例见表 8-10。

表 8-10　单元测试用例 U_FiveStone_23

测试任务编号	U_FiveStone_23	测试任务描述	GUI 测试，检查菜单、按钮、棋盘等界面元素	
作者	×××	日期	yyyy-mm-dd	
预置条件	运行程序			
设计方法	动态测试	测试用例脚本文件		
用例编号	输入	执行动作	预期结果	实际结果
01		打开菜单，选择各菜单项，检查各菜单项是否有效	各菜单功能执行正常	各菜单执行正常
02		单击各按钮，检查各按钮是否可用	各按钮功能执行正常	各按钮功能执行正常
03		开始游戏，在棋盘上各位置单击鼠标	在相应位置绘出棋子	在相应位置绘出棋子
04		检查各界面元素布局是否合理	布局合理	布局合理
05		检查各快捷键是否有效、正确且符合使用习惯等	快捷键有效、正确且符合使用习惯	快捷键有效、正确且符合使用习惯

8.4.3　单元测试报告

在执行测试时，需要在设计好测试用例的前提下，在平台上进行。测试方法包括自动化测试和手工测试。本案例的软件自动化测试平台包括 Eclipse 3.4.1、JDK 1.6.2、JUnit 4、EMMA、CheckStyle 4.4.4.1、Ant 1.6.5。最后，对所有的测试结果进行统计并生成测试执行报告和缺陷记录报告。测试执行报告包括测试用例标识、版本、通过情况、缺陷标识、测试执行时间等内容，其中最重要的是要明确测试用例的执行状态。执行状态至少要包括通过、部分通过、未通过、未测试 4 种状态。如果测试未通过，则必须给出测试的缺陷记录。缺陷记录报告需要包括缺陷标识、缺陷描述、位置、严重程度、缺陷类型，还要明确其位置和严重程度。在自动化测试中，通过工具可以简化这部分工作，很多自动化工具可以自动将测试结果生成报表。本例生成的报表由 Ant 构建。

8.5　集成测试案例

在完成了主界面类（FiveStone 类）中各方法的单元测试后，对此类进行集成测试。下面

是对五子棋主界面类的集成测试。

8.5.1　FiveStone 类中各方法的调用关系

FiveStone 类各方法的功能介绍见表 8-2。FiveStone 类中各方法的调用关系如图 8-2 所示。

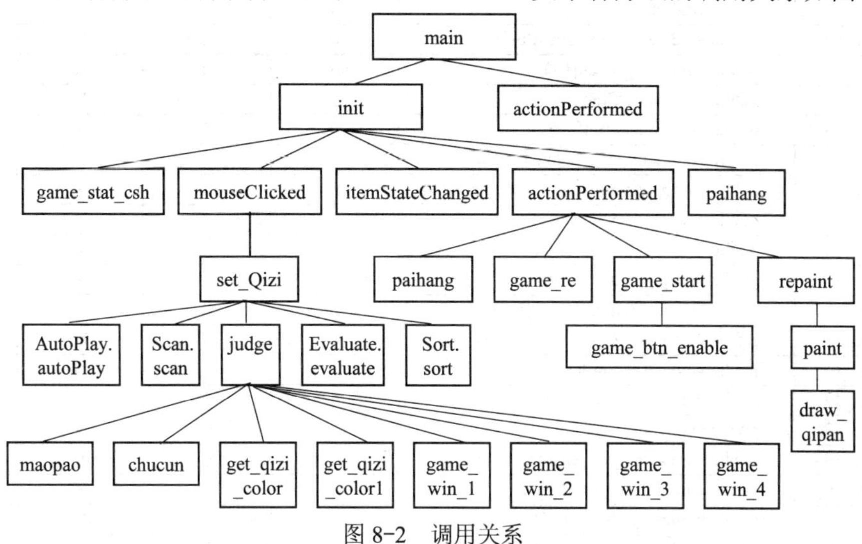

图 8-2　调用关系

8.5.2　集成测试计划

1. 集成测试策略

集成测试策略包括要使用的测试技术和工具、测试完成标准、影响资源分配的特殊考虑，如模拟物理损坏、安全性威胁等。本例中，通过表 8-11 予以说明。

表 8-11　FiveStone 类的集成测试策略

测试策略项	FiveStone 类内部集成及接口界面测试
测试类型	集成测试
测试技术	70%用手工测试，30%用 JUnit 测试工具自动测试 手工测试主要是针对接口测试和 GUI 测试 自动化测试主要针对类的内部方法集成
测试完成标准	成功：1）接口测试用例都被执行并通过 2）测试发现的缺陷都被修正并通过回归测试 3）编写集成测试报告，且报告通过评审 失败：1）设计问题，导致修改 20%以上的函数接口、功能、数量的变化 2）有功能没有设计实现，以及更改功能设计共导致修改 20%以上的函数接口、功能、数量的变化
测试挂起/恢复标准	挂起：某个测试用例被阻塞时挂起 恢复：挂起条件解决
特殊考虑	1）类内部集成时，内部函数被调用次数小于 3，调用层次小于 2 的不进行测试 2）由于该集成为类的内部集成，所以类的内部集成用例的设计、实施由开发人员完成

2. 集成测试内容

执行测试计划时，首先应根据软件设计文档来评估测试项有哪些，然后根据工作量来执行集成测试计划。FiveStone 类的集成测试内容见表 8-12。

表 8-12 FiveStone 类的集成测试内容

标识符	名称	调用层次数	调用函数数	是否测试	测试策略
I_FiveStone_01	接口规范检查	—	—	Y	静态走查
I_FiveStone_02	main()方法调用	—	—	Y	手工测试
I_FiveStone_03	GUI 界面	—	—	Y	手工测试
I_FiveStone_04	public void init()	4	5	Y	相邻集成
I_FiveStone_05	public void paihang(String strpai)	0	0	N	—
I_FiveStone_06	public void maopao(int[] x)	0	0	N	—
I_FiveStone_07	public void paint(Graphics g)	1	1	N	—
I_FiveStone_08	public void chucun(int[] x)	0	0	N	—
I_FiveStone_09	public void itemStateChanged(ItemEvent e)	0	0	N	—
I_FiveStone_10	public void actionPerformed(ActionEvent e)	3	4	Y	相邻集成
I_FiveStone_11	public void mouseClicked(MouseEvent e)	3	1	Y	相邻集成
I_FiveStone_12	public void set_Qizi(int x,int y)	2	5	Y	相邻集成
I_FiveStone_13	public String get_qizi_color(int x)	0	0	N	—
I_FiveStone_14	public String get_qizi_color1(int x)	0	0	N	—
I_FiveStone_15	public void draw_qipan(Graphics g)	0	0	N	—
I_FiveStone_16	public void game_start()	1	1	N	—
I_FiveStone_17	public void game_start_csh()	0	0	N	—
I_FiveStone_18	public void game_re()	0	0	N	—
I_FiveStone_19	public void game_btn_enable(boolean e)	0	0	N	—
I_FiveStone_20	public void judge(int a, int b)	1	8	Y	相邻集成
I_FiveStone_21	public boolean game_win_1(int x,int y)	0	0	N	—
I_FiveStone_22	public boolean game_win_2(int x,int y)	0	0	N	—
I_FiveStone_23	public boolean game_win_3(int x,int y)	0	0	N	—
I_FiveStone_24	public boolean game_win_4(int x,int y)	0	0	N	—

注：I——Integration。

8.5.3 集成测试设计

由于本系统的功能比较简单，各方法设计也不复杂，而且已经完成了单元测试，因此采用相邻集成的策略对部分关键方法进行集成测试。根据表 8-12，选出 5 个集成测试的具体内容，并按照自底向上的原则组织测试。具体的测试项见表 8-13。

表 8-13 集成测试案例的测试项

标 识 符	测 试 对 象	测 试 内 容	测试方法及工具	是否设计测试脚本
I_FiveStone_T01	接口规范检查	测试接口命名规范性	静态走查	否
I_FiveStone_T02	set_Qizi、judge、maopao、chucun、get_qizi_color、get_qizi_color1、game_win_1、game_win_2、game_win_3、game_win_4 集成	功能的正确性、全局数据的正确性检查	相邻集成 JUnit	需要设计驱动模块
I_FiveStone_T03	init、actionPerformed、paihang、game_re、game_start、repaint 集成	功能的正确性、全局数据的正确性检查	相邻集成 JUnit	需要设计桩模块
I_FiveStone_T04	main、init、game_start_csh、mouseClicked、itemState Changed、actionPerformed、paihang 集成	各菜单项和按钮的功能正确	手工测试，设计桩模块	需要设计桩模块
I_FiveStone_T05	GUI 界面		手工测试	否

注：I——Integrating，T——test。

通过对以上测试内容的分解和细化，并根据测试项要求，设计测试用例。

1）接口规范检查。接口规范检查的测试用例见表 8-14。

表 8-14　集成测试用例 I_FiveStone_T01

测试任务编号	I_FiveStone_T01	测试任务描述	测试接口命名规范性	
作者	×××	日期	yyyy-mm-dd	
预置条件				
用例编号	输入	执行动作	预期结果	实际结果
01	无	根据命名规范，检查类的各方法命名是否规范	各方法名称符合命名规范	部分方法命名不符合规范，使用了中文汉语拼音，需要改为英文词汇
02	无	检查各成员变量和方法的形参的命名规范性	各参数名称符合命名规范	部分参数命名不规范

2）set_Qizi、judge、maopao、chucun、get_qizi_color、get_qizi_color1、game_win_1、game_win_2、game_win_3、game_win_4 集成。在对以上方法进行集成测试时不需要设计桩模块，只需要设计驱动模块。驱动模块程序就是设计 main()方法，在 main()方法中定义需要的变量，并调用 set_Qizi()方法。

3）init、actionPerformed、paihang、game_re、game_start、repaint 集成。本集成测试重点检查各菜单项功能和按钮功能是否正确实现。具体的测试用例见表 8-15。

表 8-15　集成测试用例 I_FiveStone_T03

测试任务编号	I_FiveStone_T03		测试任务描述	init、actionPerformed、paihang、game_re、game_start、repaint 集成	
作者	×××		日期	yyyy-mm-dd	
设计方法	黑盒测试		测试用例文件名		
用例编号	输入	执行动作	预期结果	实际结果	备注
01	无	选择“新游戏”菜单项	开始新游戏	开始新游戏	pass
02	无	选择“新游戏”菜单项	开始新游戏	开始新游戏	pass
03	无	游戏未开始时，选择“悔棋一步”菜单项	提示：游戏还没开始	提示：游戏还没开始	pass
04	无	游戏开始后，在分出胜负前，选择“悔棋一步”菜单项	取消人和计算机当前下的一步棋，步数减 1	取消人和计算机当前下的一步棋	pass
05	无	游戏开始后，已经分出胜负，选择“悔棋一步”菜单项	提示：已分胜负，不允许悔棋	提示：游戏还没开始	提示信息不准确
06	无	第一次使用五子棋系统，选择“最佳排行”菜单项	弹出“游戏排行榜”对话框，且里面没有排行内容	弹出“游戏排行榜”对话框，且里面没有排行内容	pass
07	无	下了几盘棋后，选择“最佳排行”菜单项	弹出“游戏排行榜”对话框，存在排行内容	弹出“游戏排行榜”对话框，且里面没有排行内容	功能未实现
08	无	启动五子棋系统，游戏开始前，选择“退出”菜单项	关闭五子棋游戏	关闭五子棋游戏	pass
09	无	游戏开始后，在分出胜负前，选择“退出”菜单项	关闭五子棋游戏	关闭五子棋游戏	pass
10	无	游戏开始后，已经分出胜负，选择“退出”菜单项	关闭五子棋游戏	关闭五子棋游戏	pass
11	无	选择“棋盘背景”子菜单，选择“蓝色”菜单项	棋盘背景变为蓝色	棋盘背景变为蓝色	pass
12	无	选择“棋盘背景”子菜单，选择“绿色”菜单项	棋盘背景变为绿色	棋盘背景变为绿色	pass
13	无	选择“棋盘背景”子菜单，选择“橘色”菜单项	棋盘背景变为橘色	棋盘背景变为橘色	pass
14	无	选择“棋盘背景”子菜单，选择“灰色”菜单项	棋盘背景变为灰色	棋盘背景变为灰色	pass

（续）

用例编号	输入	执行动作	预期结果	实际结果	备注
15	无	选择“棋盘背景”子菜单，选择“自定义”菜单项	弹出“自定义颜色”对话框，选择颜色，按“确定”按钮后，棋盘颜色变为自定义颜色	弹出“自定义颜色”对话框，选择颜色，按“确定”按钮后，棋盘颜色变为自定义颜色	pass
16	无	选择“内容”菜单项	弹出“内容介绍”对话框	弹出“内容介绍”对话框	pass
17	无	选择“关于”菜单项	弹出“五子棋的系统介绍”对话框	弹出“五子棋的系统介绍”对话框	pass

4）main、init、game_start_csh、mouseClicked、itemStateChanged、actionPerformed、paihang集成。对上述方法进行集成测试时，根据调用关系，不需要设计驱动模块，但需要设计5个桩模块，分别模拟set_Qizi()、paihang()、game_re、game_start()和repaint()的功能。由于在前面的单元测试和集成测试中，已经对各方法进行了充分的测试，基本验证了各方法的正确性，因此，在需要桩模块的地方直接使用各方法即可。如果在测试过程中出现异常，可以改用桩模块代替。由于前一个模块已经测试了各菜单项和按钮的功能，因此，本次集成测试的重点是测试下棋功能。设计的测试用例见表8-16。

表8-16　集成测试用例 I_FiveStone_T04

测试任务编号	I_FiveStone_T04	测试任务描述	main、init、game_start_csh、mouseClicked、itemStateChanged、actionPerformed、paihang 集成		
作者	×××	日期	yyyy-mm-dd		
设计方法	黑盒测试		测试用例文件名		
用例编号	输入	执行动作	预期结果	实际结果	备注
01	无	选择“开始游戏”菜单，选择“人先”，在棋盘中的任意位置落子	能正常下棋	能正常下棋	pass
02	无	选择“开始游戏”菜单，选择“计算机先”	计算机先下棋，人能正常下棋	计算机先下棋，人能正常下棋	pass
03	无	启动游戏，鼠标单击“开始游戏”按钮	开始新游戏，并提示游戏已经开始。“开始游戏”按钮变为灰色（即不可操作）	开始新游戏，并提示游戏已经开始。“开始游戏”按钮变为灰色	pass
04	无	游戏开始后，在分出胜负前，鼠标单击“重新开始”	棋盘界面为初始状态	棋盘界面为初始状态	pass
05	无	游戏开始后，在分出胜负前，鼠标单击“退出游戏”	提示：真的要退出吗？根据用户的选择判断是否退出游戏	直接退出游戏	功能正确，但易用性不好
06	无	鼠标单击“清空排行”	弹出消息对话框	弹出消息对话框	pass

5）GUI界面测试。GUI界面测试的测试用例见表8-17。

表 8-17　集成测试用例 I_FiveStone_T05

测试任务编号	I_FiveStone_T05		测试任务描述	GUI 界面测试	
作者	×××		日期	yyyy-mm-dd	
设计方法	是否能够正确接受鼠标、键盘事件，并正确响应				
预置条件	运行主程序				
用例编号	输入	执行动作	预期结果	实际结果	备注
01	无	打开菜单，选择各菜单项，检查各菜单项是否有效	各菜单功能执行正常	各菜单功能执行正常	pass
02	无	单击各按钮，检查各按钮是否可用	各按钮功能执行正常	各按钮功能执行正常	pass
03	无	开始游戏，在棋盘中的各位置单击鼠标	在相应位置绘出棋子	在相应位置绘出棋子	pass
04	无	检查各界面元素布局是否合理	布局合理	布局合理	pass
05	无	检查各快捷键是否有效、正确且符合使用习惯等	快捷键有效、正确、符合使用习惯	快捷键有效、正确、符合使用习惯	pass

8.5.4　集成测试报告

对所有的集成测试结果进行统计，并生成测试执行报告和缺陷记录报告，与单元测试的测试执行报告类似，需要包括测试用例的标识、版本、通过情况、缺陷标识和测试执行时间等内容。如果测试未通过，则必须给出测试的缺陷记录报告，其中需要包括缺陷标识、缺陷描述、位置、严重程度和缺陷类型在自动化测试中，一般需要提供集合测试的测试工具，如 JUnit 的 Suite、Ant，可以将所有的测试用例集合起来，批量运行，以简化执行过程。

8.6　系统测试案例

五子棋游戏的系统界面如图 8-3 所示。

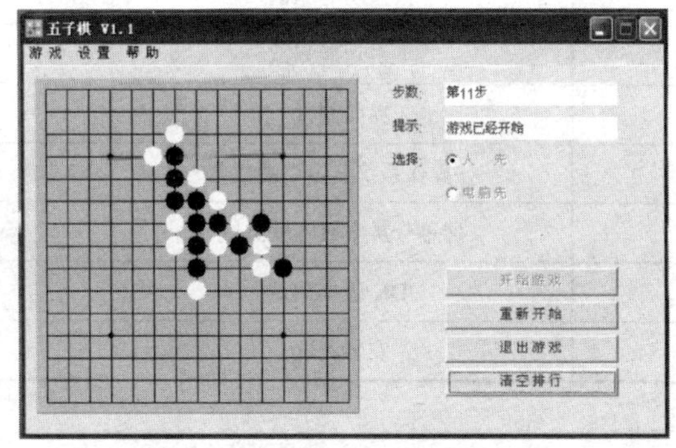

图 8-3　五子棋游戏的系统界面

8.6.1　系统测试计划

1．系统测试策略

系统测试策略包括要使用的测试技术和工具、测试完成标准、影响资源分配的特殊考虑。五子棋游戏的系统测试策略见表 8-18。

表 8-18 五子棋游戏的系统测试策略

测试策略项	五子棋游戏的系统测试
测试类型	系统测试
测试技术	90%用手工测试，10%用 QuickTest 测试工具自动测试 手工测试主要是控制组件功能测试、界面测试、兼容性测试和安装测试 自动化测试主要是针对五子棋游戏的下棋功能进行测试
测试完成标准	成功：1）系统测试用例都被执行并通过 2）测试发现的缺陷都被修正并通过回归测试 3）编写系统测试报告，且报告通过评审 失败：1）功能未实现 2）功能错误或与需求不一致
测试挂起/恢复标准	挂起：某个测试用例被阻塞时挂起 恢复：挂起条件解决
特殊考虑	

2. 系统测试内容

执行测试计划时，首先应根据软件设计文档来评估测试项有哪些，然后根据工作量来执行系统测试计划。五子棋游戏系统的测试内容见表 8-19。

表 8-19 五子棋游戏系统的测试内容

标 识 符	名 称	测 试 策 略
S_FiveStone_01	菜单功能测试	手工测试
S_FiveStone_02	按钮功能测试	手工测试
S_FiveStone_03	下棋功能测试	自动化测试
S_FiveStone_04	界面测试	手工测试
S_FiveStone_05	操作系统兼容性测试	手工测试
S_FiveStone_06	屏幕分辨率兼容性测试	手工测试
S_FiveStone_07	JDK 版本测试	手工测试
S_FiveStone_08	安装测试	手工测试

注：S——System。

8.6.2 系统测试的设计与执行

1. 功能测试

（1）菜单功能测试

五子棋的主要菜单项如图 8-4 和图 8-5 所示。

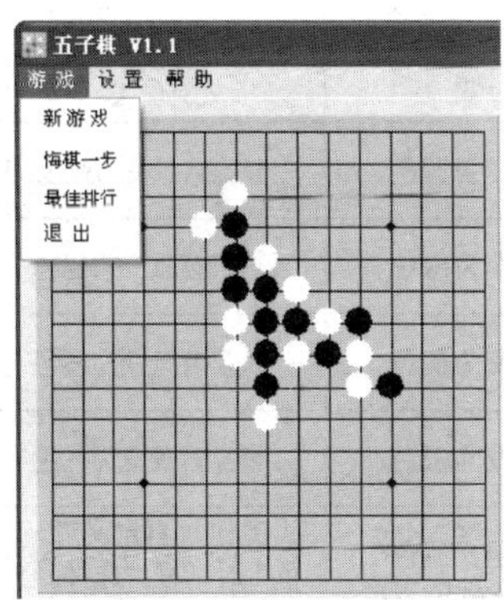

图 8-4 “游戏”菜单

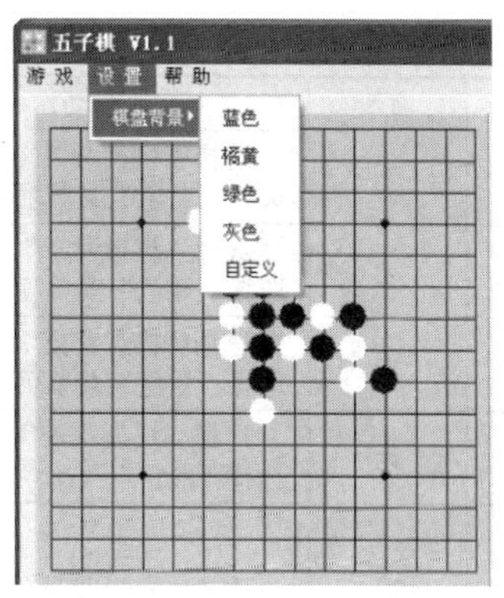

图 8-5 “设置”菜单

进行菜单测试时，需要考虑以下几个方面：选择菜单是否可以正常工作，与实际执行的内容是否一致；是否有错别字；快捷键是否重复；热键是否重复；快捷键与热键操作是否有效；是否存在中英文混合；菜单要与语境相关，如不同权限的用户登录一个应用程序，不同级别的用户可以看到不同级别的菜单并使用不同级别的功能等。

然后依次对各菜单项进行功能检查，具体的测试用例见表 8-20。

表 8-20　各菜单项的功能测试

测试任务编号	S_FiveStone_01		测试任务描述	菜单项的功能测试	
作者	×××		日期	yyyy-mm-dd	
设计方法	黑盒测试		测试用例文件名		
预置条件	启动五子棋游戏系统				
用例编号	输入	执行动作	预期结果	实际结果	备注
01	无	鼠标单击“游戏”菜单，选择“新游戏”菜单项	开始新游戏	开始新游戏	
02	无	游戏开始后，在分出胜负前，选择“新游戏”菜单项	弹出消息框，询问是否开始新游戏	没有任何提示，直接开始新的游戏	功能正确，但易用性不好
03	无	游戏未开始时，选择“悔棋一步”菜单项	提示：游戏还没开始	提示：游戏还没开始	pass
04	无	游戏开始后，在分出胜负前，选择“悔棋一步”菜单项	取消人和计算机当前下的一步棋，步数减 1	取消人和计算机当前下的一步棋，但步数未减 1	基本功能正确，但统计信息不准确
05	无	游戏开始后，已经分出胜负，选择“悔棋一步”菜单项	提示：已分胜负，不允许悔棋	提示：游戏还没开始	提示信息不准确
06	无	第一次使用五子棋系统，选择“最佳排行”菜单项	弹出“游戏排行榜”对话框，且里面没有排行内容	弹出“游戏排行榜”对话框，且里面没有排行内容	pass
07	无	下了几盘棋后，选择“最佳排行”菜单项	弹出“游戏排行榜”对话框，存在排行内容	弹出“游戏排行榜”对话框，且里面没有排行内容	功能未实现
08	无	启动五子棋系统，游戏开始前，选择“退出”菜单项	关闭五子棋游戏	直接关闭五子棋游戏	pass
09	无	游戏开始后，在分出胜负前，选择“退出”菜单项	提示：真的要退出吗	关闭五子棋游戏	功能正确，但易用性不好
10	无	游戏开始后，已经分出胜负，选择“退出”菜单项	关闭五子棋游戏	关闭五子棋游戏	pass

（续）

用例编号	输入	执行动作	预期结果	实际结果	备注
11	无	选择“棋盘背景”子菜单，选择“蓝色”菜单项	棋盘背景变为蓝色	棋盘背景变为蓝色	pass
12	无	选择“棋盘背景”子菜单，选择“绿色”菜单项	棋盘背景变为绿色	棋盘背景变为绿色	pass
13	无	选择“棋盘背景”子菜单，选择“橘色”菜单项	棋盘背景变为橘色	棋盘背景变为橘色	pass
14	无	选择“棋盘背景”子菜单，选择“灰色”菜单项	棋盘背景变为灰色	棋盘背景变为灰色	pass
15	无	选择“棋盘背景”子菜单，选择“自定义”菜单项	弹出“自定义颜色”对话框，选择颜色，按“确定”按钮后，棋盘颜色变为自定义颜色	弹出“自定义颜色”对话框，选择颜色，按“确定”按钮后，棋盘颜色变为自定义颜色	pass
16	无	鼠标单击“帮助”菜单，选择“内容”菜单项	弹出“内容介绍”对话框	弹出“内容介绍”对话框	pass
17	无	鼠标单击“帮助”菜单，选择“关于”菜单项	弹出“五子棋的系统介绍”对话框	弹出“五子棋的系统介绍”对话框	pass

五子棋各按钮功能的测试用例设计见表 8-21。

表 8-21　各按钮的功能测试

测试任务编号	S_FiveStone_02		测试任务描述	按钮的功能测试	
作者	×××		日期	yyyy-mm-dd	
设计方法	黑盒测试		测试用例文件名		
预置条件	启动五子棋游戏系统				
用例编号	输入	执行动作	预期结果	实际结果	备注
01	无	启动游戏，鼠标单击“开始游戏”按钮	开始新游戏，并提示游戏已经开始。“开始游戏”按钮变为灰色（即不可操作）	开始新游戏，并提示游戏已经开始。“开始游戏”按钮变为灰色	pass
02	无	游戏开始后，在分出胜负前，鼠标单击“重新开始”	棋盘界面为初始状态	棋盘界面为初始状态	pass
03	无	游戏开始后，在分出胜负前，鼠标单击“退出游戏”	提示：真的要退出吗？根据用户的选择判断是否退出游戏	直接退出游戏	功能正确，但易用性不好
04	无	鼠标单击“清空排行”	弹出消息对话框：真的要清空排行榜吗？选择确定，则清空排行榜；选择取消，则保留排行榜	弹出消息对话框：真的要清空排行榜吗？选择确定，则清空排行榜；选择取消，则保留排行榜	pass
05	无	启动游戏，鼠标单击“选择”菜单按钮中的“人先”，然后单击“开始游戏”	人先在棋盘上落子	人先在棋盘上落子	pass
06	无	启动游戏，鼠标单击“选择”菜单按钮中的“计算机先”，然后单击“开始游戏”	计算机先在棋盘上落子	计算机先在棋盘上落子	pass

（2）下棋功能测试

1）设计测试用例。下棋功能的测试用例具体见表 8-22。

说明：在此测试用例中，以（x，y）坐标定位棋盘的位置，设棋盘左上角的坐标为（0，0）。

表 8-22　五子棋下棋功能测试

测试任务编号	S_FiveStone_03	测试任务描述	下棋功能测试		
作者	×××	日期	yyyy-mm-dd		
设计方法	黑盒测试	测试用例文件名			
预置条件	启动五子棋游戏系统				
用例编号	输入数据	执行动作	预期结果	实际结果	备注
01	棋盘上的（0，0）位置	玩家下第 1 颗棋	可以下棋	可以下棋	pass
02	棋盘上的（0，15）位置	玩家下第 1 颗棋	可以下棋	可以下棋	pass
03	棋盘上的（15，0）位置	玩家下第 1 颗棋	可以下棋	可以下棋	pass
04	棋盘上的（15，15）位置	玩家下第 1 颗棋	可以下棋	可以下棋	pass
05	棋盘上的（0，0）（0，15）（15，0）（15，15）4 个位置	依次在 4 个位置上下棋	计算机可以依次下棋	可以下棋，但计算机不会及时下 4 个棋子	fail
06	任意位置	依次在任意位置单击鼠标（间隔时间比较短）	计算机可以依次下棋	计算机下的棋明显少于玩家下的棋	fail
07	最上边的线上	依次下棋	可以下棋	可以下棋	pass
08	最下边的线上	依次下棋	可以下棋	可以下棋	pass
09	最左边的线上	依次下棋	可以下棋	可以下棋	pass
10	最右边的线上	依次下棋	可以下棋	可以下棋	pass
11	任意位置	依次下 3 颗棋，各个棋子相隔较远（横、竖、斜 3 方向均不在一条线上）	可以下棋	计算机不能依次下棋（计算机很久都没有反应，直到玩家下下一步棋）	fail
12	任意位置	按通常规律下棋	可以下棋	可以下棋	pass
13	中间位置下第 1 颗棋	依次在水平线上下 3 颗棋	可以下棋，计算机会在连线的一端下棋	可以下棋	pass
14	中间位置下第 1 颗棋	依次在水平线上下 4 颗棋	可以下棋，计算机会下棋阻止五子相连	可以下棋	pass

注：由于不同的棋局太多，因此不可能列举所有的下棋情况。要求测试者根据自己下棋的经验，在游戏过程中测试不同的棋局。

2）录制脚本。启动 QuickTest，录制五子棋游戏的过程，录制的脚本代码如下：

```
Window("五子棋 V1.1").Move 431,169
Window("五子棋 V1.1").WinButton("开 始 游 戏").Click
Window("五子棋 V1.1").Click 163,160
Window("五子棋 V1.1").Click 180,159
Window("五子棋 V1.1").Click 201,161
Window("五子棋 V1.1").Click 123,140
Window("五子棋 V1.1").Click 161,136
Window("五子棋 V1.1").Click 221,240
Window("五子棋 V1.1").Click 141,139
Window("五子棋 V1.1").Click 101,139
Window("五子棋 V1.1").Click 121,118
Window("五子棋 V1.1").Click 121,98
Window("五子棋 V1.1").Click 98,161
Window("五子棋 V1.1").Click 77,160
Window("五子棋 V1.1").Click 139,98
Window("五子棋 V1.1").Click 119,77
Window("五子棋 V1.1").Click 98,77
Window("五子棋 V1.1").Click 98,57
Window("五子棋 V1.1").Click 77,36
Window("五子棋 V1.1").Click 103,179
```

```
Window("五子棋 V1.1").Click 121,200
Window("五子棋 V1.1").Click 142,221
Window("五子棋 V1.1").Click 60,157
Window("五子棋 V1.1").Click 80,117
Window("五子棋 V1.1").Click 82,199
Window("五子棋 V1.1").Click 198,178
Window("五子棋 V1.1").Click 79,217
Window("五子棋 V1.1").Click 242,179
Window("五子棋 V1.1").Click 199,196
Window("五子棋 V1.1").Click 197,237
Window("五子棋 V1.1").Click 158,258
Window("五子棋 V1.1").Click 183,259
Window("五子棋 V1.1").Click 197,256
Window("五子棋 V1.1").Click 240,219
Window("五子棋 V1.1").Click 220,218
Window("五子棋 V1.1").Click 158,279
Window("五子棋 V1.1").Click 238,199
Window("五子棋 V1.1").WinButton("重 新 开 始").Click
```

从以上代码可以看出，QuickTest 在录制下棋过程时，直接录制鼠标单击的位置。在程序回放的过程中，程序未完全按照录制的步骤执行，因为计算机在下棋时，遇到相同的棋局可以有不同的落子方式。因为程序在设计计算机落子的时候是通过权重计算来判断下一步下棋的位置，同一种情况，可以有多个落子的位置，此时将随机选择其中的一个位置。因此，回放时未能按照录制的方式下棋。因此，本系统不适合用 QuickTest 进行自动化测试。

3）执行测试。按照测试用例的要求，依次执行各测试用例。

2. 界面测试

用户界面测试按照五子棋用户界面的特点，重点对窗口、界面元素、颜色、易用性等方面进行检查，检查内容具体见表 8-23。

表 8-23　用户界面的检查内容

测试任务编号	S_FiveStone_04	测试任务描述	界面测试
作者	×××	日期	yyyy-mm-dd
设计方法	黑盒测试	测试用例文件名	
预置条件			

用例编号	检查项	评价	备注
01	窗口切换、移动、改变大小时是否正常	正常	
02	各种界面元素的文字是否正确（如标题、提示等）	对	
03	各种界面元素的状态是否正常（如有效、无效、选中等状态）	正常	
04	各种界面元素是否支持键盘操作	支持	
05	各种界面元素是否支持鼠标操作	支持	
06	对话框中的默认焦点是否正确	正确	
07	数据项是否能正确回显	能	
08	对于常用的功能，用户是否可以不阅读手册就会使用	可以	
09	执行有风险的操作时，是否有“确认”“放弃”等提示	有	
10	操作顺序是否合理	合理	
11	是否有联机帮助	有	
12	各种界面元素的布局是否合理、美观	合理、美观	
13	各种界面元素的颜色是否协调	协调	
14	各种界面元素的形状是否美观	美观	

（续）

用例编号	检查项	评价	备注
15	字体是否美观	美观	
16	图标是否直观	直观	
17	鼠标右键是否可用	可用	
18	页面是否支持鼠标拖拽	是	
19	页面是否能复制	能	
20	<Tab>、<Shift+Table>快捷键顺序检查	正常	

3. 兼容性测试

（1）操作系统兼容性

理想的软件应该具有平台无关性。有些软件需要在不同的操作系统平台上重新进行编译才可运行，有些软件需要重新开发或大幅改动，才能在不同的操作系统平台上运行。对于两层体系和多层体系结构的软件，还要考虑前端和后端操作系统的可选择性。

操作系统兼容性测试的详细内容见表 8-24。

表 8-24　操作系统兼容性测试

测试任务编号	S_FiveStone_05	测试任务描述	操作系统兼容性测试		
作者	×××	日期	yyyy-mm-dd		
设计方法	黑盒测试	测试用例文件名			
预置条件					
用例编号	操作系统	执行动作	预期结果	实际结果	备注
01	Windows XP	安装并执行程序	程序运行正常	程序运行正常	pass
02	Windows 7 家庭普通版	安装并执行程序	程序运行正常	程序运行正常	pass
03	Windows 2000	安装并执行程序	程序运行正常	程序运行正常	pass
04	Linux 操作系统	安装并执行程序	程序运行正常	程序运行正常	pass

通过测试，系统在各操作系统下均能正常运行，因为五子棋程序是用 Java 语言编写的，具有跨平台性。

（2）屏幕分辨率

检查不同分辨率下的五子棋界面显示是否正常，详细的测试内容见表 8-25。

表 8-25　屏幕分辨率测试

测试任务编号	S_FiveStone_06	测试任务描述	屏幕分辨率测试		
作者	×××	日期	yyyy-mm-dd		
设计方法	黑盒测试	测试用例文件名			
预置条件					
用例编号	屏幕分辨率	执行动作	预期结果	实际结果	备注
01	1366×768	设置屏幕分辨率，重新运行程序	界面显示正常	界面显示正常	pass
02	1280×768	同上	界面显示正常	界面显示正常	pass
03	1280×720	同上	界面显示正常	界面显示正常	pass
04	1024×768	同上	界面显示正常	界面显示正常	pass
05	1024×600	同上	界面显示正常	界面显示正常	pass
06	800×600	同上	界面显示正常	界面显示正常	pass

通过测试，系统界面在不同分辨下均能正常显示。

（3）JDK版本兼容性

检查在不同的 JDK 版本下，五子棋游戏系统能否正常编译、执行，详细的测试内容见表 8-26。

表 8-26　JDK 版本兼容性测试

测试任务编号	S_FiveStone_07	测试任务描述	JDK 版本兼容性测试		
作者	×××	日期	yyyy-mm-dd		
设计方法	黑盒测试	测试用例文件名			
预置条件					
用例编号	JDK 版本	执行动作	预期结果	实际结果	备注
01	JDK 1.6.0	安装 JDK，重新编译、执行程序	系统运行正常	系统运行正常	pass
02	JDK 1.5.0	同上	系统运行正常	系统运行正常	pass
03	JDK 1.5.1	同上	系统运行正常	系统运行正常	pass
04	JDK 1.4.1	同上	系统运行正常	系统运行正常	pass
05	JDK 1.2	同上	系统运行正常	系统运行正常	pass

4. 安装测试

1）在 Java 环境下直接执行。

① 安装 JDK，并设置相关的环境变量，确保 Java 虚拟机能正常执行。

② 依次编译五子棋游戏系统中的各个源文件。

③ 执行 FiveStone 类，命令如下：

```
java FiveStone
```

通过测试，程序能正常执行。

2）打包。五子棋系统未进行打包处理。

8.6.3　系统测试报告

通过测试，五子棋游戏系统存在以下缺陷和不足：

1）排行榜成绩不能正常保存。

2）开始游戏、重新开始游戏、退出游戏时缺少必要的提示信息，易用性差。

3）缺少打包软件。

4）在响应时间上存在一定的局限性，如当人下棋速度很快时，计算机就无法落子。

附录　软件测试术语及定义

编　号	术　语	英　文	定　义
1	Alpha 测试	Alpha Testing	在开发内部进行模拟或实际的测试，但不包括开发人员。软件在开发时，在用户的“指导”下进行的测试
2	Beta 测试	Beta Testing	软件在一个开发者不能控制的场所进行测试
3	Bug	//	一般指测试过程中，软件不满足需求或质量要求的错误或缺陷
4	CSCI	//	计算机软件配置项（Computer Software Configuration Item），一组必须放在一起进行配置管理和控制的软件成分（部件或 CSC）。每个 CSCI 都单独有一套开发、测试文档（包括软件需求规格说明书、结构设计说明、详细设计说明及相应的测试计划和报告等）
5	MTTF	//	Mean Time to Failure，平均故障时间
6	MTTR	//	Mean Time to Repair，平均修复时间
7	MTBF	//	Mean Time Between Failures，平均故障间隔期。其中，MTBF＝（MTTF＋MTTR）
8	安全性	Security	与防止对程序及数据的非授权的故意或意外访问的能力有关的软件属性
9	部件测试	Component Testing	对捆绑到软件系统中的成熟软部件产品进行的测试
10	测试报告	Test Report	描述对系统或系统部件进行的测试行为及结果的文件
11	测试覆盖	Test Coverage	测试用例执行的特定覆盖项目的程度，用百分比表示
12	测试负责人	Test Lead	负责在一个开发小组里执行测试，定义测试的范围、角色分配和各自的职责，同时也对开发小组里采用何种测试策略和测试日程安排负责。另外，也是开发小组里的测试专家
13	测试工具	Test Tools	为高效率完成测试所采用的测试工具软件
14	测试过程	Test Procedure	对给定的测试，就其建立、运行和结果估计所作的详细说明。常常把一组有关的过程组合在一起，形成测试过程文件
15	测试计划	Test Plan	一个文件，它叙述了对于预定的测试活动将要采取的途径。典型的计划中包括：标识要测试的项目、要完成的测试、测试进度表、人事安排要求、评价准则，以及任何临界要求的临时计划
16	测试目标	Test Goals	定义了对于一个软件产品或工程成功的标准
17	测试配置	Test Configuration	包括测试计划、测试步骤、测试用例，以及具体实施测试的测试程序等
18	测试驱动程序	Test Driver	一种驱动程序。它调用被测试的对象，还可以提供测试输入并报告测试结果
19	测试人员	Tester	隶属于测试小组，主要职责是对测试执行的过程负责，记录测试结果，包括错误报告和需求混乱。可能要以测试领导同行的身份参加同行评审，因此对同行评审要熟悉。具备使用测试用例、测试工具等的能力，会使用一些自动测试工具
20	测试日志	Test Logbook	按年、月、日所做的测试活动的全部记录
21	测试小组	Test Team	能满足测试领导要求的、定义测试的性能的独立小组。根据测试策略由实际情况来决定小组的组成，如“单元测试”就由开发者来承担而不是独立的测试组织
22	测试用例	Test Case	测试数据及与之相关的测试过程的一个特定的集合。它是为了特定的目的（如考察特定的程序路径或验证是否符合特定的需求）而设计出来的

（续）

编　号	术　　语	英　　文	定　　义
23	测试文档	Test Document	包含测试需求、测试的项目、测试用例和过程的文档，以及结果日志、缺陷报告、测试摘要报告
24	测试周期	Test Cycles	由测试小组来决定，基于一个软件发布的基本测试策略，如功能测试、安装测试等
25	成熟性	Maturity	与由软件故障引起失效的频度有关的软件属性
26	单元测试	Unit Testing	最小的软件设计模块的测试。使用过程设计描述作为指南，对重要的控制路径进行测试以发现模块内的错误，通常情况下面向白盒
27	非功能性需求测试	Non-functional Requirements Testing	与功能无关的需求性测试，如性能、易用性等
28	非增量测试	Non-incremental Testing	在把单元集成为一个系统前进行的，每个软件单元独立的测试，是集成测试的一种方法
29	功能性	Functionality	与现有的一组功能及其规定的性质有关的一组属性。这里的功能是指满足明确的或隐含的需求的那些功能
30	黑盒测试	Black Box Testing	已知产品的用户需求规格，可以通过测试证明整个软件系统是否符合用户的最终需求
31	互操作性；互用性	Interoperability	与同其他指定系统进行交互的能力有关的软件属性
32	回归测试	Regression Testing	有选择性地重新测试，目的是检测系统或系统部件在修改时所引起的故障，用以验证上述修改未引起不希望的有害效果，或证明修改后的系统或系统部件仍满足规定的需求
33	基线测试	Thread Testing	随着需求子集的不断增加的一种自顶向下的集成测试策略
34	基准测试	Benchmarking	在测试过程中，通过监测和预测，使得系统性能达到极限时的关键计算机资源
35	健壮性测试	Robustness Testing	对硬件错误和数据错误的包容性测试
36	可靠性	Reliability	在规定的一段时间和条件下，与软件维持其性质水平的能力有关的一组属性
37	可维护性	Maintainability	与进行规定的修改所需的努力有关的一组属性
38	可移植性	Portability	与软件可从某一环境转移到另一环境的能力有关的一组属性
39	容错性	Fault Tolerance	在软件故障或违反指定接口的情况下，与维持规定的性能水平的能力有关的软件属性
40	软件测试	Software Testing	使用人工或自动手段来进行或测定某个系统的过程，其目的在于检验它是否满足规定的需求或是弄清预期结果与实际结果之间的差别
41	软件配置	Software Configuration	测试的对象，包括需求规格说明书、设计规格说明书和被测的源程序
42	适合性	Suitability	与规定任务能否提供一组功能以及这组功能的适合程度有关的软件属性
43	时间特性	Time Behavior	与软件执行其功能时响应和处理时间以及吞吐量有关的软件属性
44	适应性	Adaptability	与软件无需采用有别于为该软件准备的活动或手段就可能适应不同的规定环境有关的软件属性
45	调试	Debugging	发现并移去导致软件错误的因素的过程
46	稳定性	Stability	与由修改所造成的未预料结果的风险有关的软件属性
47	系统测试	System Testing	系统测试主要是在确认测试的基础上，进一步考虑软件运行的环境因素（也可称为软件配置）对软件各质量特性造成的影响
48	效率	Efficiency	在规定的条件下，与软件的性质水平和所使用资源量之间的关系有关的一组属性

（续）

编号	术语	英文	定义
49	性能测试	Performance Testing	用于评估一个系统或元素能够满足特定需求的测试，常和压力测试一起进行，而且常需要硬件和软件测试设备
50	压力测试	Stress Testing	评估系统或组件在达到需求规格描述的极限时的能力，常和性能测试一起进行
51	验收测试	Acceptance Testing	使用户、顾客或其他授权的实体决定是否接受一个系统或部件的正式测试
52	易安装性	Installability	与在指定环境下安装软件所需努力有关的软件属性
53	易操作性	Operability	与用户为操作和运行控制所需努力有关的软件属性
54	异常	Anomaly	指与需求规格、设计文档、用户文档、标准等或和经验、预期的结果有偏差。偏差存在，但不限于软件产品的使用、应用文档、评审、测试、分析或编译中
55	易测试性	Testability	与确认已修改软件所需的努力有关的软件属性
56	依从性	Compliance	使软件遵循有关的标准、约定、法规及类似规定的软件属性
57	易分析性	Analyzability	与为诊断缺陷或失效原因及为判定待修改的部分所需努力有关的软件属性
58	易改变性	Changeability	与进行修改、排除错误或适应环境变化所需努力有关的软件属性
59	易恢复性	Recoverability	与在失效发生后，重建其性能水平并恢复直接受影响数据的能力以及为达此目的所需的时间和努力有关的软件属性
60	易理解性	Understandability	与用户为认识逻辑概念及其应用范围所需的努力有关的软件属性
61	易替换性	Replaceability	与软件在该软件环境中用来替代指定的其他软件的机会和努力有关的软件属性
62	易学性	Learnability	与用户为学习软件应用（如运行控制、输入、输出）所需的努力有关的软件属性
63	易用性	Usability	与一组规定或潜在的用户为使用软件所需做的努力并且对这样的使用所作的评价有关的一组属性
64	易用性测试	Availability Testing	通过正常执行软件操作和执行维护或失败操作的测试活动，进而判断系统的易用性
65	因果图	Cause-effect Graph	与输出（或结果）相关联的输入或模拟输入（或原因）的图形化表示，用于设计测试用例
66	资源特性	Resource Behaviour	与在软件执行其功能时所使用的资源数量及其使用时间有关的软件属性
67	增量测试	Incremental Testing	一种软件集成测试的方法。由一个小的单元开始集成，直到整个系统都被测试完成
68	桩模块	Stub	在较高级的模块和测试期间所使用的取代低层模块的虚程序模块
69	状态转移测试	State Transition Testing	被用来执行状态转移的一种测试用例设计技术
70	准确性	Accuracy	与能否得到正确或相符的结果或效果有关的软件属性
71	遵循性	Conformance	使软件遵循与可移植性有关的标准或约定的软件属性

参 考 文 献

[1] Ron Patton．软件测试[M]．周予滨，姚静，等译．北京：机械工业出版社，2002．

[2] Michael Howard，David LeBlanc．编写安全的代码[M]．2 版．程永敬，翁海燕，朱涛江，等译．北京：机械工业出版社，2005．

[3] 张克东，庄燕滨．软件工程与软件测试自动化教程[M]．北京：电子工业出版社，2002．

[4] Kelley C Bourne．客户机/服务器系统测试[M]．赵涛，等译．北京：机械工业出版社，1998．

[5] 杜文洁．软件测试教程[M]．北京：清华大学出版社，2008．

[6] 顾海花，雷雁，史海峰．软件测试技术基础教程[M]．北京：电子工业出版社，2011．